全国水利行业规划教材 高职高专水利水电类
中国水利教育协会策划组织

工程地质

（第2版）

主　编　王启亮
副主编　侯广贤　张丹青　董宾芳
　　　　魏继莲　朱英明　刘宇利
主　审　李念国

黄河水利出版社
·郑州·

内 容 提 要

本书是全国水利行业规划教材，是根据中国水利教育协会全国水利水电高职教研会制定的工程地质课程标准编写完成的。其主要内容包括绪论、矿物与岩石、地质构造、地貌及第四纪地质、水流的地质作用、常见地质灾害、工程岩体的稳定性分析、常见工程地质问题、工程地质勘察等内容。

本书可作为高职高专水利水电类、土建类、交通类水利水电工程、土木工程、道路与桥梁工程等专业的教材，亦可供工程勘察、设计、监理、施工等工程技术人员及科研人员参考。

图书在版编目(CIP)数据

工程地质/王启亮主编. —2 版. —郑州：黄河水利出版社,2013.2 (2016.1 重印)
全国水利行业规划教材
ISBN 978-7-5509-0425-5

Ⅰ. ①工… Ⅱ. ①王… Ⅲ. ①工程地质-高等职业教育-教材 Ⅳ. ①P642

中国版本图书馆 CIP 数据核字(2013)第 020264 号

组稿编辑：王路平 电话:0371-66022212 E-mail:hhslwlp@163.com

出 版 社：黄河水利出版社
地址：河南省郑州市顺河路黄委会综合楼 14 层 邮政编码：450003
发行单位：黄河水利出版社
发行部电话：0371-66026940、66020550、66028024、66022620(传真)
E-mail:hhslcbs@126.com
承印单位：郑州一帆印务有限公司
开本：787 mm×1 092 mm 1/16
印张：13.5
字数：310 千字 印数：24 101—28 000
版次：2007 年 3 月第 1 版 印次：2016 年 1 月第 6 次印刷
2013 年 2 月第 2 版

定价：28.00 元

再版前言

本书是根据《教育部关于全面提高高等职业教育教学质量的若干意见》(教高[2006]16号)、《教育部关于推进高等职业教育改革创新引领职业教育科学发展的若干意见》(教职成[2011]12号)等文件精神,由全国水利水电高职教研会拟定的教材编写规划,在中国水利教育协会指导下,由全国水利水电高职教研会组织编写的第二轮水利水电类专业规划教材。第二轮教材以学生能力培养为主线,具有鲜明的时代特点,体现出实用性、实践性、创新性的教材特色,是一套理论联系实际、教学面向生产的高职高专教育精品规划教材。

本书是根据最新的水利水电类高职高专培养目标和教学基本要求进行编写和修订的。自2007年3月第1版出版以来,一直受到广大水利高职院校师生的厚爱。近年来,随着水利水电科技事业的迅速发展,新的科技成果不断出现,许多有关工程勘察、设计和施工的规范、规程都进行了修订,同时原教材在使用过程中也发现有局部欠缺之处,因此对原教材修订势在必行。本次修订的原则是:密切结合专业的特点和要求,以培养技术应用能力为主线,理论以够用为度,不追求系统性和完整性,尽量使教材简洁明了。在保持第1版组织结构和内容体系的优势部分不变的前提下,努力在本次修订中突出实际应用内容,增加对工程建设影响明显的诸如地质灾害等内容,删除过多的理论分析。修订的主要内容有:对第1版中有关内容中存在的纰漏和差错进行订正,力求做到概念准确、表达正确、数字精确;对有关章节的内容和条目顺序进行调整,充实更改甚至重写,如将物理地质作用一章调整为常见地质灾害,将水文地质一章调整为水流的地质作用,将地震一节从第二章编入第5章,增加工业与民用建筑工程地质问题,增加活断层的内容,删除地下水理化性质、地下水的运动规律等,简化了第1章和第2章的有关叙述,力求做到强调实践、重在实用。充分考虑"学、做"合一,工学结合的教学特点,把每章后的简单复习思考题改变为单选题、多选题和简答题,加大学生练习,以达到强化实际操作、学以致用的目的。

本书编写人员及编写分工如下:山西水利职业技术学院王启亮(绪论及第1章),安徽水利水电职业技术学院朱英明(第2章),山西水利职业技术学院张丹青(第3章及第6章),长江工程职业技术学院董宾芳(第4章),安徽水利水电职业技术学院魏继莲(第5章),华北水利水电学院水利职业学院侯广贤(第7章),湖南水利水电职业技术学院刘宇利(第8章)。本书由王启亮担任主编,并负责全书统稿,由侯广贤、张丹青、董宾芳、魏继莲、朱英明、刘宇利担任副主编,由山东水利职业学院李念国担任主审。

在本书编写过程中得到了行业企业专家们多方面的支持和帮助,在此一并表示感谢!

由于编者水平有限,编写时间仓促,书中难免出现疏漏之处,恳请读者批评指正。

编　者

2012年10月

目　录

绪　论

【学习目标】 能够了解工程地质学在工程建设中的作用，激发起学习本课程的热情，掌握学习本课程的方法。

【重点】 工程地质学的任务和学习方法。

【难点】 工程地质问题。

0.1　工程地质学及其研究目的和主要内容

地质学是研究地球的科学，人类工程活动的场所主要是地表，所以地质学现阶段以地球的表层（地壳）为主要研究对象，主要研究地壳的物质组成，促使地壳运动变化的各种地质作用，地壳的发展历史及地质学在有关领域中的应用等。随着生产实践的需要和科技的发展，地质学已形成许多独立的分支，工程地质学作为地质学的一个分支，是调查、研究、解决与各种建筑工程活动有关的地质问题的科学。工程地质学的研究目的是查明各类工程建筑场区的地质条件；分析、预测在工程建筑物作用下，地质条件可能出现的变化；对工程建筑地区的各种地质问题进行综合评价，并提出解决不良地质问题的措施，为保证工程建设的规划、设计、施工和正常运行提供可靠的地质依据。

工程地质学主要研究与水利水电、土木工程、铁路桥梁等工程活动有关的地质问题，包括以下两个方面：

一是自然环境地质因素对工程活动的制约和影响而产生的问题。这种环境地质因素通常称为工程地质条件，主要有地形地貌、地层岩性、地质构造、水文地质条件、物理地质现象（滑坡、崩塌、泥石流、风化、侵蚀、岩溶、地震等）及天然建筑材料等六个方面，它们是自然历史发展演变的产物。

二是由工程活动引起的环境地质条件的变化，从而形成不利于工程建设的、新的地质作用，通常称为工程地质作用。主要有：建筑物荷载引起地基岩土体的沉陷变形和剪切滑动，人工开挖造成边坡或地下硐室岩土体的变形和失稳破坏，水库诱发地震、渗漏、坍岸和浸没，砂土振动液化，以及潜蚀、流砂等。

这些工程地质问题都可关系到建筑物的安全稳定和经济效益，所以都是工程地质学的主要研究内容。除此以外，工程地质勘察、试验及计算方法等，也都是工程地质学的主要研究内容。

实践证明，如果对地质条件事先没有仔细查明或对工程地质问题重视不够，将会给工程建筑带来严重后果。

0.2 工程地质学的主要任务

忽视工程地质条件可能会造成很大损失，而重视工程地质工作则可能将不利的、复杂的地质条件妥善处理或避开，从而保证建筑物的安全。工程地质学在建设中的主要任务是：

（1）选择工程地质条件最优良的建筑地址。在规划设计阶段，大型工程的选址、选线，工程地质条件是一个重要因素，工程地质条件良好的地址，可以节省投资，缩短工期，并保证安全施工和运营。

（2）查明建筑地区的工程地质条件和可能发生的地质作用。工程建筑地址的选定不完全取决于地质条件，而首先考虑的是整体经济建设的发展和需要。即便是根据地质条件选择的地址，也不会是完美无缺的，总会有这样那样的工程地质问题。不良的工程地质条件并不可怕，怕的是没有查明或认识不足，不够重视，只要查明并给以足够的重视，绝大多数工程地质问题都可以通过工程措施得到妥善解决。

（3）据选定地址的工程地质条件，提出合理的工程布置方案、建筑物结构类型、施工方法及运营使用中应注意的事项。

0.3 工程地质学与其他学科的关系

随着工程建设的不断发展，工程地质学得到深入的研究与发展，形成了许多分支学科，比如：工程岩土学、工程动力学、工程地质勘察、区域工程地质学与环境工程地质学等。与工程地质学关系密切的基础学科主要有矿物学、岩石学、构造地质学、地史学及地貌学、水文地质学、测量学等，都是进行工程地质工作和研究工程地质问题必备的基础知识。

0.4 工程地质学的特点及学习方法

作为一名水利水电、土木、港口等工程建筑的工程师，在工作中必须具备一定的工程地质基础知识，既要能阅读和利用工程勘测成果资料，又要能认识、分析和处理有关的地质问题，只有这样才能作出正确的设计和施工方案。从大量生产实践经验和工程事故得出结论：如果缺少必要的工程地质知识，则必然会对某些工程的地质问题有疏漏，甚至作出错误的设计或施工方案。

本课程需要结合必要的地质基础知识讲授。掌握一些必要的地质学的基本理论、原理和知识，是学好工程地质的重要保证。

工程地质是水利工程、建筑工程、道桥工程、地下工程等专业的一门专业基础课，本课程实践性较强，在学好基础理论的同时，对工程地质部分应加强实践性教学环节，特别是应重视岩矿标本鉴定的试验，重视野外地质实习，加强案例学习，以巩固所学的理论知识，提高理论联系实际的能力。

小　结

工程地质课程是一门实践性比较强的一门课，在教学过程中，要加强实践性教学环节，以巩固和印证课堂所学的理论知识，培养学生的实际动手技能，使学生达到能识别常见的地质现象，学会处理常见的工程地质问题。

复习思考题

1. 什么是工程地质学、工程地质问题及工程地质条件？
2. 工程地质学的研究目的和主要内容是什么？
3. 工程地质学的主要任务是什么？
4. 如何学好工程地质学？

第 1 章　矿物与岩石

【学习目标】 了解矿物、岩石的概念;掌握常见造岩矿物的主要物理性质及肉眼鉴定方法,并能对常见的造岩矿物进行鉴定;掌握三大类岩石的主要特性及肉眼鉴定方法,并能对常见的岩石进行鉴定;了解几种常见造岩矿物对水工建筑物的影响,能简述三大岩的工程地质特性。

【重点】 岩石的成因、矿物成分、结构构造及三类岩石中主要岩石的特征与鉴别;风化作用。

【难点】 造岩矿物和常见岩石的肉眼鉴别的方法。

地球是一个具有圈层结构的旋转椭球体,由表及里可分为外圈和内圈。内圈(固体部分)的平均半径为 6 371 km,根据地震波传播速度的突变,将其分为地壳、地幔和地核(见图 1-1);外圈则由水圈、大气圈和生物圈组成。

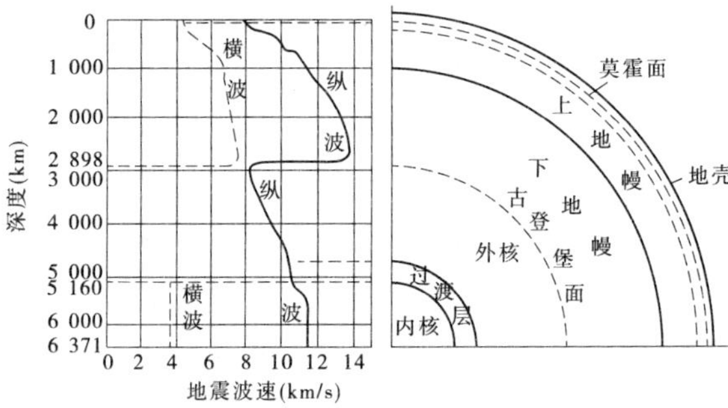

图 1-1　地球内部结构图

地核是自古登堡面以下至地心部分,包括内核、过渡层和外核。地幔介于地核和地壳之间,其上部分与地壳的分界面为莫霍面,地幔下部与地核的分界面为古登堡面。

地壳位于莫霍面上部,主要由各种岩石组成,其厚度在各地有很大差异。它可分为大陆型和大洋型两种。大陆型地壳厚度较大,平均厚度为 33 km;大洋型地壳较薄,平均厚度只有 6 km。整个地壳平均厚度约 16 km,仅占地球半径的 1/400。所以,地壳是地球表层很薄的一层坚硬固体外壳。

组成地壳的化学元素有百余种,其中最主要的有 10 种,它们占地壳总质量的 99.21%(见表 1-1)。地壳中的化学元素在一定的地质条件下聚集形成矿物,矿物的集合体又构成岩石。矿物的种类不同,组成的岩石就不同,它们对工程建设的影响也是不相同的。所以,必须对组成地壳的主要矿物和常见岩石以及它们的工程地质性质进行研究。

表 1-1　地壳主要元素的平均含量　(%)

元素	氧 (O)	硅 (Si)	铝 (Al)	铁 (Fe)	钙 (Ca)	钠 (Na)	钾 (K)	镁 (Mg)	氢 (H)	钛 (Ti)	其他
克拉克值	49.52	25.75	7.51	4.70	3.29	2.64	2.40	1.94	0.88	0.58	0.79

1.1 矿　物

1.1.1　矿物的概念

矿物是天然条件下形成的、具有一定化学成分与物理性质的单质和化合物，如金刚石（C）、石英（SiO_2）、方解石（$CaCO_3$）等。地壳中的矿物通常以固态形式存在，只有少数是液态（如石油）和气态（如天然气）。固态矿物根据其内部结构的特点可分为结晶质矿物和非结晶质矿物。前者是指组成矿物内部的原子或离子按一定规则排列，形成稳定的结晶格架构造，如食盐是由钠离子和氯离子按立方体格式排列的，其外形如图 1-2 所示。结晶矿物是在适宜的条件下，能生成具有一定几何外形的晶体，但自然界中大多数矿物结晶时，由于受到许多条件和因素的控制，往往形成不规则的外形。

自然界中的矿物绝大多数是结晶质的。根据结晶矿物的大小，可将其分为显晶质矿物和隐晶质矿物。

少数非晶质矿物又称玻璃质矿物，是指组成矿物的原子或离子不按一定规则排列，也就不具有规则的几何外形。

1.1.2　矿物的物理性质

不同矿物其内部构造和化学组成不同，因而具有不同的物理特征，这也是肉眼鉴定矿物的重要依据。

1.1.2.1　形态

形态是指结晶质矿物的晶体外形或集合体形状，常见矿物的形态有：

（1）柱状、针状，如石英、石棉等。

（2）片状、板状、鳞片状，如云母、石膏、绿泥石等。

（3）集合体形态有：晶簇状（如石英（见图 1-3））、纤维状（如纤维石膏）、钟乳状（如方解石）、鲕状（如赤铁矿）和土状（如高岭土）等。

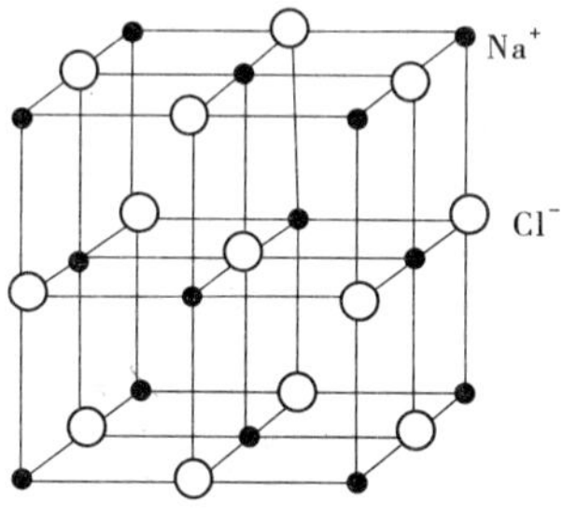

图 1-2　食盐的内部构造

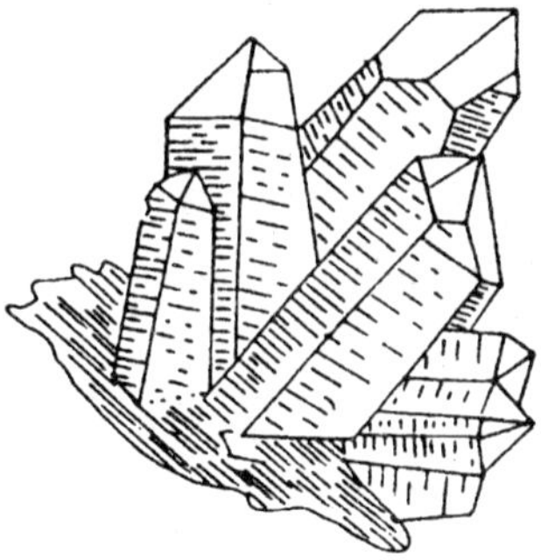

图 1-3　石英晶簇

1.1.2.2　颜色

颜色是矿物对不同波长可见光的吸收程度。它是矿物最明显、最直观的物理性质。根据成色原因可将矿物颜色分为自色和他色等。自色是由矿物本身固有的成分、结构决定的颜色，具有鉴定意义，如黄铁矿为浅铜黄色；他色则是矿物混入某些杂质所引起的颜色，如纯净的石英是无色透明的，若混入其他元素微粒，则呈现紫色（紫水晶）、褐色（烟水晶）及黑色（黑晶）等。

1.1.2.3 条痕

条痕是矿物粉末的颜色，一般是指矿物在白色无釉瓷板（条痕板）上划擦时所留下的痕迹。某些矿物的条痕与它的颜色是不同的，如黄铁矿的颜色为浅铜黄色，而条痕为绿黑色。条痕比矿物颜色更为固定，它是鉴定深色矿物的重要依据。

1.1.2.4 光泽

光泽是矿物表面的反光能力。光泽的强弱程度常分为 4 个等级：金属光泽，即反光很强，犹如电镀的金属表面那样光亮耀眼；半金属光泽，比金属的光亮弱，似未磨光的铁器表面；金刚光泽及玻璃光泽。此外，由于其他原因，还可形成某些独特的光泽，如丝绢光泽、油脂光泽、蜡状光泽、珍珠光泽、土状光泽等。

1.1.2.5 透明度

透明度是指矿物透过可见光的能力，即光线透过矿物的程度。根据透明度，可将矿物分为透明矿物、半透明矿物和不透明矿物。肉眼鉴定矿物时，应该用矿物的边缘较薄处加以比较确定。

1.1.2.6 硬度

硬度是指矿物抵抗外力作用的能力。一般用 10 种矿物分为 10 个相对等级作为标准，称为摩氏硬度计（见表 1-2）。肉眼鉴定矿物时，常用一些矿物互相刻划比较来测定其相对硬度。

表 1-2 矿物硬度表

硬度	1	2	3	4	5	6	7	8	9	10
矿物	滑石	石膏	方解石	萤石	磷灰石	长石	石英	黄玉	刚玉	金刚石

1.1.2.7 解理与断口

矿物受外力作用后，沿一定方向破裂成光滑平面的特性称为解理。破裂面称为解理面，根据解理产生的难易程度，可将其分为极完全解理（如云母）、完全解理（如方解石）、中等解理（如辉石）和不完全解理（如橄榄石）等。根据解理面方向数目，又可分为一组解理（如云母）、二组解理（如长石）和三组解理（如方解石（见图 1-4））。如果矿物受外力作用后，无固定方向破裂并呈各种凹凸不平的断面，则叫作断口。常见的断口有贝壳状（见图 1-5）、参差状等。

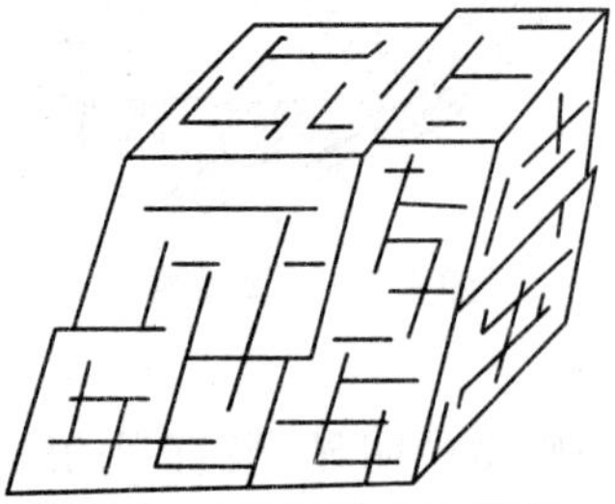

图 1-4 方解石的三组解理

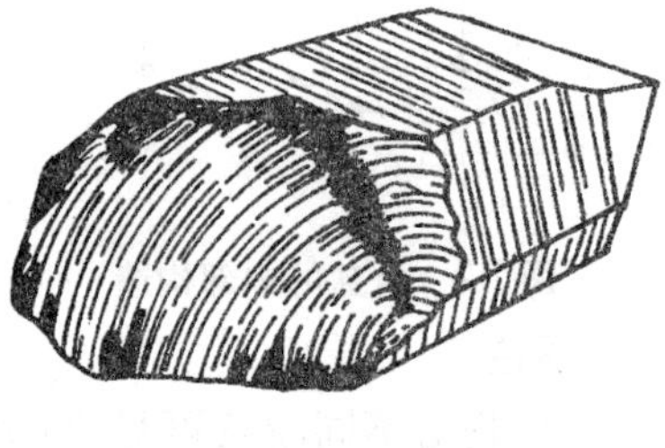

图 1-5 贝壳状断口

1.1.2.8　**其他性质**

矿物除上述性质外，还具有一些特殊的性质，这些性质对鉴定矿物是非常重要的。如云母薄片具有弹性，绿泥石薄片具有挠性，磁铁矿具有磁性，滑石具有滑感，岩盐具有咸味以及方解石滴稀盐酸能剧烈起泡等。

1.1.3　造岩矿物

自然界已发现的矿物有 3 000 多种，但组成岩石的主要矿物仅 30 余种。这些组成岩石的主要矿物称为造岩矿物。常见造岩矿物如下。

1.1.3.1　**石英** SiO_2

常见石英为六棱柱晶簇、致密块状或粒状集合体。纯者无色、乳白色，含杂质时可见多种颜色。晶面为玻璃光泽，断口为油脂光泽。无解理，贝壳状断口。比重为 2.6。质坚性脆，硬度为 7，抗风化能力强。无色透明的石英晶体称为水晶。在地表岩土中广泛分布。

1.1.3.2　**正长石** $K[AlSi_3O_8]$

晶体常为柱状、厚板状。肉红色、浅玫瑰色等浅色调。玻璃光泽。硬度为 6。有两组近于正交的完全解理。比重为 2.5 ~ 2.6。易风化形成高岭石和绢云母等次生矿物。地表岩土中长石含量小于石英。

1.1.3.3　**斜长石** $Na[AlSi_3O_8]$ $Ca[Al_2Si_2O_8]$

晶体为板状或条板状。常为白色或浅灰色。玻璃光泽。硬度同正长石。比重为 2.6 ~ 2.8。风化特征、地表分布特征同正长石。

1.1.3.4　**角闪石** $(Ca,Na)(Mg,Fe)_4(Al,Fe)[(Si,Al)_4O_{11}](OH)_2$

晶体常呈长柱状或纤维状集合体。暗绿色或绿黑色。玻璃光泽。硬度为 5 ~ 6。两组解理平行柱面。晶体横截面为六角菱形。比重为 3.1 ~ 3.6。易风化后形成黏土矿物。

1.1.3.5　**辉石** $(Na,Ca)(Mg,Fe,Al)[(Si,Al)_2O_6]$

晶体常呈短柱状或粒状集合体。绿黑色或深黑色。玻璃光泽。硬度为 5 ~ 6。两组解理平行柱面。晶体横截面为正八边形。比重为 3.2 ~ 3.5。易风化后形成黏土矿物。

1.1.3.6　**橄榄石** $(Mg,Fe)_2[SiO_4]$

晶体常呈粒状集合体。橄榄绿色、淡绿色至黑绿色。玻璃光泽。硬度为 6.5 ~ 7，贝壳状断口。比重为 3.2 ~ 4.4。性脆，在绿色矿物中硬度较大。易风化，风化后呈暗色。

1.1.3.7　**黑云母** $K(Mg,Fe)_3(OH)_2[Al,Si_3O_{10}]$

晶体为板状或短柱状，多呈片状或磷片状集合体。黑色、深褐色。硬度为 2.5 ~ 3。一组极完全解理，解理面具珍珠光泽。比重为 2.7 ~ 3.1。薄片透明，有弹性。风化后可变为蛭石，薄片失去弹性。在岩浆岩和变质岩中广泛分布。

1.1.3.8　**白云母** $KAl_2(OH)_2[Al,Si_3O_{10}]$

晶体为板状或短柱状，多呈片状或鳞片状集合体。白色、浅黄色、浅绿色。硬度为 2.5 ~ 3。一组极完全解理，解理面具珍珠光泽。比重为 2.7 ~ 3.1。薄片无色透明，具有弹性。主要分布在变质岩中。

1.1.3.9 **方解石** $CaCO_3$

晶体一般为菱面体,集合体有晶簇、粒状、致密块状、钟乳状等。白色,含杂质时可呈多种颜色,玻璃光泽。硬度为3。三组完全解理。比重为2.6~2.8。遇冷稀盐酸剧烈起泡。无色透明的方解石晶体称为冰州石。

1.1.3.10 **白云石** $CaMg[CO_3]_2$

晶体为菱面体,通常为粒状、致密块状集合体。白色,有时为淡红色或淡黄色。玻璃光泽。硬度为3.5~4。三组完全解理。比重为2.8~3.0。粉末遇冷稀盐酸起泡微弱,以此与方解石区别。

1.1.3.11 **石膏** $CaSO_4 \cdot 2H_2O$

晶体常为板状,集合体为块状、粒状及纤维状。白色或无色。玻璃光泽,纤维状集合体呈丝绢光泽。硬度为2。易沿发育完全的解理面劈成薄片,薄片具挠性。比重为2.2~2.4。脱水后变为硬石膏($CaSO_4$),硬石膏吸水又可变为石膏($CaSO_4 \cdot 2H_2O$)。

1.1.3.12 **高岭石** $Al_4[Si_4O_{10}](OH)_8$

高岭石为致密细粒状、土状集合体。白色,含杂质时可呈黄色、浅褐色等。蜡状光泽或土状光泽。硬度为2~3.5。常具土状断口。比重为2.6~2.7。干时易吸水,湿时具可塑性、压缩性。

1.1.3.13 **蒙脱石** $(Al_2Mg_3)[Si_4O_{10}](OH)_2$

蒙脱石常呈隐晶质土状块体,有时为磷片状集合体。白色、浅灰色、浅粉红色或微带绿色。硬度为2~2.5。土状光泽或蜡状光泽。比重为2~2.7。亲水性比高岭石更强,吸水后体积可膨胀几倍。

1.1.3.14 **滑石** $Mg_3[Si_4O_{10}](OH)_2$

滑石呈致密块状、片状或鳞片状集合体。白色、淡红色或浅灰色。油脂光泽或珍珠光泽。硬度为1。一组极完全解理,块状集合体可见贝壳状断口。比重为2.6~2.8。极软,手摸时有滑腻感,薄片可挠曲而无弹性。

1.1.3.15 **绿泥石** $(Mg,Al,Fe)_6[(Si,Al)_4O_{10}](OH)_8$

绿泥石常呈片状、鳞片状或粒状集合体。浅绿色、深绿色或黑绿色。玻璃光泽,解理面珍珠光泽。硬度为2~2.5。一组极完全解理。比重为2.7~3.4。薄片具挠性,在变质岩中分布最多。

1.1.3.16 **蛇纹石** $Mg_6[Si_4O_{10}](OH)_8$

蛇纹石常呈致密块状,有时为纤维状或片状集合体。浅黄绿或深暗绿等色。块状为油脂光泽、蜡状光泽,纤维状为丝绢光泽。硬度为2~3。无解理。比重为2.6~2.7。常有似蛇皮状青色、绿色花纹,可溶于盐酸。

1.1.3.17 **石榴子石** $Fe_3Al_2(SiO_4)_3$

晶体为菱形十二面体、四角三八面体,集合体为粒状或致密块状。深褐或紫红、褐黑等色。玻璃光泽,断口为油脂光泽。硬度为6.5~8.5。无解理,不平坦断口。比重为3.5~4.3。

1.1.3.18 **黄铁矿** FeS_2

晶体为立方体、五角十二面体,常为致密块状。浅铜黄色,条痕为绿黑色。金属光泽。

硬度为 6 ~6.5。不规则断口。比重为 4.9 ~5.2。易风化,风化后会生成硫酸及褐铁矿。

1.1.3.19 **褐铁矿** $2Fe_2O_3 \cdot 3H_2O$

常呈块状、土状、肾状或钟乳状。黄褐色或黑褐色,条痕为黄褐色。半金属光泽或土状光泽。硬度为 4 ~5。比重为 3.3 ~4.0。为含铁矿物的风化产物,呈铁锈状,易染手。常分布于地壳表面。

1.1.3.20 **赤铁矿** Fe_3O_4

常呈致密块状、土状、鲕状、豆状及肾状集合体。钢灰色至铁黑色,条痕为樱桃红色。金属光泽及半金属光泽。硬度为 5 ~6。土状断口。比重为 5.0 ~6.0。为重要的铁矿石,土状者硬度低,可染手。

1.1.3.21 **铝土矿** $Al_2O_3 \cdot nH_2O$

常呈鲕状、土状、致密块状等胶体形态。浅灰、灰褐、砖红等色。土状光泽。硬度为 3 左右。不平坦断口。比重为 2.5 ~3.5。粉末略具滑感,常有其他微细矿物颗粒混入,如高岭石、赤铁矿、蛋白石等。

1.2 岩浆岩

岩石是由一种或多种矿物组成的天然集合体。岩浆岩又称火成岩,是构成地壳最基本的岩石。它的分布极为广泛,约占地壳重量的 95%。

1.2.1 岩浆岩的成因

岩浆岩是由岩浆冷凝而形成的岩石。岩浆是一种以硅酸盐为主和一部分金属硫化物、氧化物、水蒸气及其他挥发性物质(CO_2、CO、SO_2、HCl 及 H_2S 等)组成的高温(940 ~1 200 ℃)高压(几百兆帕)熔融体。岩浆在地下深处与周围环境处于一种平衡状态,当地壳运动出现深大断裂或软弱带后,平衡被破坏,则岩浆向压力小的方向运动,沿着断裂带或软弱带侵入地壳或喷出地表冷凝而成岩浆岩。由岩浆侵入地壳而形成的岩浆岩叫作侵入岩,它又可分为深成岩和浅成岩,而喷出地表形成的岩浆岩称为喷出岩(又叫火山岩)。

1.2.2 岩浆岩的产状

岩浆岩的产状,是指岩浆岩岩体的大小、形态和围岩的相互关系及其分布特点。由于岩浆岩形成时所处的地质环境不同,岩浆活动也有差异,因而岩浆岩的产状是多种多样的(见图 1-6)。

1.2.2.1 **岩基**

岩基是一种规模巨大的深成侵入岩体,出露面积大于 100 km^2,形状不规则,表面起伏不平,多由花岗岩等酸性岩石组成,如天山、秦岭等地的岩基。三峡坝址区就是选定在面积约 200 多 km^2 岩基的南部。

1.2.2.2 **岩株**

岩株是一种规模较岩基小的深成侵入岩体,平面上近于圆形,与围岩接触面比较陡,下部与岩基相连,多由中酸性岩组成,如黄山的花岗岩等。

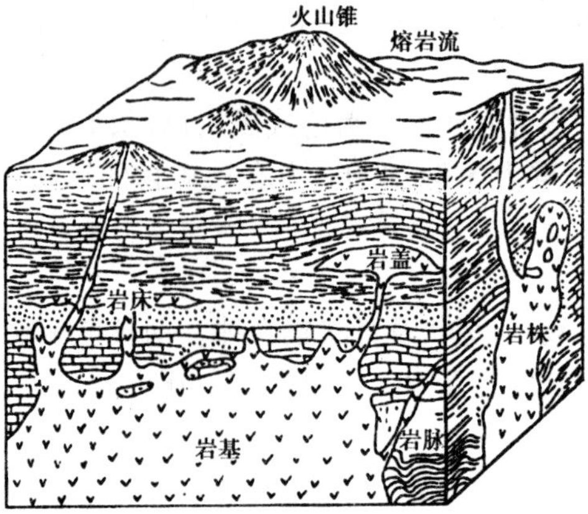

图 1-6　岩浆岩的产状

1.2.2.3　**岩盘和岩盆**

上凸下平似面包状的岩体称为岩盘（又叫岩盖），规模一般不大，直径可达数千米；中央凹下、四周高起的岩体称为岩盆，规模一般较大，直径可达数十至数百千米。

1.2.2.4　**岩床**

岩浆沿岩层层面侵入而形成的板状岩体，其产状与围岩层面一致，厚度小，仅数十米，但延伸广，主要由基性岩组成，如黄河三门峡坝基就是一处岩床。

1.2.2.5　**岩脉和岩墙**

岩脉是岩浆沿裂隙侵入而形成的狭长形岩体，其产状与围岩层面斜交，宽度为数厘米至数十米之间，长度可达数十千米以上。其中产状近于直立的又叫岩墙。

1.2.2.6　**熔岩流**

熔岩流为岩浆喷出地表后沿山坡或河谷流动，经冷凝而形成的岩体。

1.2.2.7　**火山锥**

火山锥是岩浆沿火山颈喷出地表而形成的圆锥状岩体。

1.2.3　岩浆岩的组成成分

岩浆岩的化学成分以 SiO_2、Al_2O_3、Fe_2O_3、FeO、MgO、CaO、K_2O 和 Na_2O 等为主。其中 SiO_2 的含量最大，SiO_2 的含量在不同岩浆中有多有少，很有规律。

岩浆岩的矿物成分分为两大类：第一类为硅铝矿物（又称浅色矿物），富含硅、铝，如石英、长石、白云母等；第二类为铁镁矿物（又称深色矿物），富含铁、镁，如黑云母、角闪石、辉石等。但是，对某种岩石而言，并不是这些矿物都同时存在，通常仅由两三种主要矿物组成，如花岗岩的主要矿物是石英、长石、黑云母。

1.2.4　岩浆岩的结构

岩浆岩的结构是指岩石中矿物的结晶程度、晶粒大小、晶体形状，以及彼此间相互组合关系等。岩浆岩的结构特征，是岩浆成分和岩浆冷凝时物理环境的综合反映，是区分和鉴定岩浆岩的重要标志之一。常见岩浆岩结构如下。

1.2.4.1　**显晶质结构**

显晶质结构岩石中的矿物,凭肉眼观察或借助于放大镜能分辨出矿物结晶颗粒的结构。按矿物颗粒大小可分为粗粒(粒径 >5 mm)、中粒(粒径 1 ~5 mm)、细粒(粒径 <1 mm)等结构。显晶质结构为侵入岩所特有的结构(见图 1-7(a))。

1.2.4.2　**隐晶质结构**

隐晶质结构矿物颗粒非常细小,肉眼和放大镜均不能分辨,只有在显微镜下才能看出矿物晶粒特征,为浅成岩和喷出岩常有的一种结构(见图 1-7(b))。

1.2.4.3　**玻璃质结构**

玻璃质结构是指几乎全部由玻璃质所组成的结构,多见于喷出岩中,它是岩浆迅速上升至地表时温度骤然下降,来不及结晶所致。

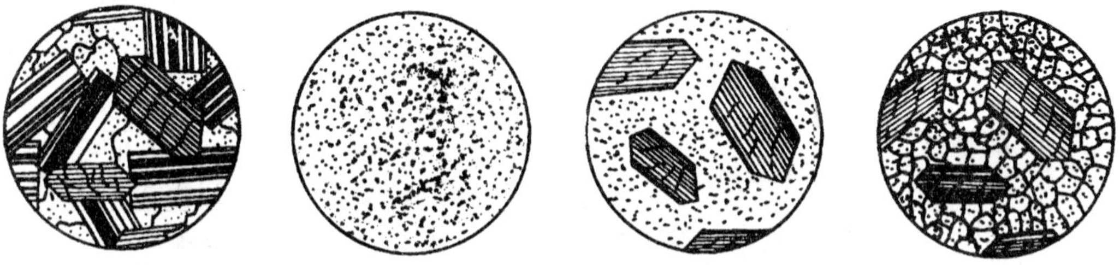

(a) 显晶质粒状结构　(b) 隐晶质结构　(c) 斑状结构　(d) 似斑状结构

图 1-7　岩浆岩的主要结构类型

1.2.4.4　**斑状结构**

岩石由两组直径相差甚大的矿物颗粒组成,其大晶粒散布在细小晶粒中,大的叫斑晶,细小的叫基质,基质为隐晶质及玻璃质的,称为斑状结构(见图 1-7(c)),基质为显晶质的,则称为似斑状结构(见图 1-7(d))。斑状结构为浅成岩及部分喷出岩所特有的结构,似斑状结构主要分布于浅成岩和部分深成岩中。

1.2.5　岩浆岩的构造

岩浆岩的构造是指岩石中矿物在空间的排列、配置和充填方式,它反映的是岩石的外貌特征。常见岩浆岩的构造如下。

1.2.5.1　**块状构造**

块状构造岩石中矿物分布比较均匀,岩石结构也均一,它是岩浆岩中最常见的一种构造。

1.2.5.2　**流纹构造**

流纹构造指岩石中由不同颜色的粒状矿物、玻璃质和拉长的气孔等,沿熔岩流动方向作平行排列所形成的一种流动构造。它是酸性岩中最常见的一种构造(见图 1-8)。

图 1-8　流纹构造

1.2.5.3　**气孔构造和杏仁构造**

岩石中分布有大小不同的圆形或椭圆形孔洞,称为气孔构造。气孔是岩浆快速冷却时,气体逸出所造成的孔洞,如果气孔被后来的物质所充填,则称为杏仁构造。喷出岩常具有这种构造。

1.2.6 岩浆岩的分类

岩浆岩的分类方法甚多,通常按岩石中 SiO_2 含量的多少分为酸性岩、中性岩、基性岩和超基性岩。根据岩浆岩的形成条件,再进一步考虑岩浆岩的产状、结构、构造等因素,还可将岩浆岩分为喷出岩、浅成岩和深成岩(见表 1-3)。

表 1-3 主要岩浆岩分类

<table>
<tr><td colspan="4">岩石类型</td><td>酸性岩</td><td colspan="2">中性岩</td><td>基性岩</td><td>超基性岩</td></tr>
<tr><td colspan="4">SiO₂ 含量(%)</td><td>>65</td><td colspan="2">65 ~ 52</td><td>52 ~ 45</td><td><45</td></tr>
<tr><td colspan="4">颜色</td><td colspan="3">浅色(浅红色、浅灰色、浅绿色等)</td><td colspan="2">深色(深灰色、黑色、暗绿色等)</td></tr>
<tr><td rowspan="2">矿物成分</td><td colspan="3">主要矿物</td><td>正长石
石英</td><td>正长石</td><td>斜长石
角闪石</td><td>斜长石
辉石</td><td>辉石
橄榄石</td></tr>
<tr><td colspan="3">次要矿物</td><td>黑云母
角闪石</td><td>角闪石
黑云母</td><td>辉石
黑云母</td><td>角闪石
橄榄石</td><td>角闪石</td></tr>
<tr><td rowspan="4">岩石的成因及结构和构造</td><td rowspan="2">喷出岩</td><td rowspan="2">流纹状、气孔状、杏仁状及块状构造</td><td>玻璃质结构</td><td colspan="5">火山石(浮岩、黑曜岩等)</td></tr>
<tr><td>隐晶质、细粒结构或斑状结构</td><td>流纹岩</td><td>粗面岩</td><td>安山岩</td><td>玄武岩</td><td>少见</td></tr>
<tr><td>浅成岩</td><td>块状构造,少数可见气孔状构造</td><td>斑状、显晶质细粒或隐晶质细粒结构</td><td>花岗斑岩</td><td>正长斑岩</td><td>闪长玢岩</td><td>辉绿岩</td><td>少见</td></tr>
<tr><td>深成岩</td><td>块状构造</td><td>全晶质、等粒状结构或似斑状结构</td><td>花岗岩</td><td>正长岩</td><td>闪长岩</td><td>辉长岩</td><td>辉岩
橄榄岩</td></tr>
</table>

1.2.7 常见岩浆岩特征

1.2.7.1 花岗岩

花岗岩是分布最广的一种酸性深成岩,多呈肉红色、浅灰色。其主要矿物为石英、正长石、斜长石,次要矿物为黑云母、角闪石等。显晶质结构,块状构造。花岗岩质地坚硬,性质均一,可作为良好的建筑地基及天然建筑材料。

1.2.7.2 正长岩

正长岩呈浅肉红、浅灰红等色。主要矿物为正长石,次要矿物有角闪石、黑云母等。显晶质结构,块状构造。其物理力学性质与花岗岩相似,但不如花岗岩坚硬,且易风化。极少单独产出,主要与花岗岩等共生。

1.2.7.3 闪长岩

闪长岩呈浅灰色至深灰色。主要矿物为斜长石、角闪石,其次为黑云母、辉石等。块状构造。分布广泛,多与辉长岩或花岗岩共生,常为小型侵入岩产出。岩石坚硬,不易风化,可作为各种建筑地基和建筑材料。

1.2.7.4 辉长岩

辉长岩为基性深成岩，呈黑色或灰黑色。主要矿物为斜长石和辉石，含少量角闪石、橄榄石等。显晶质结构，块状构造。岩石坚硬，抗风化能力强，是很好的建筑地基和建筑材料。

1.2.7.5 花岗斑岩

花岗斑岩为酸性浅成岩，呈肉红色或灰色。矿物成分与花岗岩相同。斑状结构或似斑状结构，斑晶和基质均主要由正长石和石英组成，块状构造。

1.2.7.6 闪长玢岩

闪长玢岩为中性浅成岩，其矿物成分与闪长岩相同。斑状结构，斑晶以斜长石为主，基质为细粒隐晶质，块状构造。

1.2.7.7 辉绿岩

辉绿岩为基性浅成岩，呈暗绿色或黑色。矿物成分与辉长岩相同。隐晶质致密结构，杏仁状构造或块状构造。常节理发育，较易风化。多呈岩床或岩脉产出。

1.2.7.8 流纹岩

流纹岩为酸性喷出岩，呈岩流状产出。颜色一般较浅，常呈浅灰至浅红、浅黄褐等色。矿物成分为石英、正长石和斜长石。斑状结构，流纹构造。

1.2.7.9 粗面岩

粗面岩为中性喷出岩，呈浅灰、浅褐、肉红等色。矿物成分与正长岩相当。斑状结构，斑晶常为正长石，块状构造或气孔构造。表面常有粗糙感。

1.2.7.10 安山岩

安山岩为分布较广的一种中性喷出岩，呈深灰、黄绿、紫红等色。矿物成分与闪长岩相当。斑状结构，斑晶以斜长石和角闪石为主，基质为隐晶质或玻璃质。块状或气孔构造。常呈岩流产出。

1.2.7.11 玄武岩

玄武岩为分布较广的基性喷出岩，呈黑、灰绿及暗紫等色。主要矿物成分与辉长岩相同。多呈细粒至隐晶质结构，气孔构造及杏仁构造。柱状节理发育。岩石致密坚硬、性脆，是良好的建筑地基和建筑材料。

1.2.7.12 火山碎屑岩

它是由火山喷发的碎屑物而形成的火山集块岩、火山角砾岩、火山凝灰岩等。其中由火山灰形成的凝灰岩分布广泛，性质软弱，强度低，易风化。

1.3 沉积岩

沉积岩是地壳表面分布最广的一种岩石，占陆地面积的75%。所以，对沉积岩特征的研究具有重要意义。

1.3.1 沉积岩的形成

沉积岩的形成可分为四个阶段。

1.3.1.1 风化阶段

地表或接近地表的岩石受温度变化，以及水、氧气和生物等因素作用，使原来坚硬完整的岩石，逐渐破碎成松散的碎屑或形成新的风化产物。

1.3.1.2 搬运阶段

原岩风化产物除少部分残留在原地外，大部分被流水、风、冰川、海水和重力等搬运带走，其中起主要作用的是流水搬运。搬运方式主要有机械搬运和化学搬运两种。

1.3.1.3 沉积阶段

当搬运能力减弱或物理化学环境变化，被搬运的物质便逐渐沉积下来。一般可分为机械沉积、化学沉积和生物化学沉积等作用。沉积下来的物质最初是松散状态，故称为松散沉积物。

1.3.1.4 硬结成岩阶段

早期沉积的松散物质被后来的沉积物不断覆盖，在上覆物质压力和一些胶结物质的作用下，逐渐使原物质压密、孔隙减小、脱水固结或重结晶而形成致密坚硬的岩石。

1.3.2 沉积岩的矿物组成

组成沉积岩的矿物，按成因可分为以下几类。

1.3.2.1 碎屑矿物(继承矿物)

碎屑矿物(继承矿物)是指原岩风化后残留下来的抗风化能力较强，耐磨损的矿物碎屑，如石英、长石、白云母等。

1.3.2.2 黏土矿物

黏土矿物是指原岩经风化分解后产生的次生矿物，如高岭石、蒙脱石、水云母等。

1.3.2.3 化学沉积矿物

化学沉积矿物是指经化学作用和生物化学作用，从水溶液中析出或结晶而形成的新矿物，如方解石、白云石、石膏、岩盐、铁和锰的氧化物等。

1.3.2.4 有机物质

有机物质是指由生物作用或生物遗骸，经有机化学变化而形成的物质，如石油、泥炭、贝壳等。

1.3.3 沉积岩的结构

沉积岩的结构是指组成岩石矿物的颗粒大小、形状及结晶程度。常见的有下列几种。

1.3.3.1 碎屑结构

碎屑结构是指由直径大于 0.005 mm 的碎屑物质被胶结而形成的一种结构。按颗粒大小，碎屑结构可分为砾状结构(粒径 >2 mm)、砂状结构(粒径 0.05 ~2 mm)、粉砂状结构(粒径 0.005 ~0.05 mm)；按颗粒形状，碎屑结构可分为棱角状结构、次棱角状结构、圆状结构和次圆状结构；按胶结类型，碎屑结构可分为基底胶结、孔隙胶结和接触胶结(见图 1-9)；按胶结物的成分，碎屑结构又可分为硅质、钙质、铁质、泥质等。

1.3.3.2 泥质结构

泥质结构是指由粒径小于 0.005 mm 的黏土矿物和细小矿物碎屑所组成的结构。它

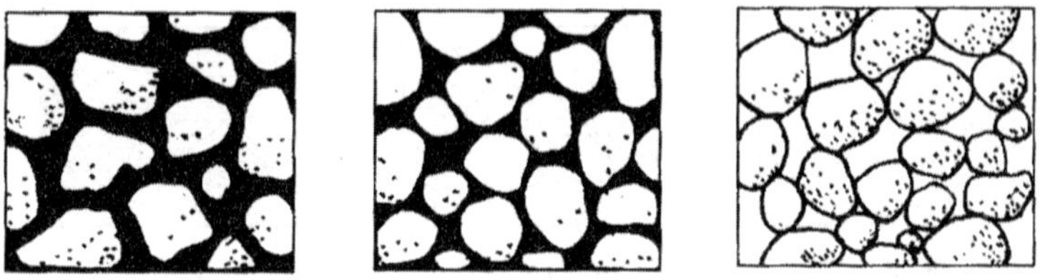

(a) 基底胶结　　(b) 孔隙胶结　　(c) 接触胶结

图 1-9　沉积岩的胶结类型

是黏土岩的主要特征。

1.3.3.3　结晶结构

结晶结构是指由溶液中的沉淀物,经结晶作用和重结晶作用而形成的一种结构。它是化学岩或生物化学岩所特有的结构。

1.3.3.4　生物结构

生物结构是指几乎全由生物遗体或碎片所组成的结构,如贝壳状结构、生物碎屑结构等。

1.3.4　沉积岩的构造

沉积岩的构造是指沉积岩各个组成部分的空间分布和排列方式。

1.3.4.1　层理构造

层理是沉积岩在形成过程中,由于沉积环境的改变,使先后沉积的物质在颗粒大小、形状、颜色和成分在垂直方向上发生变化而显示出来的成层现象。层理构造是沉积岩最重要的一种构造特征,是沉积岩区别于岩浆岩和变质岩的最主要标志。

根据层理的形态,可将层理分为下列几种类型(见图 1-10):

(1)水平层理。层理面与层面相互平行,主要见于细粒岩石(黏土岩、粉细砂岩等)中。它是在比较稳定的动力条件下形成的,如闭塞海湾、海和湖的深水带沉积物中。

(2)斜交层理。层理面向一个方向与层面斜交,这种斜交层理在河流及滨海三角洲沉积物中均可见到,主要是由单向水流造成的。

(3)交错层理。由多组不同方向的斜层理互相交错重叠而成,它是由水流的运动方向频繁变化造成的,多见于河流沉积层中。

层与层之间的界面称为层面,上下层面之间的垂直距离称为岩层厚度。岩层按其厚薄可分为块状层(>1 m)、厚层(1~0.5 m)、中厚层(0.5~0.1 m)、薄层(<0.1 m)。

1.3.4.2　层面构造

沉积岩层面上由于水流、风、生物活动、阳光暴晒等作用留下的痕迹称为层面构造,如波痕(见图 1-11)、泥裂(见图 1-12)、雨痕等。

1.3.4.3　化石

保存在岩石中被石化了的古代生物遗骸、遗迹统称为化石。化石可以确定岩石形成的环境和地质年代,也是沉积岩独有的构造特征(见图 1-13)。

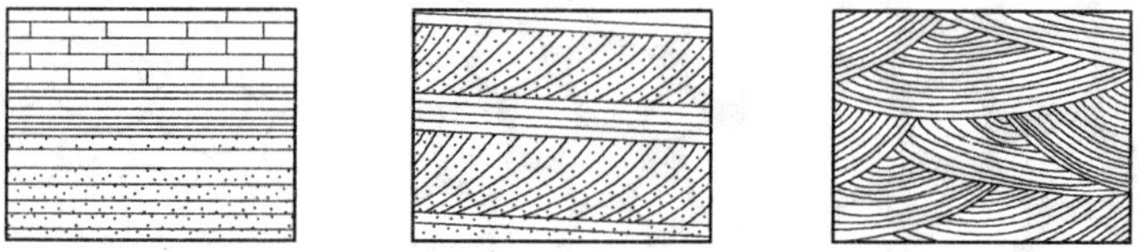

(a) 水平层理　　(b) 斜交层理　　(c) 交错层理

图 1-10　层理类型

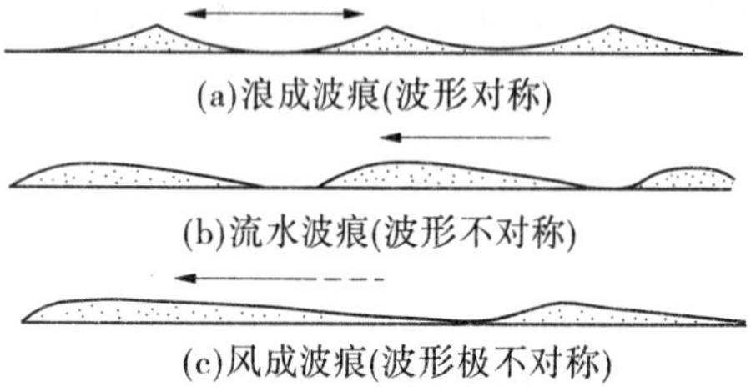

图 1-11　波痕

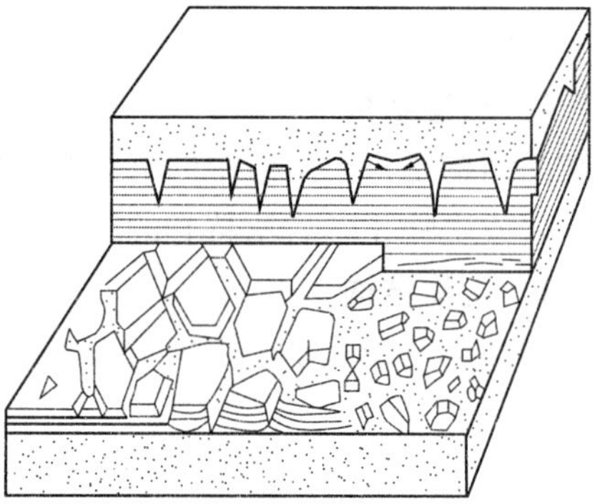

图 1-12　泥裂的示意立体图
（据 R. R. Shrock,1948）

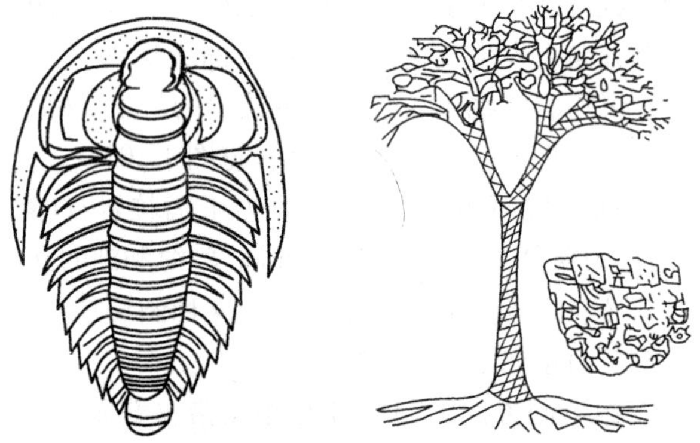

(a) 雷氏三叶虫　　(b) 鳞木

图 1-13　两种典型化石

1.3.4.4　结核

结核是指沉积岩中含有与周围沉积物质在成分、颜色、结构、大小等方面不同的物质团块,如石灰岩中常见的燧石结核、黄土中的钙质结核等。

1.3.5　沉积岩的分类

根据沉积岩的组成物质、结构和形成条件,可将沉积岩分为碎屑岩、黏土岩、化学岩及生物化学岩(见表1-4)。

表1-4 沉积岩分类

<table>
<tr><th rowspan="2">岩类</th><th rowspan="2" colspan="2">结构</th><th rowspan="2">主要矿物成分</th><th colspan="2">主要岩石</th></tr>
<tr><th>松散的</th><th>胶结的</th></tr>
<tr><td rowspan="4">碎屑岩</td><td rowspan="2" colspan="2">砾状结构
(粒径 >2 mm)</td><td rowspan="2">岩石碎屑或岩块</td><td>角砾、碎石、块石</td><td>角砾岩</td></tr>
<tr><td>卵石、砾石</td><td>砾岩</td></tr>
<tr><td colspan="2">砂质结构
(粒径0.05 ~2 mm)</td><td>石英、长石、云母、角闪石、辉石、磁铁矿等</td><td>砂土</td><td>石英砂岩、长石砂岩</td></tr>
<tr><td colspan="2">粉质结构(粒径0.005 ~0.05 mm)</td><td>石英、长石、黏土矿物、碳酸盐矿物</td><td>粉砂土</td><td>粉砂岩</td></tr>
<tr><td>黏土岩</td><td colspan="2">泥质结构
(粒径 <0.005 mm)</td><td>以黏土矿物为主,含少量石英、云母等</td><td>黏土</td><td>泥岩、页岩</td></tr>
<tr><td rowspan="5">化学岩及生物化学岩</td><td rowspan="5">化学结构及生物结构</td><td rowspan="2">致密状
粒状
鲕状</td><td>以方解石为主,白云石</td><td></td><td>泥灰岩、石灰岩</td></tr>
<tr><td>白云石、方解石</td><td></td><td>白云质灰岩、白云岩</td></tr>
<tr><td rowspan="3">结核状
鲕状
块状
纤维状
致密状</td><td>石英、蛋白石、硅胶</td><td>硅藻土</td><td>燧石岩、硅藻岩</td></tr>
<tr><td>钾、钠、镁的硫酸盐及氯化物</td><td></td><td>石膏、岩盐、钾盐</td></tr>
<tr><td>碳、碳氢化合物、有机质</td><td>泥炭</td><td>煤、油页岩</td></tr>
</table>

1.3.6 常见的沉积岩

1.3.6.1 砾岩及角砾岩

砾岩及角砾岩是由50%以上粒径大于2 mm的碎屑颗粒胶结而成的。由磨圆度较好的砾石胶结而成的称为砾岩,由带棱角的角砾胶结而成的称为角砾岩。胶结物的成分与胶结类型,对砾岩的强度有很大影响。如硅质基底胶结的石英砾岩,非常坚硬、难以风化,而泥质胶结的砾岩则相反。

1.3.6.2 砂岩

砂岩由50%以上粒径0.05 ~2 mm的砂粒组成。按颗粒大小可分为粗砂岩、中砂岩和细砂岩;按碎屑成分又可分为石英砂岩(含石英 >90%)、长石砂岩(含长石 >25%、石英 <75%)和岩屑砂岩(含岩屑 >25%、石英 <75%、长石 <10%)。砂岩也随胶结物的成分和胶结类型的不同,其强度也不相同,如硅质基底胶结的砂岩质地坚硬,而泥质接触胶结的砂岩松散易碎。

1.3.6.3 粉砂岩

粉砂岩由50%以上粒径为0.005 ~0.05 mm的粉砂组成,成分以石英为主,长石次之。胶结物常为黏土、钙质和铁质。颜色多为棕红色或褐色，常显水平层理。

1.3.6.4 **泥岩**

泥岩由黏土经脱水固结而成，矿物成分主要为高岭石、蒙脱石和水云母等。其特点是：固结不紧密、不牢固、强度较低；层理不发育，常呈厚层状、块状；遇水易泥化，其强度显著降低。

1.3.6.5 **页岩**

页岩的成因与泥岩相同，但具明显薄层理（又称页理），能沿层理面分成薄片，岩性致密均一、不透水。根据混入物的成分或岩石的颜色可分为钙质页岩、硅质页岩、黑色页岩或碳质页岩等。除硅质页岩强度稍高外，其余的易风化，性质软弱，浸水后强度显著降低。

1.3.6.6 **石灰岩**

石灰岩又名灰岩，常呈浅灰至深灰等色。矿物成分以方解石为主，其次含少量的白云石和黏土矿物等。结构致密、质地坚硬，强度较高，遇冷稀盐酸剧烈起泡。可溶蚀成各种岩溶形态。按成因和结构不同，石灰岩还有生物碎屑灰岩、竹叶状灰岩、鲕状灰岩等类型。

1.3.6.7 **白云岩**

白云岩多为浅灰色、淡黄色。矿物成分主要为白云石，其次含有少量的方解石。白云岩的外观与石灰岩相似，但滴上冷稀盐酸基本不起泡。硬度较灰岩略大。岩石风化面上常有刀砍状溶蚀沟纹（刀砍纹）。

1.3.6.8 **泥灰岩**

石灰岩中黏土矿物含量达25% ~50%时，称为泥灰岩。其颜色有灰色、黄色、褐色等，强度低，易风化。

1.4 变质岩

地壳中已成岩石，由于构造运动和岩浆活动等所造成的物理化学环境的改变，使原来岩石在成分、结构和构造上发生一系列变化而形成的新岩石叫作变质岩。这种改变岩石的作用称为变质作用。

1.4.1 变质作用类型

促使岩石变质的因素主要是温度、压力及化学性质活泼的气体和液体，它们主要来源于地壳运动和岩浆活动。根据各种变质因素所起的主导作用不同，可将变质作用分为以下几种类型（见图1-14）。

1.4.1.1 **接触变质作用**

岩浆上升侵入围岩时，围岩受到岩浆高温或岩浆分异出来的挥发组分及热液的影响，从而使接触带附近的围岩发生变质的作用，称为接触变质作用。其中主要变质因素是温度的变质作用，称为热接触变质作用；变质因素除温度外，主要是从岩浆中分异出来的挥发物质所产生的交代作用，称为接触交代变质作用。接触变质带的岩石一般较破碎，裂隙发育，透水性大，强度较低。

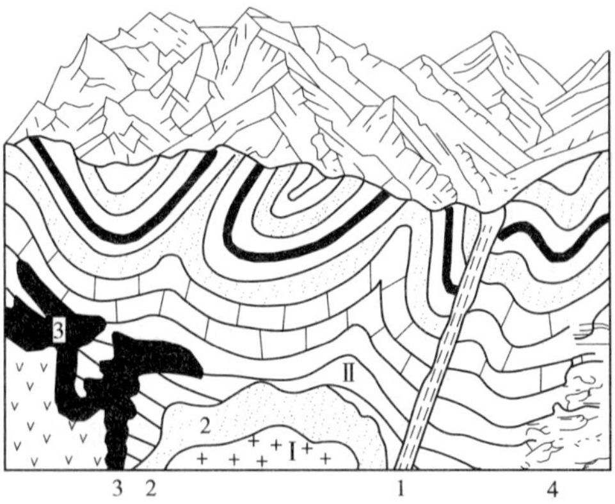

1—动力变质作用带;2—热接触变质作用带;3—接触交代变质作用带;4—区域变质作用带;
Ⅰ—岩浆岩;Ⅱ—沉积岩

图1-14　变质作用的类型示意图

1.4.1.2　区域变质作用

在广大范围内发生,并由温度、压力等多种因素引起的变质作用,称为区域变质作用。变质作用方式以重结晶、重组合为主,如黏土质岩石可变为片岩和片麻岩。

1.4.1.3　动力变质作用

地壳运动产生的强烈定向压力,使岩石发生的变质作用,称为动力变质作用,也叫碎裂变质作用。其特征是常与较大的断层伴生,原岩挤压破碎、变形并有重结晶现象。

1.4.2　变质岩的矿物成分

组成变质岩的矿物,一部分是与原岩所共有的,如石英、长石、云母、角闪石、辉石、方解石等;另一部分是变质作用后产生的特有变质矿物,如红柱石、蓝晶石、硅灰石、绿泥石、绿帘石、绢云母、滑石、叶蜡石、蛇纹石、石榴子石等。这些矿物可作为鉴别变质岩的重要标志。

1.4.3　变质岩的结构

1.4.3.1　变余结构

原岩在变质过程中,由于重结晶、变质结晶作用不完全,使原岩的结构特征被部分保留下来的一种结构,称为变余结构。这种结构在低级变质岩中较常见。

1.4.3.2　变晶结构

原岩在固体状态下发生重结晶、重组合等变质作用过程中所形成的结构,称为变晶结构。这是变质岩中最常见的结构。

1.4.3.3　碎裂结构

原岩在定向压力作用下,岩石发生破裂、弯曲,形成碎块状甚至粉末状后又被黏结在一起的结构。它是动力变质岩中常见的一种结构。

1.4.4 变质岩的构造

1.4.4.1 片理构造

片理构造是指岩石中含有大量片状、板状和柱状矿物，在定向压力作用下平行排列而形成的一种构造。岩石极易沿此方向劈开，劈开面为片理面。一般片理面平整光亮，延伸不远。它又可分为以下几种构造：

（1）片麻状构造：指石英、长石等浅色粒状矿物和云母、角闪石等暗色片状、柱状矿物相间定向排列所形成的断续条带状构造。

（2）片状构造：指岩石中片状、柱状、纤维状矿物定向排列所形成的薄层状构造。具有沿片理面可劈成不平整薄板的特征。

（3）千枚状构造：指由细小片状变晶矿物定向排列所形成的一种构造。片理面上具有丝绢光泽。

（4）板状构造：指岩石结构致密，矿物颗粒细小，沿片理面易裂开成厚度近于一致的薄板状构造。它是岩石受较轻的定向压力作用而形成的。

1.4.4.2 块状构造

岩石中矿物均匀分布、结构均一，无定向排列。它是大理岩、石英岩等常有的构造。

1.4.5 变质岩的分类

变质岩的种类很多，通常是按其构造特征来划分岩石类型的，见表1-5。

表1-5 主要变质岩分类

类别	构造	岩石名称	主要亚类或矿物成分
片理状岩类	片麻状	片麻岩	花岗片麻岩、黑云母片麻岩、斜长石片麻岩、角闪石片麻岩
	片状	片岩	云母片岩、绿泥石片岩、滑石片岩、角闪石片岩
	千枚状	千枚岩	以绢云母为主，其次有石英、绿泥石等
	板状	板岩	黏土矿物、绢云母、石英、绿泥石、黑云母、白云母等
块状岩类	块状	大理岩	以方解石为主，其次有白云石等
		石英岩	以石英为主，有时含有绢云母、白云母等
		碎裂岩	主要由较小的岩石碎屑和矿物碎屑组成
		糜棱岩	主要由石英、长石及少量绢云母、绿泥石等组成

1.4.6 常见变质岩

1.4.6.1 片麻岩

片麻岩颜色深浅不一。变晶结构，典型的片麻状构造。主要矿物为长石、石英、黑云母、角闪石等，有时出现红柱石、石榴子石等。根据成分，片麻岩又进一步分为花岗片麻岩、角闪斜长片麻岩、黑云母片麻岩等。一般较坚硬，强度较高，若云母含量增多且富集在一起，则强度大为降低，并较易风化。

1.4.6.2 片岩

片岩颜色深浅不一，视矿物成分而定。变晶结构，片状构造。片状矿物含量大，粒状矿物以石英为主。根据矿物成分不同，片岩又可分为云母片岩、绿泥石片岩、滑石片岩、角闪石片岩等。片岩强度较低，且易风化，由于片理发育，易于沿片理裂开。

1.4.6.3 千枚岩

千枚岩多为黄绿、红、灰等色。岩石细密，具千枚状构造。矿物成分主要为绢云母、绿泥石、石英等。片理面具强丝绢光泽。性质较软弱，易风化破碎。

千枚岩与片岩相似，但千枚岩的颗粒很细，即重结晶程度较差。千枚岩与板岩也相似，但千枚岩的丝绢光泽明显，并具千枚构造，而无明显的板状构造。

1.4.6.4 板岩

板岩常为深灰、灰绿、紫红等色。变余结构，具明显的板状构造，易裂开成薄板。矿物颗粒细小，主要成分为泥质和硅质。岩性均匀致密，敲之发声清脆。板岩与页岩相似，但页岩较软，没有板状构造，没有光泽。板岩常用作建筑材料。

1.4.6.5 石英岩

石英岩常呈白色，含杂质时，又显黄褐、褐红等色，由石英砂岩和硅质岩经变质而成。矿物成分以石英为主，其次为云母等。变晶结构，块状构造。岩石坚硬，抗风化能力强，可作良好的建筑地基。

1.4.6.6 大理岩

大理岩由石灰岩或白云岩经重结晶作用变质而成。主要矿物成分为方解石、白云石。变晶结构，块状构造。洁白的细粒大理岩（汉白玉）和带有各种花纹的大理岩，常用作建筑材料和装饰材料等。硬度较小，与盐酸作用起泡，具有可溶性。

1.4.6.7 碎裂岩

碎裂岩由原岩经强烈挤压破碎而形成的动力变质岩，由大小不一的各种棱角状碎屑聚集而成，具碎裂结构。分布常与断裂和褶皱作用有关，如断层角砾岩、压碎岩等。

1.5 岩石的工程地质性质评述

不同岩石具有不同的工程地质性质，同一岩石由于外部条件不一，其工程地质性质也不一样。岩石的工程地质性质主要受其矿物成分、结构、构造、成因、水和风化作用等因素的影响。

1.5.1 岩浆岩的工程地质性质

1.5.1.1 深成侵入岩

深成侵入岩常形成岩基等大型侵入体，岩性较均一，致密坚硬，孔隙率小，透水性弱，抗水性强，常被选为理想的建筑物地基。但深成侵入岩抗风化能力差，特别是含铁镁矿物较多时，更易风化破碎，风化层厚度较大。此外，深成侵入岩经过多期地壳变动影响，一般裂隙比较发育，强度和抗水性都减弱，但可储存地下水。

1.5.1.2 浅成侵入岩

浅成侵入岩的岩体规模一般较小，有时相互穿插，岩性较复杂，颗粒大小不均一，较易风化，特别是与围岩接触部位，岩性不均，节理裂隙发育，岩石破碎，风化变质严重，透水性增大。当浅成侵入岩很致密时，岩石透水性小，强度高，是良好的隔水层。岩体体积较大时，也是良好的建筑地基。

1.5.1.3 喷出岩

喷出岩一般原生孔隙和节理发育，产状不规则，厚度变化大，岩性很不均一，因此强度低，透水性强，抗风化能力差。但对玄武岩和安山岩等岩石，如果孔隙、节理不发育，颗粒细小或是致密的玻璃质，则强度高、抗风化能力强，也是良好的建筑地基和建筑石材。但需注意，喷出岩呈岩流产出时，与下伏岩层或多次喷发之间存在的松散软弱土层或风化层会对建筑地基的稳定产生影响。

1.5.2 沉积岩的工程地质性质

沉积岩的重要特征是具层理构造，因而它具有明显的各向异性。

1.5.2.1 胶结的碎屑岩

此类岩石主要取决于胶结物的成分、胶结类型，如硅质胶结的岩石强度高、抗水性强；钙质、石膏质和泥质胶结的岩石强度低、抗水性弱；基底胶结的岩石，则较坚硬、强度高，透水性弱；接触胶结的岩石强度较低，透水性强；孔隙胶结的岩石强度和透水性介于两者之间。此外，碎屑岩的成分等对岩石的工程地质性质也有一定影响，如石英质砂岩和砾岩就较长石质的砂岩和砾岩强度高。

1.5.2.2 黏土岩

黏土岩主要有泥岩和页岩。质地软弱，强度低，容易风化，受力后压缩变形量大，遇水后易软化和泥化。当含高岭石、蒙脱石成分时，还具有较大的膨胀性和崩解性。因此，不宜作大型水工建筑物的地基。作为岸坡岩石，也易发生滑动破坏。但其透水性小，可作为隔水层和防渗层。

1.5.2.3 化学岩

化学岩最常见的是石灰岩和白云岩。一般岩性致密，强度高。但抗水性弱，具有可溶性，在水流作用下易形成溶隙、溶洞、地下暗河等岩溶现象。所以，在这类岩石地区进行水工建筑时，渗漏及塌陷是主要的工程地质问题。此外，当石灰岩中夹有薄层泥灰岩时，可能会沿此层产生滑动。

1.5.3 变质岩的工程地质性质

变质岩的工程地质性质与原岩及变质作用特点密切相关。一般情况下，由于原岩矿物成分在高温高压下重结晶作用的结果，岩石的力学性质、抗水性等较变质前相对提高。但如果在变质过程中形成滑石、绿泥石、绢云母等软弱变质矿物，则其力学强度降低，抗风化能力减弱。动力变质作用和接触变质作用形成的岩石，构造破碎、裂隙发育、透水性强、强度较低，但断层破碎带可储存地下水。

变质岩的片理构造会使岩石具有各向异性特征，沿片理方向抗剪强度低，易产生滑动，一般不利于坝基和边坡稳定。

通常而言，板岩、千枚岩、云母片岩、滑石片岩及绿泥石片岩等岩石的工程地质性质较差；而片麻岩、石英岩及大理岩等岩石致密坚硬、岩性较均一、强度高，也是建筑物的良好地基，但裂隙发育时，可使其工程地质性质降低。

小　结

通过对矿物基本性质的介绍，学会野外对常见的造岩矿物的识别；通过三大类岩石成因、性质、结构、构造的学习，使学生掌握岩石的基本知识，能够识别一些常见岩石并了解其工程地质特性。

复习思考题

一、单选题

1. 地表原岩经风化、剥蚀作用形成的碎屑，经流水、冰川的搬运作用沉积、胶结、硬化而成(　　)

A. 岩浆岩　　B. 沉积岩　　C. 变质岩　　D. 火山岩

2. 下列岩石中深变质带的代表岩石是(　　)

A. 硅线石　　B. 蓝晶石　　C. 绿泥石　　D. 绢云母

3. 沉积岩在构造上区别于岩浆岩的重要特征是(　　)

A. 沉积岩的层理构造、层面特征和含有化石

B. 沉积岩的页层构造、层面特征和含有化石

C. 沉积岩的层状构造、层面特征和含有化石

D. 沉积岩的层理构造、层面特征

4. 下列哪些岩石属于沉积岩中的生物化学岩类？(　　)

A. 大理岩　　B. 石灰岩　　C. 花岗岩　　D. 石英岩

5. 摩氏硬度反映的是(　　)

A. 矿物相对硬度的顺序　　B. 矿物相对硬度的等级

C. 矿物绝对硬度的顺序　　D. 矿物绝对硬度的等级

6. 花岗岩是(　　)

A. 酸性深成岩　　B. 侵入岩　　C. 浅成岩　　D. 基性深成岩

7. 岩浆岩中对岩石的矿物影响最大的是 SiO_2，根据 SiO_2 的含量岩浆岩可分为酸性岩类、中性岩类、基性岩类、超基性岩类，分类正确的是(　　)

A. 酸性岩类 SiO_2 含量 >65%，中性岩类 SiO_2 含量 65% ~52%，基性岩类 SiO_2 含量 52% ~45%，超基性岩类 SiO_2 含量 <45%

B. 酸性岩类 SiO_2 含量 <45%，中性岩类 SiO_2 含量 52% ~45%，基性岩类 SiO_2 含量 65% ~52%，超基性岩类 SiO_2 含量 >65%

C. 酸性岩类 SiO_2 含量 >65%，中性岩类 SiO_2 含量 65% ~52%，基性岩类 SiO_2 含量 52% ~45%，超基性岩类 SiO_2 含量 <45%

D. 酸性岩类 SiO_2 含量 <45%，中性岩类 SiO_2 含量 65% ~52%，基性岩类 SiO_2 含量 52% ~45%，超基性岩类 SiO_2 含量 >65%

8. 下列岩石中属于变质岩的是(　　)

A. 大理岩　　B. 石灰岩　　C. 泥灰岩　　D. 白云岩

9. 下列岩石中属于全晶质的有(　　)

A. 花岗岩　　B. 花岗斑岩　　C. 流纹岩

二、多选题

1. 按照组成岩石矿物的结晶程度，岩浆岩的结构可分为(　　)

A. 全晶质结构　　B. 半晶质结构　　C. 粒状结构　　D. 非晶质结构

E. 斑状结构

2. 下列结构中，沉积岩的结构是哪些？(　　)

A. 泥质结构　　B. 化学结构　　C. 碎屑结构　　D. 生物结构

3. 根据物质组成的特点，沉积岩一般分为(　　)

A. 碎屑岩类　　B. 生物岩类　　C. 黏土岩类　　D. 生物化学岩类

4. 按岩石的结构、构造及其成因、产状等将岩浆岩分为(　　)

A. 酸性岩　　B. 中性岩　　C. 深成岩　　D. 浅成岩

E. 喷出岩

三、简答题

1. 什么是矿物及造岩矿物？什么是岩石？元素、矿物及岩石之间的关系是什么？
2. 如何利用肉眼鉴别造岩矿物？
3. 简述岩浆岩与沉积岩在成因、结构、构造及矿物成分的差别。
4. 变质作用的类型有哪些？
5. 简述三类岩石的工程地质性质。

第2章　地质构造

【学习目标】 通过本章学习，了解有关地质年代的常识，掌握一些地质构造的基本知识，初步懂得在野外识别褶皱、断层、节理的方法，分析地质构造对工程建筑的影响，以及常用的处理方法，并学会对简单地质图的识读和分析。

【重点】 岩层产状三要素的测定和褶皱构造及断裂构造的野外识别。

【难点】 褶皱构造及断裂构造的野外识别。

2.1　地质作用

在地球漫长的演变历史中，地壳的内部结构、物质成分和表面形态不断地发生着变化。一些变化速度快，易被人们感觉到，如地震和火山爆发等；另一些变化则进行得很慢，不易被人们发现，如地壳的缓慢上升、下降以及地块的水平移动等。这种由于自然动力所引起，促使地壳物质成分、结构及地表形态发生变化的作用叫作地质作用。根据地质作用的动力来源，可将其分为外力地质作用和内力地质作用。

2.1.1　外力地质作用

外力地质作用主要是由地球以外的能源，如太阳辐射能、日月引力能和陨石碰撞等引起的。其中太阳辐射起着最主要的作用，它造成地面温度的变化，产生空气对流、大气环流及各种水流和冰川等。外力地质作用的表现形式有风化作用、剥蚀作用、搬运作用和沉积作用等。外力地质作用往往带来地壳物质成分、内部结构、地表形态的缓慢变化，称之为地球的“渐变说”，但经过漫长的地质年代，可导致地球面貌的巨大变化。

2.1.2　内力地质作用

内力地质作用是由地球内部的能源，如旋转能、重力能、放射性元素衰变产生的热能以及化学能、结晶能等引起的。内力地质作用往往带来地壳物质成分、内部结构、地表形态的突然变化，如岩浆活动、变质作用、地震等。

构造运动又叫地壳运动，是内力地质作用所引起的地壳岩石发生变形、变位（如弯曲、断裂等）的运动。残留在岩层中的这些变形、变位现象叫作地质构造。构造运动在内力地质作用中常起主导作用，它可分为水平运动和垂直运动。

2.1.2.1　水平运动

水平运动主要表现为地壳岩层的水平位移，结果使岩层相互挤压、弯曲或错开等。它使岩层褶皱、断裂（见图2-1），形成裂谷、盆地及褶皱山系，如非洲大陆和美洲大陆的分离以及我国的横断山脉、喜马拉雅山脉、天山等褶皱山系的形成。

(a) 岩层的原始状态　(b) 岩层弯曲产生褶皱构造　(c) 褶皱进一步发展成断裂构造

图 2-1　褶皱构造与断裂构造形成示意图

2.1.2.2　垂直运动

垂直运动主要表现为地壳大面积整体缓慢上升或下降。上升形成山岳、高原，下降则形成湖海、盆地。如喜马拉雅山上的大量新生代早期海洋生物化石的存在，反映了五六千万年前，这里曾是汪洋大海，可见垂直运动幅度之大。目前，我国西部总体相对上升，而东部相对下降。

同一地区构造运动的方向随着时间的推移而不断变化。某一时期以水平运动为主，另一时期则以垂直运动为主，且水平运动的方向和垂直运动的方向也会发生更替。不同地区的构造运动常有因果关系，一个地区块体的水平挤压可引起另一地区的上升或下降，反之亦然。

内力地质作用与外力地质作用相互关联，相互矛盾。内力地质作用在地壳演化中起着主导作用，它使地表产生大陆、海洋、山脉、平原等巨型地形起伏。而外力地质作用则进一步加工塑造，起着削高补低的作用，即所谓的“平原化”过程。总之，在内力地质作用和外力地质作用下，地壳不断向前发展和变化着。

2.2　地质年代

地球形成至今已有 46 亿年，对整个地质历史时期而言，地球的发展演化及地质事件的记录和描述需要有一套相应的时间概念，即地质年代。地质学上以绝对地质年代和相对地质年代两种方法来描述时间。表示地质事件发生距今的实际年数称为绝对地质年代（实际年龄），而表示地质事件发生的先后顺序称为相对地质年代。

2.2.1　绝对地质年代的确定

绝对地质年代主要根据保存在岩层中的放射性元素蜕变的速度、特征、产物来确定。

2.2.2　相对地质年代的确定

2.2.2.1　地层层序法

地层是指在一定地质时期内所形成的层状岩石的总称。未经构造运动改变的岩层大都是水平岩层，且按照下老上新的规律排列（见图 2-2（a））；若后期构造运动使某些岩层发生变动（倾斜、直立或倒转），可利用沉积物中的某些构造特征（如斜层理、泥裂、波痕等）来恢复岩层顶、底面后，再进一步判断岩层之间的相对新老关系（见图 2-2（b））。

2.2.2.2 古生物化石法

自然界中的生物是从无到有，由简单到复杂，由低级到高级不断发展、变化着的，而且这种演化是不可逆转的，不同地质时期形成的地层中会保存不同的古生物化石，这样就可以根据岩层中化石的复杂与繁简程度来推断地层的相对新老关系。

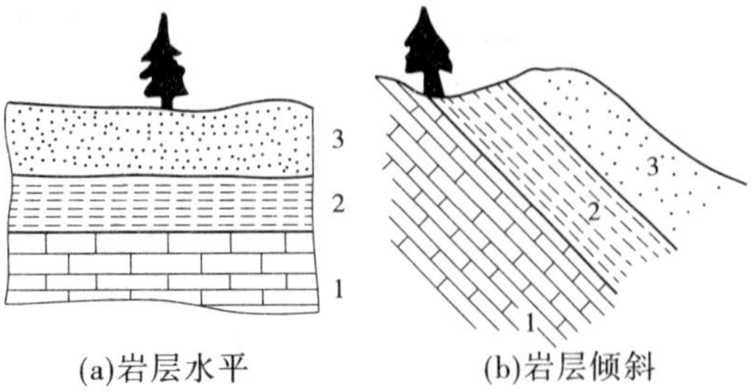

注：1、2、3 依次由老到新。

图 2-2 地层层序法(岩层层序正常时)

2.2.2.3 地层接触关系法

不同时期形成的岩层，其分界面特征即互相接触关系，可以反映各种构造运动和古地理环境等在空间和时间上的演变过程。因此，它是确定和划分地层年代的重要依据。岩层接触关系有以下几种类型(见图 2-3)：

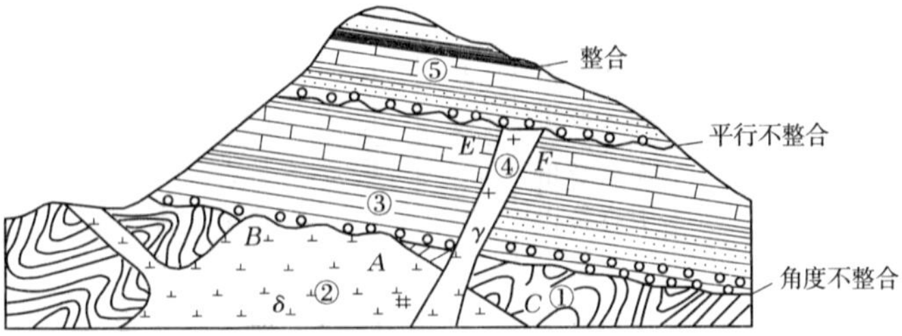

AB、*EF*—沉积接触面；*AC*—侵入接触面；δ—侵入岩体；γ—岩脉

注：①、②、③、④、⑤依次由老到新。

图 2-3 岩层接触关系示意图

(1)整合。指上、下两套岩层产状一致，互相平行，连续沉积形成。反映岩层形成期间地壳比较稳定，没有强烈的构造运动，地层自下而上依次由老到新。

(2)平行不整合。它又称假整合，是指上、下两套地层的产状彼此平行一致，但其间缺失某些地质年代的岩层。上、下两套岩层之间的接触面往往起伏不平，常分布一层砾岩(俗称底砾岩)，据此可以判断上、下两套岩层的新老关系。

(3)角度不整合。是指上、下两套地层产状不同，彼此呈角度接触，其间缺失某些时代的地层，接触面多起伏不平，也常有底砾岩和风化壳。不整合面的存在标志着地壳曾发生过强烈的地壳运动。与平行不整合相同，据此也可以判断地层之间的新老关系。

上述三种接触类型是沉积岩之间或少量变质岩之间的接触关系。此外，利用岩浆岩和其他围岩之间的接触关系，也可以来判断岩层之间的相对新老关系(见图 2-3)。

不同时代的岩层常被岩浆侵入穿插，侵入者年代新，被侵入者年代老，切割者年代新，被切割者年代老。

2.2.3 地质年代表

通过对全球各个地区地层划分和对比，以及对相关岩石的实际年龄测定，按年代先后顺序进行科学系统性的编年，建立起国际上通用的地质年代表(见表 2-1)。地质年代表

表 2-1　地质年代表

地质年代					国际代号		距今年龄（百万年）			主要地壳运动
宙（宇）	代（界）	纪（系）		世（统）				植物	动物	
显生宙	新生代（K_Z）	第四纪		全新世 更新世	Q	Q_4 $Q_{1\sim3}$	0.01~3	被子植物	人类	喜马拉雅运动
		第三纪	晚第三纪	上新世 中新世	N	N_2 N_1	25		哺乳动物	
			早第三纪	渐新世 始新世 古新世	E	E_3 E_2 E_1	40 60 80			
	中生代（M_Z）	白垩纪		晚白垩世 早白垩世	K	K_2 K_1	140	裸子植物	爬行动物	燕山运动
		侏罗纪		晚侏罗世 中侏罗世 早侏罗世	J	J_3 J_2 J_1	195			
		三叠纪		晚三叠世 中三叠世 早三叠世	T	T_3 T_2 T_1	230			印支运动
	古生代（P_Z）	晚古生代	二叠纪	晚二叠世 早二叠世	P	P_2 P_1	280	蕨类植物	两栖类动物	海西运动
			石炭纪	晚石炭世 中石炭世 早石炭世	C	C_3 C_2 C_1	350			
			泥盆纪	晚泥盆世 中泥盆世 早泥盆世	D	D_3 D_2 D_1	410		鱼类	
		早古生代	志留纪	晚志留世 中志留世 早志留世	S	S_3 S_2 S_1	440	孢子植物高级藻类	海生无脊椎动物	加里东运动
			奥陶纪	晚奥陶世 中奥陶世 早奥陶世	O	O_3 O_2 O_1	500			
			寒武纪	晚寒武世 中寒武世 早寒武世	$\in$	$\in_3$ $\in_2$ $\in_1$	600			
隐生宙	远古代（P_t）	晚	震旦纪		Z		800	真核生物（绿藻）		吕梁运动
		中					1 900			
		早					2 500			
	太古代（A_r）						4 000	原核生物（菌藻类）		五台运动
	地球初期发展阶段						4 600	无生物		

中使用了不同级别的地质年代单位和地层单位。地质年代单位根据时间的长短依次划分为:宙、代、纪、世,于此相对应的地层单位是:宇、界、系、统。如太古代形成的地层叫太古界,石炭纪形成的地层叫石炭系等。

此外,除了上述地层单位外,还有按照岩性特征来划分的地层单位,称为地方性地层单位,常用群、组、段表示。

2.3 岩层产状

2.3.1 岩层产状要素

岩层产状是指岩层在空间的位置,用走向、倾向和倾角表示。地质学上将走向、倾向和倾角称为岩层产状三要素。

2.3.1.1 走向

岩层面与水平面的交线叫走向线(见图2-4中的*AOB*线),走向线两端所指的方向即为岩层的走向。走向有两个方位角数值,且相差180°,如NW350°和SE170°。岩层的走向表示岩层的延伸方向。

2.3.1.2 倾向

岩层面上与走向线垂直并沿倾斜面向下所引的直线叫倾斜线(见图2-4 *OD*线),倾斜线在水平面上的投影(见图2-4 *OD'*线)所指的方向就是岩层的倾向。对于同一岩层面,倾向与走向垂直,且只有一个方向。岩层的倾向表示岩层的倾斜方向。

2.3.1.3 倾角

倾角是岩层面和水平面所夹的最大锐角(或二面角)(见图2-4 α角)。

除岩层面外,岩体中其他面(如节理面、断层面等)的空间位置也可以用岩层产状三要素来表示。

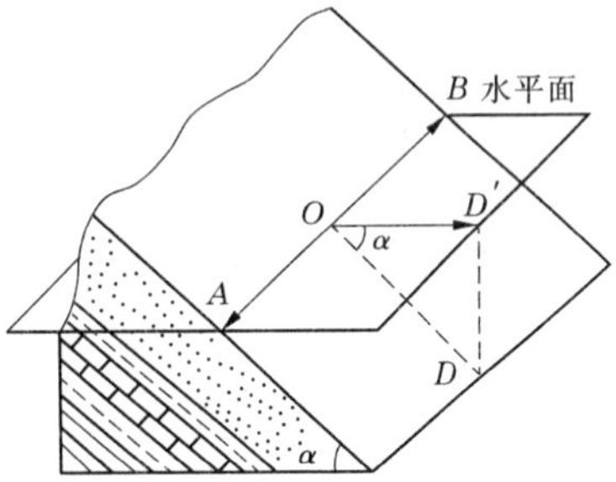

AOB—走向线;*OD*—倾斜线;*OD'*—倾斜线在水平面上的投影,箭头方向为倾向;α—倾角

图2-4 岩层产状要素图

2.3.2 岩层产状要素的测量

岩层产状要素需用地质罗盘(见图2-5)测量。测量方法(见图2-6)如下。

2.3.2.1 测走向

将罗盘的长边与岩层面贴触,如罗盘无长边,则取与南北方向平行的边和层面贴触,并使罗盘放水平(水准气泡居中),此时罗盘长边(或NS边)与岩层的交线即为走向线,磁针(无论南针或北针)所指的度数即为所求的走向。

2.3.2.2 测倾向

把罗盘的N极指向岩层层面的倾斜方向,同时使罗盘的短边(或与东西方向平行的边)与层面贴触,罗盘放水平,气泡居中,此时北针所指的度数即为所求的倾向。

2.3.2.3 测倾角

将罗盘侧立，以其长边（即 NS 边）紧贴层面，并与走向线垂直，然后转动罗盘背面的旋钮，使下刻度盘的活动水准泡居中，倾角指针所指的度数即为倾角大小。若是长方形罗盘，此时桃形指针在倾角刻度盘上所指的度数即为所测的倾角大小。

2.3.2.4 岩层产状要素的表示方法

一组走向为北西 320°、倾向为南西 230°、倾角为 35°的岩层产状，可写成：N320°W，S230°W，∠35°，也可记录成 SW230°∠35°的形式。在地质图上，岩层的产状用符号“35°”表示，长线表示走向，短线表示倾向，数字表示倾角。长短线必须按实际方位画在图上。

图 2-5 地质罗盘

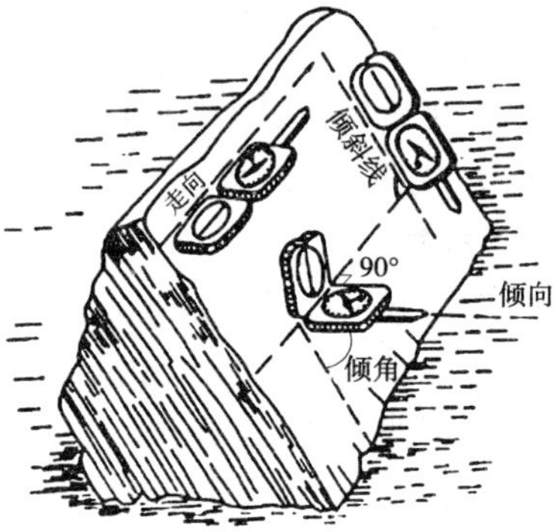

图 2-6 岩层产状要素测量

2.3.3 水平构造、倾斜构造和直立构造

2.3.3.1 水平构造

岩层产状呈水平（倾角 $\alpha=0°$）或近似水平（$\alpha<5°$），如图 2-2（a）和图 2-7 所示。岩层呈水平构造，说明该地区地壳相对稳定。

2.3.3.2 倾斜构造（单斜构造）

岩层产状的倾角 $0°<\alpha<90°$，岩层呈倾斜状（见图 2-2（b）和图 2-8）。岩层呈倾斜构造，说明该地区地壳不均匀抬升或受到岩浆作用的影响。

2.3.3.3 直立构造

岩层产状的倾角 $\alpha\approx90°$，岩层呈直立状（见图 2-9）。岩层呈直立构造，说明岩层受到强有力的挤压。

图 2-7 水平岩层

图 2-8 倾斜岩层

图 2-9 直立岩层

2.4　褶皱构造

岩层受构造应力作用后产生的连续弯曲变形称为褶皱构造。绝大多数褶皱构造是岩层在水平挤压力作用下形成的,如图 2-10 所示。褶皱构造是岩层在地壳中广泛发育的地质构造之一,它在层状岩石中最为明显,在块状岩体中则很难见到。褶皱构造的每一单个向上或向下的弯曲称为褶曲。褶皱构造的规模大小不一,大者可达几十至几百千米,小者手标本上可见。

2.4.1　褶皱要素

褶皱构造的各个组成部分称为褶皱要素(见图 2-11)。

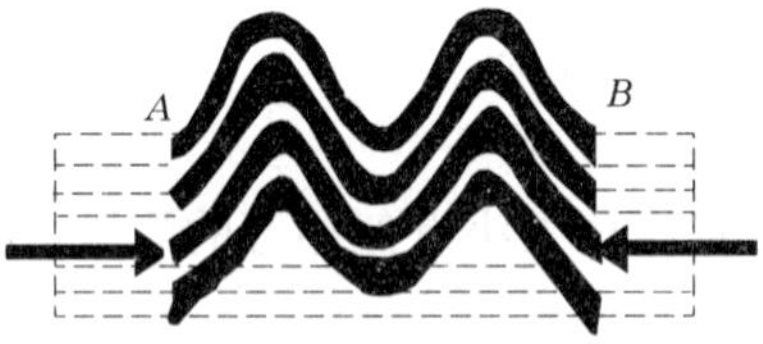

图 2-10　褶皱构造

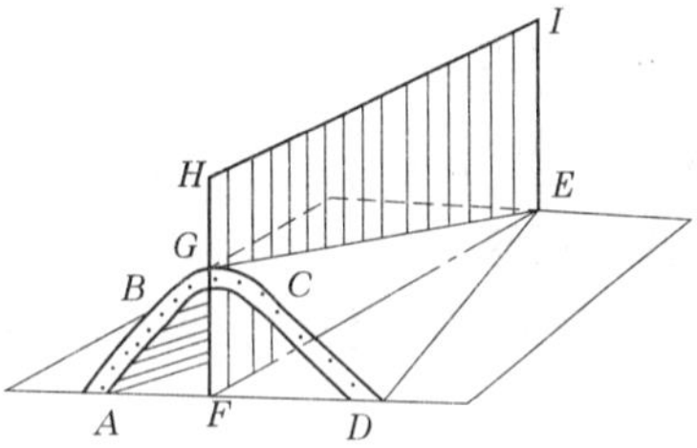

AB—翼;被 *ABGCD* 包围的内部岩层—核;*BGC*—转折端;
EFHI—轴面;*EF*—轴线;*EG*—枢纽

图 2-11　褶皱要素示意图

2.4.1.1　核部

核部是指褶曲中心部位的岩层。当风化剥蚀后,常把出露在地表最中心的岩层叫作核部。

2.4.1.2　翼部

翼部是指核部两侧的岩层。一个褶曲有两个翼。

2.4.1.3　翼角

翼角是指翼部岩层的倾角。

2.4.1.4　轴面

轴面是指对称平分两翼的假想面。轴面可以是平面,也可以是曲面。轴面与水平面的交线称为轴线,轴面与岩层面的交线称为枢纽。

2.4.1.5　转折端

转折端是指从一翼转到另一翼的弯曲部分。在横剖面上,转折端常呈圆弧形。

2.4.2　褶皱的基本形态

褶皱的基本形态是背斜和向斜(见图 2-12)。

2.4.2.1　背斜

背斜通常岩层向上弯曲,两翼岩层相背倾斜,核部岩层时代较老,两翼岩层依次变新

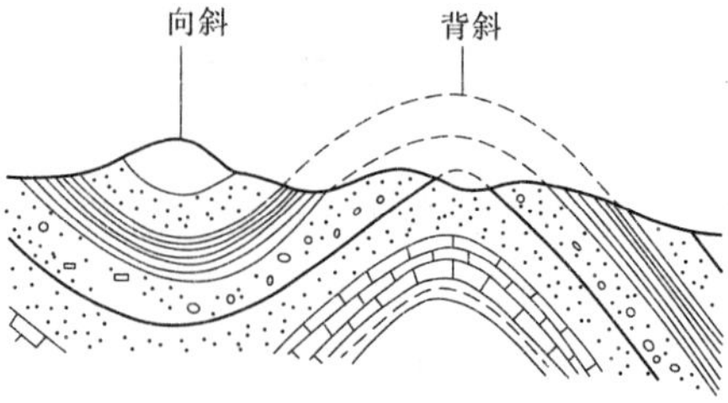

图 2-12　背斜和向斜

并呈对称分布。

2.4.2.2　**向斜**

向斜通常岩层向下弯曲，两翼岩层相向倾斜，核部岩层时代较新，两翼岩层依次变老并呈对称分布。

2.4.3　褶皱的类型

根据轴面产状和两翼岩层的特点，将褶皱分为以下五种。

2.4.3.1　**直立褶皱**

直立褶皱是指轴面直立，两翼岩层倾向相反，且倾角大小近似相等的褶皱(见图 2-13(a))。

2.4.3.2　**倾斜褶皱**

倾斜褶皱是指轴面倾斜，两翼岩层倾向相反，倾角大小不等的褶皱(见图 2-13(b))。

2.4.3.3　**倒转褶皱**

倒转褶皱是指轴面倾斜，两翼岩层向同一方向倾斜，倾角大小不等，其中一翼倒转，老岩层位于新岩层之上，另一翼层序正常的褶皱(见图 2-13(c))。

2.4.3.4　**平卧褶皱**

平卧褶皱是指轴面产状近于水平，一翼岩层层序正常，另一翼则倒转(见图 2-13(d))。

2.4.3.5　**翻卷褶皱**

翻卷褶皱是指轴面弯曲的平卧褶皱(见图 2-13(e))。

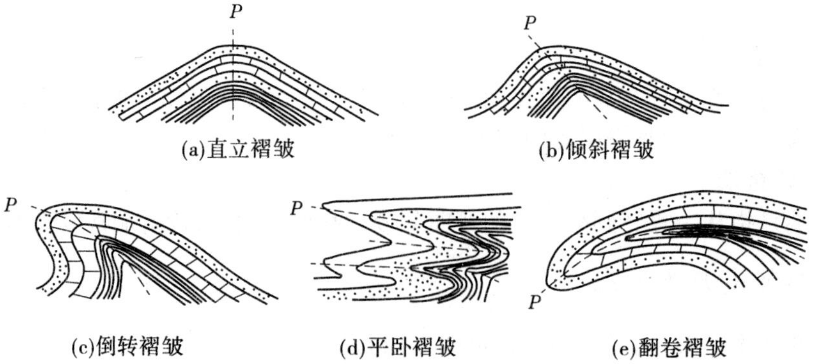

P —横剖面上的轴迹

图 2-13　根据轴面产状的褶皱分类

2.4.4 褶皱构造的野外识别

首先判断褶皱是否存在，并区别背斜和向斜，然后确定其形态特征。

在少数情况下，沿河谷或公路两侧，岩层的弯曲常直接暴露，背斜或向斜易于识别。而多数情况下，由于岩层遭受风化剥蚀，出露情况不好，无法看到它的完整形态。这时需按下列方法进行分析：

首先，垂直于岩层走向观察，若岩层对称重复出现，便可肯定有褶皱构造；否则，没有褶皱构造(见图 2-14)。

其次，分析岩层的新老组合关系。若中间是老岩层，两侧是新岩层，则为背斜；若中间是新岩层，两侧是老岩层，则为向斜。

最后，根据两翼岩层产状和轴面产状，对褶皱进行分类和命名。

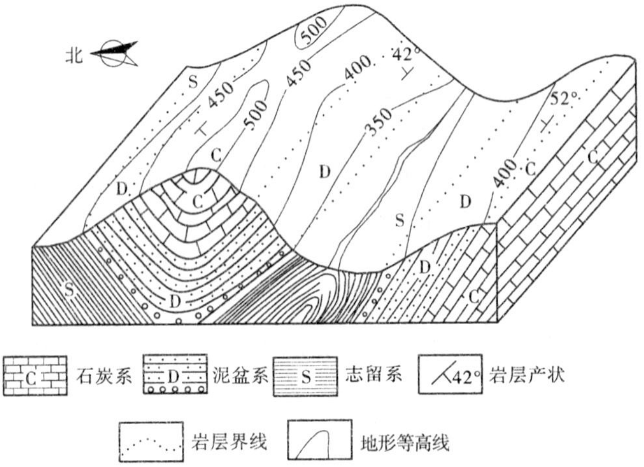

图 2-14 褶皱构造立体图

2.4.5 褶皱构造对工程的影响

2.4.5.1 褶皱核部

褶皱核部岩层由于受水平挤压作用，节理发育，岩石破碎，易于风化，岩石强度低，渗透性强，在石灰岩地区还往往使岩溶较为发育。从岩层的产状来说，是岩层倾向发生显著变化的地方，就构造作用对岩层整体性的影响来说，又是岩层受应力作用最集中的地方。所以，在褶皱构造的轴部，布置各种建筑工程时，容易遇到的工程地质问题主要是由于岩层破碎而产生的岩体稳定性问题和向斜轴部的地下水问题。这些问题在隧道工程中更为突出，容易产生隧道塌顶和涌水问题，时常会严重影响正常施工。

2.4.5.2 褶皱翼部

褶皱翼部布置建筑工程时，如果开挖边坡的走向近于平行岩层走向，且边坡倾向与岩层倾向一致，特别在云母片岩、绿泥石片岩、滑石片岩、千枚岩等软质岩石分布地区，则容易造成顺层滑动、剥落和严重坍塌现象；当边坡的坡角大于岩层的倾角，特别在石灰岩、砂岩与泥岩互层，且有地下水作用时，如路堑开挖过深，边坡过陡，或者由于开挖使软弱结构面暴露，都容易引起斜坡岩层发生大规模的顺层滑移，破坏路基稳定。如果边坡倾向与岩层倾向相反或者两者倾向相同，但岩层倾角更大，则对开挖边坡的稳定较有利。对于隧道工程而言，从褶皱的翼部通过是比较有利的。如果中间有软质岩层或软弱构造面，则在顺倾向一侧的洞壁出现明显的压扁现象，甚至会导致支撑破坏，发生局部坍塌。

2.5 断裂构造

岩层受力后产生变形，当作用力超过岩石强度时，岩石的连续性和完整性遭到破坏而发生破裂，形成断裂构造。断裂构造在地壳中广泛存在。毫无疑问，断裂构造的发生，必将对岩体的稳定性、透水性及其工程性质产生较大影响。

根据断裂之后的岩层有无明显位移，将断裂构造分为节理和断层两种形式。

2.5.1 节理

没有明显位移的断裂称为节理（或裂隙）。节理在岩层中广泛分布，且往往成组、成群出现，规模大小不一，可从几厘米到几百米。

节理按成因分为三种类型：第一种为原生节理，指岩石在成岩过程中形成的节理，如地表的岩浆冷凝收缩产生的裂缝；第二种为次生节理，指风化、爆破等原因形成的裂隙，这种节理产状无序，一般局限于地表，规模不大，分布也不规则，通常只称为裂隙而不称为节理；第三种为构造节理，指由构造应力所形成的节理。

上述三种节理中，构造节理分布最广，几乎所有的大型水利水电工程都会遇到，以下重点介绍构造节理。

2.5.1.1 构造节理的分类

构造节理按照形成的力学性质分为张节理和剪节理。

（1）张节理：由张应力作用产生的节理，多发育在褶皱的轴部。其主要特征为：节理面粗糙不平，无擦痕，节理多开口，一般被其他物质充填；在砾岩或砂岩中的张节理常常绕过砾石或砂粒；张节理一般较稀疏、间距大，而且延伸不远；张节理有时沿先期形成的剪节理发育而成，被称为追踪张节理（见图 2-15（a））。

（2）剪节理：由剪应力作用产生的节理。其主要特征为：节理面平直光滑，有时可见擦痕，节理一般是闭合的，没有充填物；在砾岩或砂岩中的剪节理常常切穿砾石或砂粒；剪节理产状较稳定，间距小、延伸较远；发育完整的剪节理呈 X 型。若 X 型节理发育良好，则可将岩石切割成棋盘状（见图 2-15（b））。

2.5.1.2 节理的统计

节理在岩层中广泛分布，对水利工程的不良影响主要是水库的渗漏和岩体的稳定两方面，但其影响程度取决于节理的成因、产状、数量、大小、连通以及充填等诸多因素。因而，在工程地质勘察中首先要查明这些特征，然后对其分析统计整理，以评价其对工程造成的影响。

首先，进行资料整理，将测点上所测的节理走向都换成北东和北西象限的角度，按走向方向大小，以 10°为一组统计各组节理条数，如表 2-2 所示。其次，确定作图比例尺，以

(a) 张节理

(b) 剪节理

图 2-15　张节理和剪节理

等长或稍长于按线条比例尺表示最多那一组节理条数的线段长度为半径,画一个上半圆,通过圆心标出东、北、西三个方向,并标出 10°倍数的方向角度量值。然后将表示各组节理条数的点标在相应走向方位角中间的半径上(见图 2-16)。如走向北东 41°~45°的节理有 35 条,按比例点在北东 45°的半径上。连接相邻组各点即成节理走向玫瑰图。为表示最发育组节理的倾向和倾角,将该组节理走向沿半径延伸出半圆以外,沿径向按比例划分出 9 个刻度(0°,10°,…,90°)代表倾角,切线方向代表倾向,并按比例取一定长度代表条数,见图 2-16。图中最发育的一组节理的走向区间为 321°~330°,倾向北东的有两组,它们的倾角和条数分别为 21°~30°的 25 条和 71°~80°的 10 条。倾向南西的只有一组,其倾角为 51°~60°,条数为 15 条。

表 2-2　某坝址节理统计

走向(°)	条数	走向(°)	条数	走向(°)	条数	走向(°)	条数
0~10	0	51~60	19	271~280	0	321~330	50
11~20	0	61~70	10	281~290	0	331~340	22
21~30	20	71~80	20	291~300	14	341~350	30
31~40	25	81~90	0	301~310	10	351~360	0
41~50	35			311~320	30		

2.5.2　断层

有明显位移的断裂称之为断层。断层在岩层中也比较常见,其规模大小不一,可从几厘米到几千米,甚至达上百千米。

2.5.2.1　断层要素

断层的基本组成部分,称为断层要素(见图 2-17)。它包括断层面、断层线、断层带、断盘及断距。

(1)断层面:岩层断裂后,发生相对位移的破裂面。它的空间位置仍由走向、倾向和倾角表示,它可以是平面,也可以是曲面。

(2)断层线:断层面与地面的交线。其方向表示断层的延伸方向。

(3)断层带:包括断层破碎带和断层影响带。断层破碎带是指被断层错动搓碎的部分,常由岩块碎屑、粉末、角砾及黏土颗粒组成,其两侧被断层面所限制(见图 2-17*e*)。断层影响带是指靠近破碎带两侧的岩层受断层影响,裂隙发育或发生牵引弯曲的部分(见图 2-17*f*)。

(4)断盘:断层面两侧相对位移的岩块称为断盘。其中,断层面之上的称为上盘,断层面之下的称为下盘。

(5)断距:断层两盘沿断层面相对移动的距离。

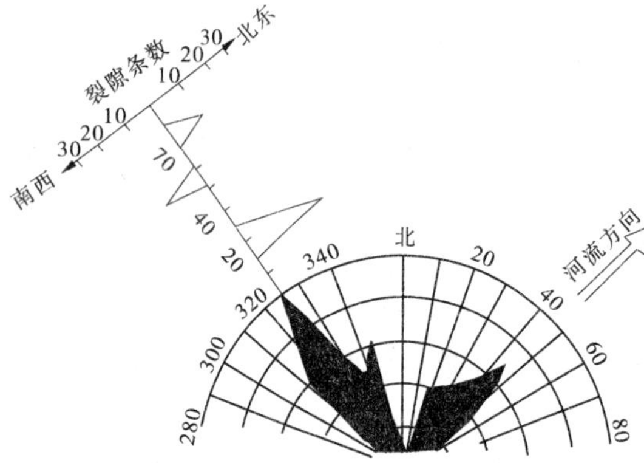

图 2-16 某坝址节理玫瑰图

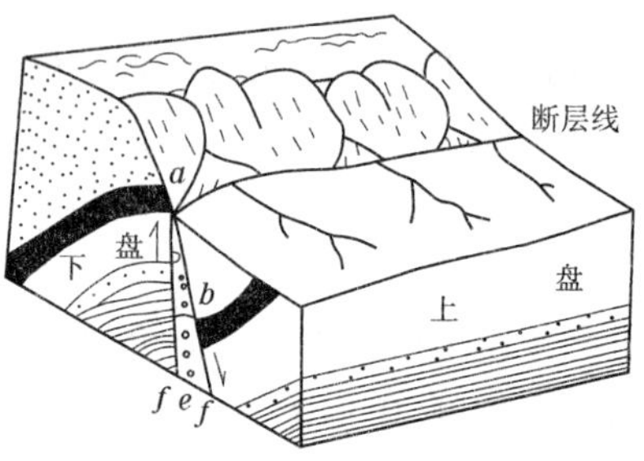

ab—断距;*e*—断层破碎带;*f*—断层影响带

图 2-17 断层要素图

2.5.2.2 断层的基本类型

按照断层两盘相对位移的方向,可将断层分为以下三种类型:

(1)正断层。上盘相对下降、下盘相对上升的断层称为正断层(见图 2-18(a))。正断层的断层线一般较为平直,破碎带较宽,断层面的倾角多大于 45°。

(2)逆断层。上盘相对上升、下盘相对下降的断层称为逆断层(见图 2-18(b))。逆断层的规模一般较大,断层破碎带宽度较小,断层面较为弯曲或波状起伏,常有上、下方向的擦痕。逆断层一般在构造运动强烈的地区出现较多。按断层面倾角大小又将逆断层分以下几种:

冲断层:断层面倾角大于 45°。

逆掩断层:断层面倾角为 45° ~25°。

辗掩断层:断层面倾角小于 25°。

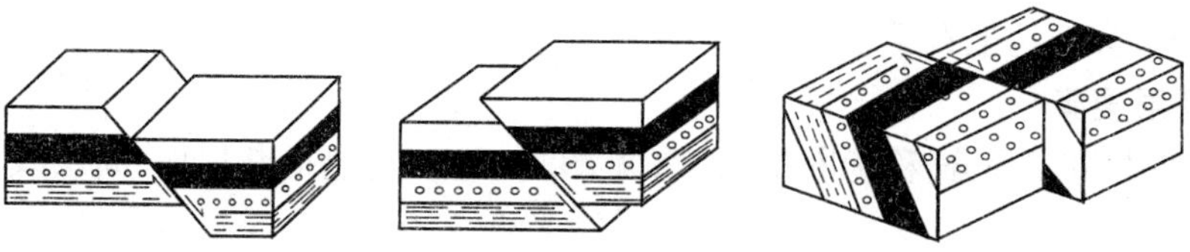

(a)正断层　(b)逆断层　(c)平移断层

图 2-18 断层类型示意图

(3)平移断层。两盘沿断层面作相对水平位移的断层称为平移断层(见图 2-18(c))。平移断层的断层面较陡,甚至直立,且平直光滑。

2.5.2.3　断层的组合形式

在自然界中,有时断层不是单独存在的,而是呈组合形式存在的,常见的组合形式有以下几种:

(1)阶梯状断层:由多个断层面倾向相同(或相近)而又相互平行的正断层组合而成,在剖面上各个断层的上盘依次下降呈阶梯状(见图 2-19)。

(2)地堑:由两条以上正断层组合而成,两边岩层沿断层面相对上升,中间岩层相对下降(见图 2-19)。

(3)地垒:由两条以上正断层组合而成,与地堑相反,断层面之间的岩层相对上升,两边岩层相对下降(见图 2-19)。

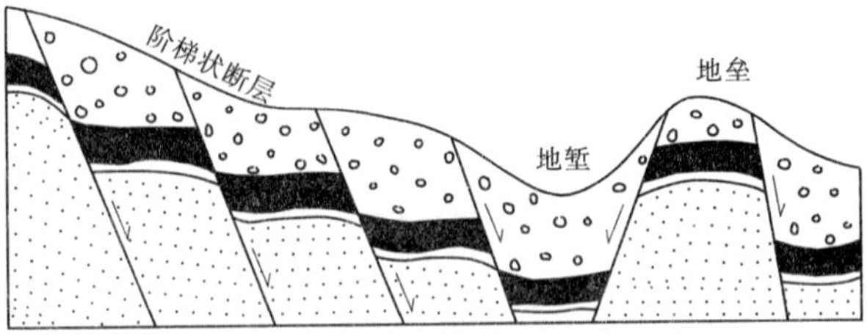

图 2-19　阶梯状断层、地堑及地垒

(4)叠瓦式断层:由一系列产状平行的冲断层或逆掩断层组合而成(见图 2-20)。各断层的上盘依次逆冲形成像瓦片般的叠覆。

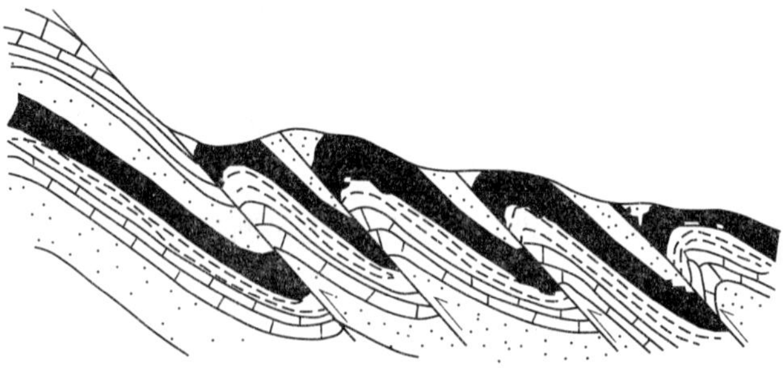

图 2-20　叠瓦式断层

2.5.2.4　断层的野外识别

断层的发生必然会在地貌、地层及构造等方面得到反映,这就形成了所谓的断层标志,也是识别断层的主要依据。

1. 地貌标志

地貌标志也是最直观的标志之一。

(1)断层崖。由于断层两盘的相对运动,常使断层的上升盘形成陡崖,称为断层崖。如东非大裂谷形成的断层崖(见图 2-21);太行山前断裂带使太行山拔地而起,成为华北平原的西部屏障等。

图 2-21　东非大裂谷形成的断层崖

（2）断层三角面。断层崖受到与崖面垂直方向的水流侵蚀切割，便可形成沿断层走向分布的一系列三角形陡崖，称为断层三角面（见图 2-22）。

图 2-22　断层三角面

（3）错断的山脊。错断的山脊往往是断层两盘相对平移等运动的结果。

（4）串珠状湖泊洼地。这种洼地往往是大断层存在的标志。这些湖泊洼地主要是由断层引起的断陷或破碎带形成的。

（5）泉水的带状分布。泉水呈带状分布往往也是断层存在的标志。因为断层破碎带是地下水的良好通道。

2. 地层标志

地层标志是识别断层的可靠证据之一。

（1）岩层沿走向突然中断，而和另一岩层相接触，则说明有断层发生（见图 2-23）。

（2）垂直岩层走向，若发现地层出现不对称的重复或缺失，则可判定有断层发生（见图 2-24）。

3. 构造标志

由于构造应力的作用，沿断层面或断层破碎带及其两侧，常常出现一些伴生的构造变动现象。这些现象是识别和确定断层性质的又一重要标志。常见的这些现象有擦痕、阶步、牵引褶皱及构造岩等。

（1）擦痕和阶步。断层两盘相互错动时，在断层面上留下的摩擦痕迹称为擦痕。有时在断层面上存在有垂直于擦痕方向的小台阶称为阶步（见图 2-25）。

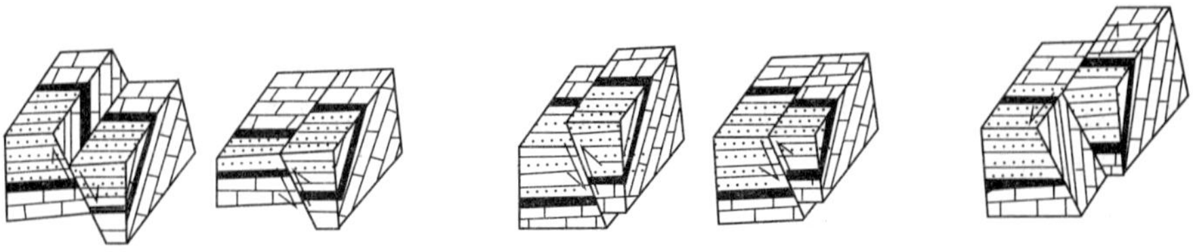

(a)正断层　　(b)逆断层　　(c)平移断层

图 2-23　断层造成岩层中断

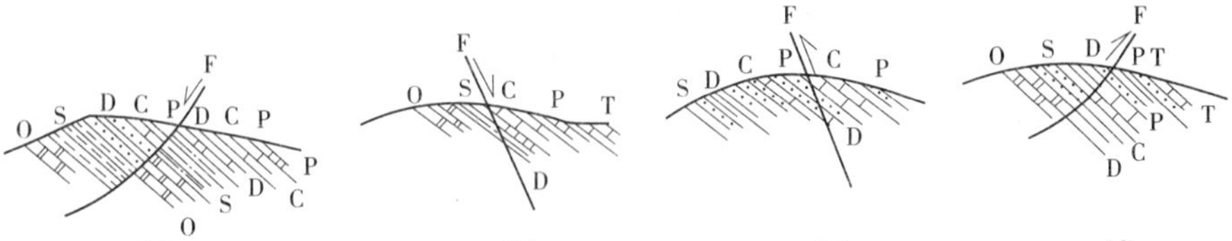

(a)　(b)　(c)　(d)

图 2-24　断层造成的地层重复和缺失

图 2-25　擦痕和阶步

(2)牵引褶皱。断层两盘相对错动时,断层附近的岩层因受摩擦力的作用而发生弧形弯曲形成的拖拽现象,称为断层的牵引褶皱(见图 2-26)。

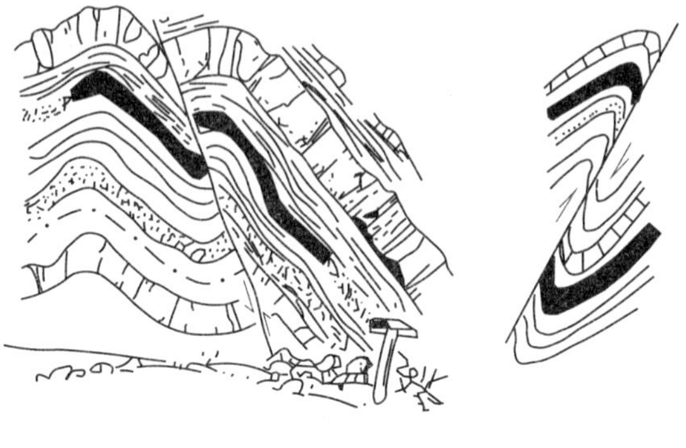

图 2-26　牵引褶皱

(3)构造岩。构造岩是指断层发生时,由于构造应力的作用,使断层带中岩石的矿物成分、结构、构造等发生强烈变化,甚至变质形成新的岩石。构造岩主要有断层角砾岩、断层泥、糜棱岩等。

这里需要说明的是,并非每一条断层都具有上述特征,而且有些特征也并非是断层的专利。所以,在野外认识断层时,应多方面综合考察,才能得出可靠的结论。

4. 断层性质的判断

在判断出断层存在的前提下,需要根据两盘相对运动的方向来判断断层的性质。其方法如下:

(1)根据擦痕判断。擦痕表现为一端粗而深,一端细而浅。由粗而深端向细而浅端指示另一盘的运动方向。另外,用手指顺擦痕轻轻抚摸,常常可以感觉顺一个方向比较光滑,而相反方向比较粗糙,感觉光滑的方向表示另一盘的运动方向。

(2)根据阶步判断。阶步的陡坎面指向另一盘的运动方向(见图2-25)。

(3)根据牵引褶皱判断。牵引褶皱弧形弯曲突出的方向指示本盘的运动方向(见图2-26)。

2.5.3 断裂构造对工程的影响

断裂构造的存在破坏了岩体的完整性,降低了岩体强度,增大了岩体的透水性,加速了风化作用、地下水的活动及岩溶的发育,可能对工程建设造成种种不利影响。

(1)断层破碎带力学强度低、压缩性大,建于其上的建筑物地基易产生较大的沉陷,还会使水工建筑物产生集中渗漏。

(2)跨越断裂构造带的建筑物,由于断裂带及其两侧上、下盘的岩体均可能不同,易产生不均匀沉降,从而使建筑物产生断裂和倾斜。

(3)断裂构造带在新的地壳运动影响下,可能发生新的移动,从而进一步影响建筑物的稳定。

因此,在工程建设选址中,要尽量避开大的断层破碎带。当断层走向与路线平行,路基靠近断层破碎带时,由于开挖路基,容易引起边坡发生大规模坍塌,直接影响施工和公路的正常使用。在进行大桥桥位勘测时,要注意查明桥基部分有无断层存在及其影响程度如何,以便根据不同情况,在设计基础工程时采取相应措施。

在断层发育地带修建隧道是最不利的情况。由于岩层的整体性遭到破坏,加之地面水和地下水的侵入,其强度和稳定性是很差的,容易产生洞顶坍落,影响施工安全。因此,当隧道轴线与断层走向平行时,应尽量避免与断层破碎带接触。隧道横穿断层时,虽然只有个别地段受断层影响,但因地质与水文地质条件不良,必须预先考虑措施,保证施工安全。特别是当断层破碎带规模很大时,会使施工十分困难。在确定隧道平面位置时,应尽量设法避免。

2.6 地质图

用规定的符号、线条和色彩来反映一个地区的各种地质现象、地质条件和地质发展历史的图样,叫作地质图。它是依据野外探明和收集的各种地质勘测资料,并按一定比例投影在地形底图上编制而成的,是地质勘察工作的主要成果之一。工程建设中的规划、设计和施工阶段,都需要以地质勘测资料为依据,而地质图是可直接利用和使用方便的主要图表资料。因此,初步学会编制、分析、阅读地质图的基本方法是很重要的。

2.6.1 地质图概述

2.6.1.1 地质图的种类

1. 普通地质图

以一定比例尺的地形图为底图,反映一个地区的地形、地层岩性、地质构造、地壳运动及地质发展历史的基本图件,称为普通地质图,简称地质图。在一张普通地质图上,除了地质平面图(主图)外,一般还有一个或两个地质剖面图和综合地层柱状图。普通地质图是编制其他专门性地质图的基本图件。

2. 地貌及第四纪地质图

以一定比例尺的地形图为底图,主要反映一个地区的第四纪沉积层的成因类型、岩性及其形成时代、地貌单元的类型和形态特征的一种专门性地质图,称为地貌及第四纪地质图。

3. 水文地质图

以一定比例尺的地形图为底图,反映一个地区总的水文地质条件或某一个水文地质条件及地下水的形成、分布规律的地质图件,称为水文地质图。

4. 工程地质图

工程地质图是各种工程建筑物专用的地质图,如房屋建筑工程地质图、水库坝址工程地质图、铁路工程地质图等。工程地质图一般是以普通地质图为基础,只是增添了各种与工程有关的工程地质内容。如在地下硐室纵断面工程地质图上,要表示出围岩的类别、地下水量、影响地下硐室稳定性的各种地质因素等。

2.6.1.2 地质图的基本内容

1. 平面地质图

平面地质图又称为主图,是地质图的主体部分,主要包括地理概况、一般地质现象和特殊地质现象。

地理概况:图区所在的地理位置(经纬度、坐标线)、主要居民点(城镇、乡村所在地)、地形、地貌特征等。

一般地质现象:地层、岩性、产状、断层等。

特殊地质现象:崩塌、滑坡、泥石流、喀斯特、泉及主要蚀变现象。

2. 地质剖面图

地质剖面图是在平面图上,选择一条至数条有代表性的图切剖面,以表示岩性、褶皱、断层的空间展布形态及产状、地貌特征等。

3. 综合柱状图

综合柱状图主要表示平面图区内的地层层序、厚度、岩性变化及接触关系等,如图2-27所示。

4. 比例尺

说明比例尺的大小,可用数字:1: ×××,也可用尺标,如图2-28所示。

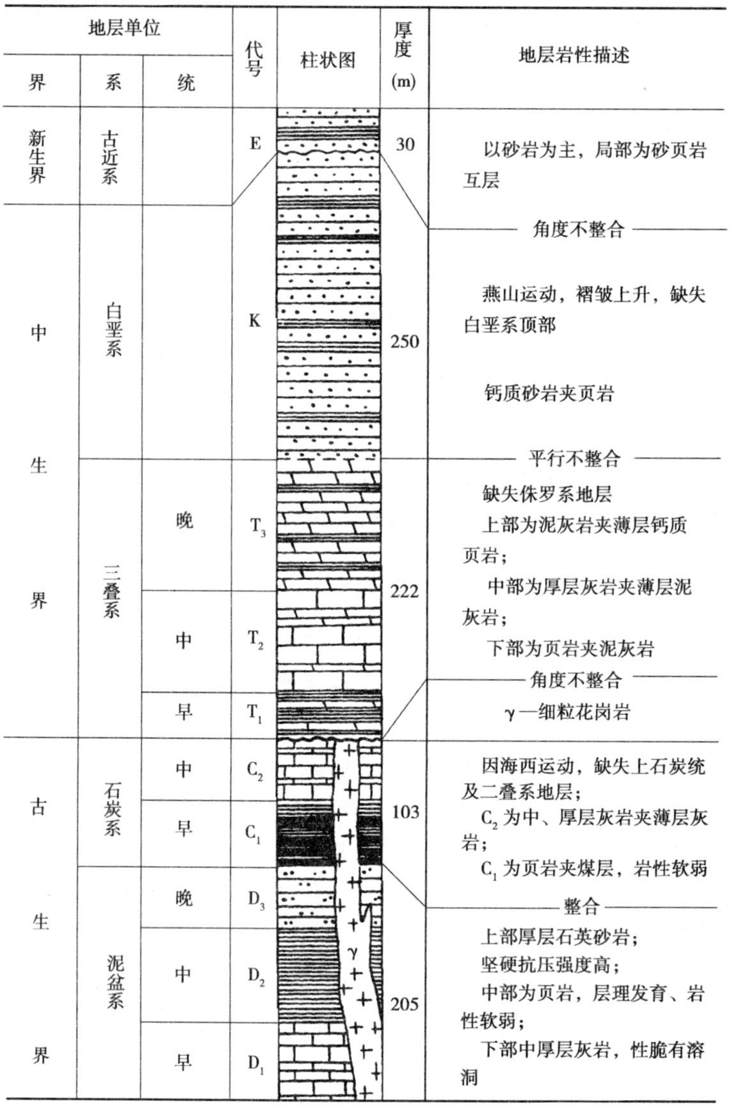

图 2-27　黑山寨地区综合地层柱状图

5. 图例

图例主要说明地质图中所用线条符号和颜色的含义，按照沉积地层层序、岩浆岩、地质构造和其他地质现象的顺序排列。

6. 责任栏（图签）

责任栏说明地质图的编制单位、图名、图号、比例尺、编审人员、成图日期等，便于查找。

2.6.2　阅读分析地质图——读图步骤

（1）比例尺：各类地质图都有一定的精度，从比例尺大小就可以看出，比例尺越大，内容越详细，地质现象表达的就越清楚，同时也可根据比例尺，计算该图区的面积。

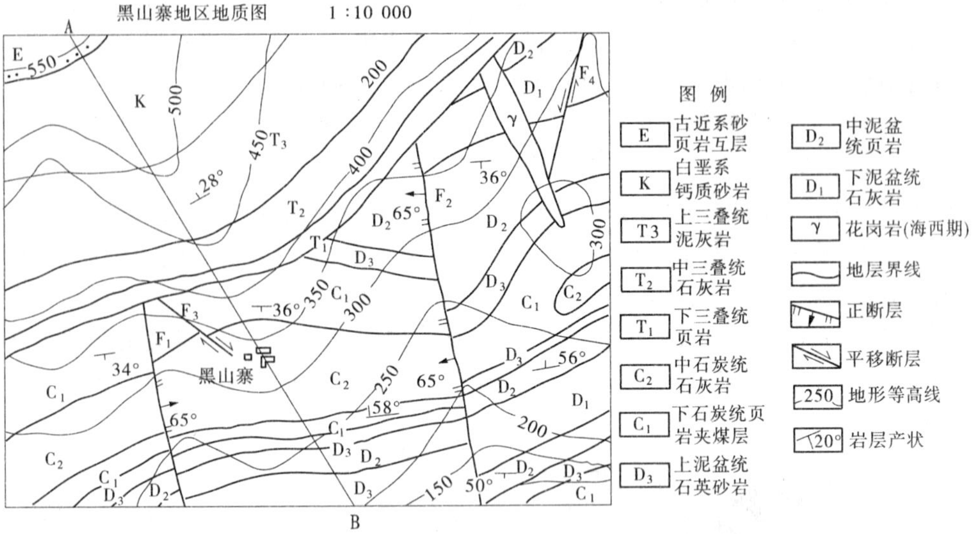

图 2-28　黑山寨地区地质平面图

(2)图例:平面图、剖面图、柱状图的地层图例(符号、颜色、线条等)都是一致的,此外还有构造图例(包括产状、褶皱、断裂)、地貌、自然地质作用的图例(滑坡、岩溶)等。

(3)地貌:了解地形起伏,山川、河流水系的分布等,并结合分析第四纪地层的分布。

(4)地层分布和岩性:区内出现的地层时代、岩性、产状等。

(5)构造:断层、褶皱的类型、规模、分布和性质,本区的构造线走向。

(6)不良地质:滑坡、崩塌、岩溶等。

(7)地史分析。

(8)评价:根据图内表现的地质条件,可对建筑物场地的工程地质条件进行初步评价,并可提出进一步勘察工作的意见。

2.7　活断层的工程地质研究

2.7.1　活断层概述

活断层是指目前正在活动着的断层或近期有过活动且不久的将来可能会重新发生活动的断层(即潜在活断层)。有人将之限于全新世(即最近 1.1 万年以内),有人则限于最近 3.5 万年 (以 ^{14}C 确定绝对年龄的可靠上限)之内,更有人限于晚更新世(最近 10 万年或 5 万年)之内,或者根据近期地质历史时期(例如第四纪期间)有无重复活动来判定。目前关于活断层有如下规定,如:

美国原子能委员会(USNRC):

(1)在 3.5 万年内有过一次或多次活动的断层。

(2)与其他活动断层有联系的断层。

(3)沿该断裂发生过蠕动或微震活动。

《岩土工程勘察规范》(GB 50021—2001):全新世(1 万年)内有过活动或近期正在活动,在将来(100 年)可能继续活动的断裂。《水利水电工程地质勘察规范》(GB 50487—2008):最后一次错动距今 10 万 ~15 万年(晚更新世)的断层。

活断层具有很强的危害性和破坏性,直接威胁到人民生命财产安全,具体表现为:活断层的地面错断直接危害跨越该断层的建筑物,如宁夏石嘴山市红果子沟—明长城错断;伴有地震发生的活断层,强烈的地面振动对较大范围内的建筑物损害,如美国 1906 年旧金山地震中,圣·安德烈斯断裂的错动直接导致圣·安德烈斯坝溃坝;产生地震裂缝,如我国唐山大地震时有一条长 8 km、走向 N30°E 的地表断层,正好由市区通过,最大水平错距 3 m,垂直断距 0.7 ~1 m。该断层穿过的道路、房屋、围墙等一切建筑物全被错开。如图 2-29所示,又如图 2-30 所示为风火山隧道北部断裂切割表层第四系和公路的裂缝延伸特征。

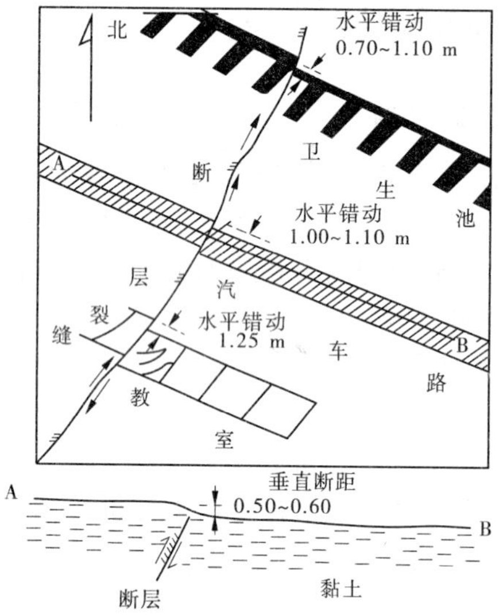

图 2-29 唐山大地震地表断层错动

图 2-30 风火山隧道北部断裂切割表层第四系和公路的裂缝延伸特征

2.7.1.1 活断层的类型

按构造应力状态及两盘相对位移的性质,可将活断层划分为正断型活断层、逆断型活断层和走滑型活断层三种类型。

1. 正断型活断层

正断型活断层(见图 2-31(a))下降盘分支断层多见,形成地堑式的正断层组合。最大主应力近于垂直,最小主应力近于水平。走向垂直于最小主应力且与最大主应力成锐角的断层面与水平面夹角大于45°,一般为60° ~80°。在错动过程中,垂直断面走向的水平方向有所伸长。伴随这类断层活动的变形(下沉)和分支断层错动,主要集中于下降盘。与河谷平行断面倾斜的正断层,可以使拦河坝产生比其他形式断层运动更宽的初始裂缝。一般说来,这类断层的可识别程度介于走滑型活断层和逆断型活断层之间,其影响带宽度和对工程的危害程度也介于两者之间。

2. 逆断型活断层

逆断型活断层(见图2-31(b))多分布于板块碰撞挤压带。上盘变形带大,出现多分支断层。最大主应力近于水平,最小主应力近于垂直。走向垂直于最大主应力的断层面,与水平面夹角一般小于45°,往往为20°~40°,且由于位移是水平挤压形成的,断层面两侧的点之间的距离总是由于位移而缩短。上盘除上升外还产生地面变形,往往伴以多个分支或次级断层的错动。

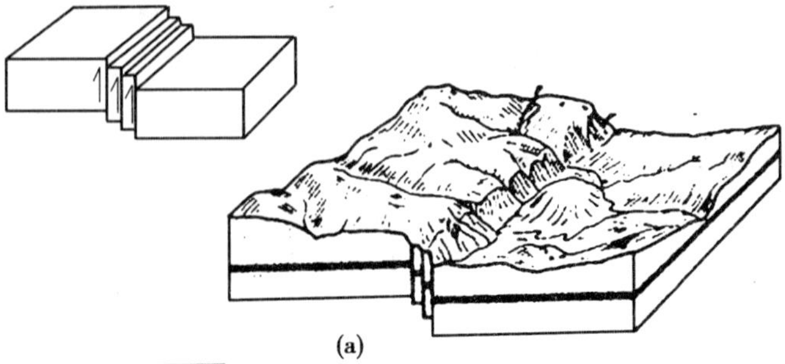

(a)

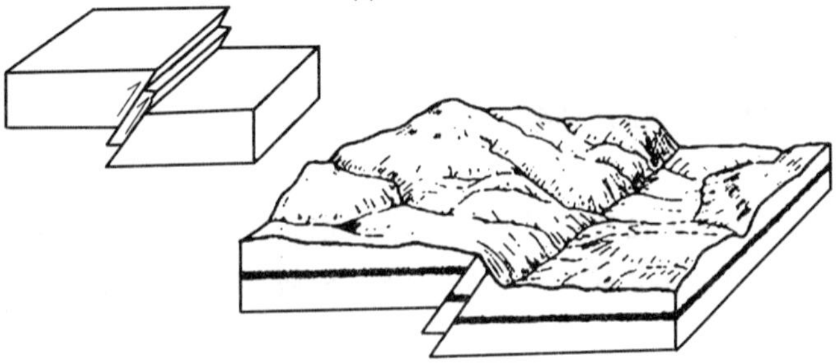

(b)

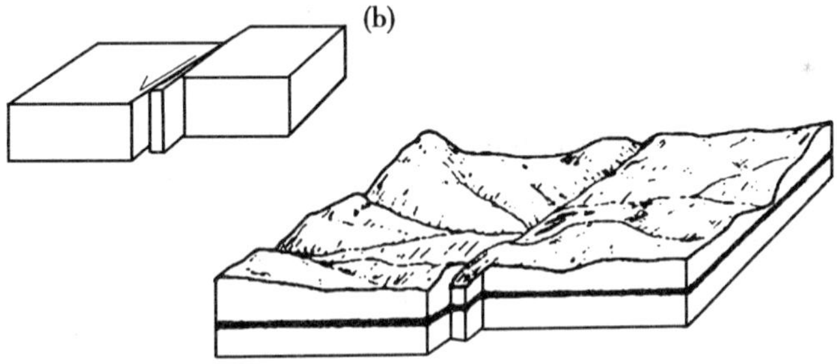

(c)

图2-31 活断层的类型示意图

3. 走滑型活断层

走滑型活断层(见图2-31(c))常分布于大陆内部地块之间的接触部位,水平错动量大,断层带宽度不大,很少分支断裂。最大、最小主应力近于水平,所以两者之间的最大剪应力面,亦即此类断层的断层面,近于直立,因此其地表出露线也就最为平直;常表现为极窄的直线形断崖。主要是断层面两侧相对的水平运动,相对的垂直升降很小。河流最易于沿这种断层发育,水工建筑物也就最易于受到这种活断层的威胁。如断层与坝轴线小角度斜交,由于断层错动而造成的心墙拉开宽度可以相当大。我国的活断层也以走向滑动型为最多,特别是西南和西北,有些走滑型活断层规模非常巨大,例如塔里木断块南的阿尔金山断裂、青藏断块内部的鲜水河断裂、川滇断块西界的红河断裂都是我国西部长达数百到数千千米的活动着的明显迹象,尤以对水系的错动改造最为明显。

2.7.1.2 活断层活动的基本方式

1. 黏滑

黏滑以地震方式产生间歇性的突然滑动,黏滑错动是间断性、突然性发生的。在一定时间段内断层的两盘就如同黏在一起(锁固起来),不产生或仅有极其微弱的相互错动,一旦应力达到锁固段的强度极限,较大幅度的相互错动就在瞬时之内突然发生,锁固期间积蓄起来的弹性应变能也就突然释放出来而发生较强地震。这种瞬间发生的强烈错动间断地、周期性地发生,沿这种断层就有周期性的地震活动。

2. 稳(蠕)滑

稳(蠕)滑的错动是持续、平稳地发生的。由于断层两盘岩体强度低,或由于断层带内有软弱充填物或有高孔隙水压力,在受力过程中就会持续不断地相互错动而不能锁固以积蓄应变能,这种方式活动的断层仅伴有小震或无地震活动。有些断层则兼有黏滑与稳(蠕)滑。

2.7.1.3 活断层的参数

1. 产状

产状即断层面的走向、倾向和倾角。

2. 长度和断距

长度和断距即地震时地表断裂带长度和断层最大位移量。一般来说,震级越大,震源深度越浅,地表断裂越长,断距越大。7.5 级以上地震均出现地表错断,而小于 5.5 级的较少出现。

3. 错动速率

现今错动速率:重复精密地形测量确定。

平均错动速率:最新沉积物的错动位移与沉积年代之比(见表 2-3)。

4. 错动周期

错动周期是地震断层两次突然错动之间的时间间隔。

表 2-3 错动速率对照

等级	AA	A	B	C	D
错动速率 (mm/a)	>10	1 ~ 10	0.1 ~ 1	0.01 ~ 0.1	<0.01
活动性	很高	高	中等	低	非活动性

2.7.2 活断层的研究方法

活断层的研究方法很多,目前主要从以下几个方面进行研究。

2.7.2.1 活断层的调查

活断层的工程地质调查目的在于准确确定建筑区附近活断层带的位置,确定建筑区内有无活断层、活断层带的宽度、错动最大幅值及变形带宽度,以及间断活动的时间间隔,如果伴有地震,则应进行地震研究。

2.7.2.2 低阳光角航空摄影

航测照片可以看到地表研究所不能看到的迹象，在研究属于线性构造的断层中是很有用的。有些主干走向错动活断层在图上极易看出。

2.7.2.3 开挖探槽

开挖探槽主要研究跨断层的最新沉积是否被断层错断及其错动幅度；提供含碳物质的样品以定绝对年龄，以便判定错动的时代；揭露重复错动证据，如较老地层比新地层错距大、多次的地层砂土液化造成的多次喷砂的地层记录等，以判定间歇错动的时间间隔。

2.7.2.4 活断层的监测

对工程或对发生较强地震有重要意义的活断层应监测其活动动态。监测有位移监测和微震监测两方面，两者应配合进行。位移监测的方法有多种，从不同时期的卫星影像的比较研究、基线重复测量到埋置仪器监测。

2.7.3 活断层的识别

2.7.3.1 活断层识别的方法

活断层可以通过以下几个方面进行识别：如地质方面，首先，只要是见到第四系中、晚期的沉积物被错断，均视断层为活断层。如位于汾渭地堑中段的平遥活断层，错断晚更新世中晚期的黄土，以及早中期更新世地层，断距 40 ~ 50 m。其次，活动断层因其形成时间较晚，一般表现为构造带物质欠固结欠胶结状态，较为松散。另外，表现出脉体变形被切断，构造岩片理化、透镜化，断面新鲜无风化，第四系物质牵引弯折等。断层矿物的显微变形出现显微组构（如不等颗粒拉长，光轴微定向等）。最后，对伴有地震现象的活断层，地表出现断层陡坎和地裂缝。在地貌方面活断层表现为山脊、山谷、阶地和洪积扇错开；近期断块的差异升降运动，可使同一级夷平面分离解体，高程相差较大；不良地质现象呈线形密集分布等。活断层在水文地质方面常表现为地层导水性和透水性较强，泉水常沿断裂带呈线状分布，植被发育等。除此之外，我们还可以通过查阅历史资料和地形变形监测等手段，识别活断层。

2.7.3.2 活断层识别的标志

判别活断层时以直接标志作为判别依据，间接标志只起辅助作用。

1. 直接标志

（1）错断晚更新世（Q_3）以来的地层。

（2）断裂带中的构造岩或被错动的脉体。

（3）根据仪器观测，沿断层有大于 0.1 mm/a 的位移。

（4）沿断层有历史和现代中、强震震中分布，或有晚更新世以来的古地震遗迹，或有密集而频繁的近期微震活动。

（5）在地质构造上证实与已知活动断层有共生或同生关系的断层。

2. 间接标志

（1）沿断层晚更新世以来同级阶地发生错位，在跨越断层处，水系有明显的与断层同步转折现象，或断层两侧晚更新世以来的沉积层厚度有明显差异。

（2）沿断层地貌突然发生大范围的变化，如山区突然转为平原，且有平直新鲜的断层陡崖、断层三角面，山前常有大规模的崩塌、滑坡。

（3）沿断层线有串珠状的泉水、沼泽分布，有地热、水化学异常带，或水温、水量、水质有异常变化。

（4）古建筑、古陵墓等被断层错断。

（5）沿断层带有重力或磁力异常现象。

2.7.4 活断层区的建筑原则

（1）建筑物场址一般应避开活动断裂带。

（2）线路工程必须跨越活断层时，尽量使其大角度相交，并尽量避开主断层，同时要对几个相互比较的场址进行断层相对活动性评价。

①有低级别的活断层的场地优于有高级别的，有活动时期老的断层的场地优于有活动时期新的，有全新世（1.1 万年）内无活动的断层的场地优于有全新世内有活动的断层的场地等。

②尽可能避开主断层带。

③如为逆断层或正断层类型，尽可能避开有强烈地表变形和分支、次生断裂发育的断层上盘（逆断层的上升盘、正断层的下降盘）。如有较大的正、逆断层，场地往往需要选在距主断面数千米之外。

（3）必须在活断层地区兴建的建筑物，应尽可能地选择相对稳定地块即“安全岛”，尽量将重大建筑物布置在断层的下盘。

（4）在活断层区兴建工程，应采用适当的抗震结构和建筑形式。

例如，活断层区修水坝，不宜采用混凝土重力坝和拱坝，宜采用土石坝。

小　结

地壳运动是由内力地质作用引起的，它能形成各种构造形态，所以又称为构造运动。最常见、最重要的地质构造是褶皱构造和断裂构造。

地层接触关系是研究地壳运动的发展和地质构造形成历史的一个重要依据。地质年代表反映了地球演化的序列。地质构造是最重要的工程地质条件之一，研究地质构造对工程影响很大，不同的构造形态和不同的构造部位对工程建设的影响是截然不同的，而研究地质构造就必须掌握地质年代和岩层产状。

复习思考题

一、单选题

1. 地壳运动促使组成地壳的物质变位，从而产生地质构造，所以地壳运动也称为（　　）

A. 构造运动　　B. 造山运动　　C. 造陆运动　　D. 造海运动

2. 两侧岩层向外相背倾斜,中心部分岩层时代较老,两侧岩层时代依次变新,并且两边对称出现的是(　　)

A. 向斜　B. 节理　C. 背斜　D. 断层

3. 侵入岩先形成,其上沉积了较新的沉积岩层,则岩浆岩与沉积岩之间为(　　)

A. 沉积接触　B. 整合接触　C. 侵入接触　D. 不整合接触

4. 下列节理不属于按节理成因分类的是(　　)

A. 构造节理　B. 原生节理　C. 风化节理　D. 剪节理

5. 上盘相对下移、下盘相对上移的断层是(　　)

A. 正断层　B. 平移断层　C. 走向断层　D. 逆断层

二、多选题

1. 地壳运动的基本形式有(　　)

A. 垂直运动　B. 水平运动　C. 扭转运动　D. 翻转运动

2. 工程地质测绘的主要内容有(　　)

A. 地层岩性、岩相及地质构造　B. 地形地貌和第四纪地质

C. 水文地质条件和天然建筑材料　D. 化学地质现象

3. 地质图的种类有(　　)

A. 普通地质图　B. 地貌和第四纪地质图

C. 水文地质图　D. 工程地质图

4. 活断层的活动方式有(　　)和(　　)两种

A. 黏滑　B. 拉裂　C. 蠕滑　D. 压缩

5. 活断层区的建筑原则有(　　)

A. 建筑物场址一般应避开活动断裂带

B. 线路工程必须跨越活断层时,尽量使其大角度相交,并尽量避开主断层,同时要对几个相互比较的场址进行断层相对活动性评价

C. 必须在活断层地区兴建的建筑物,应尽可能地选择相对稳定地块即"安全岛",尽量将重大建筑物布置在断层的下盘

D. 在活断层区兴建工程,应采用适当的抗震结构和建筑形式

三、简答题

1. 什么是地质作用? 地质作用的基本类型有哪些?

2. 简述地层相对年代的确定方法。

3. 什么是岩层的产状要素? 怎样测定?

4. 背斜和向斜的主要区别是什么? 在野外如何识别褶皱?

5. 张节理和剪节理有何特征?

6. 断层的基本类型有哪些? 各有何特征? 野外如何识别断层?

7. 如何识别活断层? 活断层的识别标志是什么?

第3章　地貌及第四纪地质

【学习目标】 在野外能根据地貌判断沉积物的类型，对地貌成因及松散第四纪沉积物的工程地质特征进行初步判断。熟悉河流侵蚀地貌和堆积地貌的类型及特点，掌握湿陷性黄土的工程特性及处理措施。

【重点】 第四纪松散沉积物和河流侵蚀地貌的特征。

【难点】 河流侵蚀地貌的特征。

3.1　地貌及第四纪地质概述

地貌及第四纪地质工作是水文地质和工程地质的基础工作之一。大量地下水赋存于第四纪松散沉积物之中，许多大型工程（如水坝、水库、渠道、港湾等）都建立在第四纪沉积物和一定地貌形态（如河流阶地、洪积扇、盆地和峡谷等）之上。各种交通路线和管理工程要求避开不利因素（如山崩、地滑、土爬、泥石流和沼泽），某些地貌、第四纪对象（如溶洞、暗河、掩埋河谷、砂砾层等）则可作为有利条件提供地下贮水。第四纪沉积物的年代分布、岩性、厚度和成因，对地下水的形成、分布、埋藏、水质、水量和运动规律有直接影响，与土层的工程力学性质也有很大关系。总之，在进行水文、工程地质工作时，要求首先研究第四纪地质、地貌条件。

地貌学的研究对象是地表地貌形态（即地形）。地貌形态大小不等，千姿百态，成因复杂，总的说来，地貌形态是内外地质营力相互作用的结果。大的如大陆、洋盆、山岳、平原，其形成主要与地球内力地质作用有关；小的如冲沟、洪积扇、溶洞和岩溶漏斗，主要由外力地质作用塑造而成。地貌学的内容就是研究地貌的形态特征、成因、发展和分布规律，以便利用这些规律来认识和改造自然。

地貌学的研究是不平衡的，一般说来，陆地地貌（包括沿岸地带）要比海洋地貌研究程度高，外营力地貌要比内营力地貌研究详细，应用地貌则正在兴起。

第四纪（Quaternary）一词，是1989年法国地质学家德努尔（Desnoyers）所创的，他把地球历史划分为四个时期，第四纪是地球发展历史最近的时期，也是地球发展的最新阶段，它包括更新世和全新世。地球发展历史有43亿年以上，而第四纪却非常短暂，约180万年，第四纪地质学以第四纪沉积物为主要研究对象。

国际第四纪划分方案（INQUA，1932）如表3-1所示。

表 3-1　国际第四纪划分方案(INQUA,1932)

<table>
<tr><th colspan="2" rowspan="2">时代</th><th colspan="2">生物地层学方案</th><th colspan="2" rowspan="2">古气候学方案</th></tr>
<tr><th>全新世</th><th>全新统(Q_4)</th></tr>
<tr><td rowspan="4">新生代</td><td rowspan="4">第四纪</td><td rowspan="4">更新世</td><td>晚更新世—上更新统(Q_3)</td><td>雨木冰期(W)</td><td>里斯—雨木间冰期</td></tr>
<tr><td>中更新世—中更新统(Q_2)</td><td>里斯冰期(R)</td><td>民德—里斯间冰期</td></tr>
<tr><td rowspan="2">早更新世—下更新统(Q_1)</td><td>民德冰期(M)</td><td rowspan="2">贡兹—民德间冰期</td></tr>
<tr><td>贡兹冰期(G)</td></tr>
</table>

3.2　地貌单元的成因分类

3.2.1　地貌单元分类方法

3.2.1.1　地貌基本要素

地貌形态是由地貌基本要素构成的。地貌基本要素包括地形面、地形线和地形点,它们是地貌形态的最简单的几何组分,决定了地貌形态的几何特征。

自然界的地貌形态虽被归结为由上述三种地貌基本要素所构成,但在实际应用中,这些要素表现的程度不同,有时清晰可见,有时则模糊难辨,甚至缺乏某种形态要素,因此并未获普遍推广。但是,观察和分析各种地貌基本要素仍然是研究地貌的一个途径。

地形面:可能是平面、曲面或波状面,例如山坡面、阶地面、山顶面和平原面等。

地形线:两个地形面相交组成地形线(或一个地带),或者是直线或者是弯曲起伏线,例如分水线、谷底线、坡折线等。

地形点:两条(或几条)地形线的交点,或孤立的微地形体构成地形点,这实际上是大小不同的一个区域,例如山脊线相交构成山峰点或山鞍点、山坡转折点和河谷裂点等。

3.2.1.2　地貌分类

自然界的地貌形态,常以单个形态或形态组合的方式存在。地貌分类包括地貌基本形态分类和地貌形态组合分类。

1. 地貌基本形态分类

地貌基本形态分类是按形成地貌形态的主要地质作用分类的,是一种单因素分类。每一种地质营力形成的地貌形态分为剥蚀形态和堆积形态,例如河流侵蚀形态和堆积形态,冰川剥蚀形态和堆积形态。通常把地貌形态中较小、较简单的小地貌形态,例如冲沟、沙丘、冲出锥等,称为地貌基本形态。

2. 地貌形态组合分类

地貌形态组合范围较大,包括若干地貌基本形态的组合体。

地貌形态组合分类即地貌类型划分,是一种多因素分类。分类的关键在于找出形态组合形成的主要原因。到目前为止,这仍是一个难题。因此,尚无统一的地貌形态组合分类方案。但是在进行分类时通常要考虑下列因素:地貌组合的形态特征、地质构造基础(指组成地貌形态组合的岩性和地质构造对地形的影响)、内营力(包括老构造运动和新构造运动）和外营力的性质及现代地貌的强度等。根据这四种因素分析，确定地形地貌形成形态组合的主要原因。地貌形态组合可以是简单的同一年代、同一类型的地貌组合，也可以是复杂的不同年代不同成因的地貌组合。一般较大的地貌都是复杂的地貌形态组合体。

3.2.1.3 地貌相对等级

地貌规模极其悬殊，为研究方便起见，通常按其相对大小，并考虑其地质构造基础及塑造地貌的营力进行分级，称为地貌相对等级。应当注意，这不是一个严格的分类方案，它类似于地质构造分级。

星体地貌：把地球作为一个整体来研究，其形态、大小、海陆分布等总体特征便构成星体地貌特征。

巨型地貌：即地球上的大陆和洋盆，是高度上具有显著差异的两类地貌，它们由内力作用形成。大陆具有极其复杂多样的形态，并受到外力的改造；洋盆则相对单纯，并受到水层保护，比较原始。

大型地貌：陆地上的山岳、平原、大型盆地，洋盆中的海底山脉、洋脊和海底平原等属于大型地貌。这一级地貌往往和大地构造单元（陆地）或新构造单元一致，是地壳长期发展的结果。

中型地貌：大型地貌内的次一级地貌，如山岳地形中的分水岭山地、山间盆地；平原中的分水地区和河谷区等。其成因不完全取决于内力地质作用，外力地质作用在很大程度上塑造了中型地貌特征。

小型地貌：是中型地貌的各个组成部分，是一些地貌基本形态和较小的地貌形态的组合，例如山脊、谷坡和河谷等。它们的形态特征主要取决于外力地质作用，并受到岩性影响。

上述各级地貌，以比它高一级的地貌为发展基础，并逐级叠加在一起，构成一个具有相互联系的体系。

3.2.2 地貌单元的成因分类

地貌的成因涉及地貌形成的物质基础、地貌形成的动力和影响地貌形成发展的因素。

地貌形成的物质基础是岩石和地质构造。地貌形态千姿百态，但地貌形成的动力主要有两类：内力地质作用和外力地质作用。影响地貌形成发展的因素主要有气候、新构造运动、植被、土壤和人工活动。内营力主要形成地表基本起伏（巨型、大型地貌），向着增强地势的趋向发展；外营力趋向于削平地表基本起伏，向着减弱地势的趋向发展。地貌的形成和发展，是内、外营力在一定地质地理条件下相互作用的结果。这种内、外营力的相互作用贯穿在从地球形成以来的一切地貌过程中。至于内、外营力的强度，在不同的地质地理条件下各不相同，它们对地貌的形成和发展也不相同。可以用一种概化的模式来说明内、外营力相互作用在地貌形成发展中的最一般的形式：当山地处于从弱到强的上升阶段，虽然伴以从弱到强的外力风化剥蚀，但外营力不足以抵消内营力的上升，此时山地高度增大，岩石被剥露，发育各种构造地貌；当山地上升减弱或趋于稳定，外营力转而占相对优势时，山地被剥蚀降低，发育各种外营力地貌。但在一般情况下，这种模式由于地质地理条件的多样性和内、外营力相互作用的复杂性而复杂化了。常见地貌单元按形成原因分类见表 3-2。

表 3-2　地貌单元按形成原因分类

成因	地貌单元		主导地质作用
构造、剥蚀	山地	高山	以构造作用为主,强烈的冰川刨蚀作用
		中山	以构造作用为主,强烈的剥蚀切割作用和部分冰川刨蚀作用
		低山	以构造作用为主,长期强烈的剥蚀切割作用
	丘陵		中等强度的构造作用,长期剥蚀切割作用
	剥蚀残丘		构造作用微弱,长期剥蚀切割作用
	剥蚀准平原		构造作用微弱,长期剥蚀作用和堆积作用
山麓斜坡堆积	洪积扇		山谷洪流洪积作用
	坡积裙		山坡面流坡积作用
	山前平原		以山谷洪流洪积作用为主,夹有山坡面流坡积作用
	山间凹地		以周围的山谷洪流洪积作用和山坡面流坡积作用
河流侵蚀堆积	河谷	河床	河流的侵蚀切割作用或冲积作用
		河漫滩	河流的冲积作用
		牛轭湖	河流的冲积作用或转变为沼泽堆积作用
		阶地	河流的侵蚀切割作用或冲积作用
	河间地块		河流的侵蚀作用
河流堆积	冲积平原		河流的冲积作用
	河口三角洲		河流的冲积作用,间有滨海堆积或湖泊堆积
大陆停滞水堆积	湖泊平原		湖泊堆积作用
	沼泽地		沼泽堆积作用
大陆构造—侵蚀	构造平原		中等构造作用,长期堆积和侵蚀作用
	黄土塬、黄土梁、黄土峁		中等构造作用,长期黄土堆积和侵蚀作用
岩溶(喀斯特)	岩溶盆地		地表水、地下水强烈的溶蚀作用
	裂缝		地表水强烈的溶蚀作用
	石芽残丘		地表水的溶蚀作用
	溶蚀准平原		地表水的长期溶蚀作用及河流的堆积作用

3.3　第四纪沉积物

3.3.1　第四纪沉积物的主要类型

任何一种外力地质作用,在塑造地貌形态的同时,也形成第四纪沉积物。因此,在研究地貌的同时，必须研究有关的第四纪沉积物。所以，地貌学、第四纪地质学常从不同的角度去研究同一对象或研究同一作用的两个方面。在许多情况下，它们研究的结果互相补充、互相验证。此外，只有通过深入研究第四纪历史，才能阐明地貌形成发展历史的一些重大问题。

在工业与民用建筑中，可能遇到的第四纪沉积物如表 3-3 所示。

表 3-3　第四纪沉积物的成因类型

成因	成因类型	主导地质作用
风化残积	残积	物理、化学风化作用
重力沉积	坠积 崩塌沉积 滑坡沉积 土溜	较长期的重力作用 短促间发生的重力破坏作用 大型斜坡块体重力破坏作用 小型斜坡块体表面的重力破坏作用
大陆流水沉积	坡积 洪积 冲积 三角洲沉积(河、湖) 湖泊沉积 沼泽沉积	斜坡上雨水、雪水间由重力的长期搬运、沉积作用 短期内大量地表水流搬运、沉积作用 长期的地表水流沿河谷搬运、沉积作用 河水、湖水混合沉积作用 浅水型的静水沉积作用 潴水型的静水沉积作用
海水沉积	滨海沉积 浅海沉积 深海沉积 三角洲沉积(河、海)	海浪及岸流的沉积作用 浅海相动荡及静水的混合沉积作用 深海相静水的沉积作用 河水、海水混合沉积作用
地下水沉积	泉水沉积 洞穴沉积	化学沉积作用及部分机械沉积作用 机械沉积作用及部分化学沉积作用
冰川沉积	冰碛沉积 冰水沉积 冰碛湖沉积	固体状态冰川的搬运、沉积作用 冰川中冰下水的搬运、沉积作用 冰川地区的静水沉积作用
风力沉积	风积 风—水沉积	风的搬运沉积作用 风的搬运沉积作用后，又经流水的搬运沉积作用

3.3.2　主要第四纪沉积物的特征

第四纪沉积物是广泛分布于地表的未经胶结成岩的各种松散状态的堆积物，是由岩石经风化、剥蚀、搬运、沉积等地质作用而形成的。根据沉积的环境和成因，第四纪沉积物可分为海相沉积和陆相沉积两大类。海相沉积是指在海洋环境条件下形成的沉积；陆相沉积则是指在大陆环境条件下形成的沉积，又可进一步分为冰川沉积、暂时性水流沉积、河流沉积、湖泊沼泽沉积、风成沉积及残余堆积等。各种工程建筑所遇到的松散沉积物，绝大多数都是陆相形成的。不同成因的松散沉积物,其工程地质特性有明显差别,所以它是工程地质勘察和研究的重要内容之一。

第四纪沉积物的成因类型繁多,不同成因的沉积物往往具有不同的物理力学性质。第四纪大陆沉积物的成因类型主要有残积、坡积、洪积、冲积、冰积、湖积、风积等。在沉积过程中,有两种或两种以上成因类型时,称为混合成因类型。

3.3.2.1 残积物(Q^{el})

岩石表面经物理、化学风化作用而残留在原地的碎屑物称为残积物。残积物的成分与母岩的岩性密切相关,如花岗岩的残积物中,长石常分解成黏土矿物,石英常破碎成细砂,石灰岩的残积物则往往成为红黏土。残积物颗粒的粗细取决于母岩的岩性,因此有些地区残积物是粗大的岩块,而另一些地区可能是细小的碎屑。残积物在形成的初期,上部的颗粒较细,下部的颗粒粗大,即碎屑物自表部向深处逐渐由细变粗。但由于雨水或雪水的淋漓,细小碎屑被带走,形成杂乱的堆积物,一般不具层理,碎块多呈棱角状,土质不均,具有较大孔隙,厚度在山丘顶部较薄,低洼处较厚,厚度变化较大。

残积物一般透水性较强,以致残积物中一般无地下水,但当堆积在低洼地段而下伏母岩又为不透水层时,则有上层滞水出现。

3.3.2.2 坡积物(Q^{dl})

风化碎屑物由雨水或融雪水沿斜坡搬运或由本身的重力作用堆积在斜坡上或坡脚处而成坡积物。坡积物的成分主要取决于斜坡上部的母岩成分和风化产物。由于搬运不远,磨圆度、分选性差,一般没有层理或略显层理,坡积物的厚度变化较大,由几厘米到一二十米。在斜坡较陡的地段厚度较薄,在坡脚地段堆积较厚。一般,当斜坡的坡度愈陡时,坡脚坡积物的范围愈大。

坡积物没有经过良好的分选作用,细小或粗大的碎块往往夹杂在一起。但由于重力作用,比较粗大的颗粒一般堆积在紧靠斜坡的部位,而细小的颗粒则分布在离开斜坡稍远的地方。上部主要是含泥沙的碎石类土,而下部则为含碎石和砂粒的黏土。坡积物的厚度一般不大,只在斜坡平缓低洼处及坡麓一带较厚,往往呈透镜状,似层状。新近堆积的坡积物经常具有垂直的孔隙,坡积物较疏松,孔隙度大,一般在50%以上,因而压缩性大,在水中很易崩解。

坡积层中的地下水一般属于潜水,在坡积物非常复杂的地区,有时形成上层滞水。

坡积形成的黄土,其湿陷性一般比洪积或冲积形成的黄土要高得多。作为地基,应注意沉陷量过大和不均匀沉陷的问题。在开挖基坑和边坡时,坡积物易发生滑塌,特别是下伏基岩表面较陡,有地下水浸润时,坡积物更易滑动。在山区或丘陵地区的河谷谷坡或山坡上,坡积物分布很广,常对边坡稳定带来不良影响。在大坝与两岸的接头部位常有坡积物存在,在开挖时应注意基坑边坡稳定问题。

3.3.2.3 洪积物(Q^{pl})

由暂时性洪流将山区或高地的大量风化碎屑物携带至沟口或平缓地带堆积而成的沉积物称为洪积物。洪流是暴雨或积雪大量融化时,发生在山区的携带有大量岩石风化产物和坡积物的间歇性线状水流。洪积物具有比较明显的层理,但在离山区或高地近的地方,层理紊乱,往往成为交错层理;在离山区或高地远的地方,层理逐渐清楚,一般成为水平层理或湍流层的交错层理。洪积物的厚度一般是离山区或高地近的地方厚度大，远的地方厚度小。在局部范围内的变化不大。

1. 洪积物的一般特征

洪积物具有一定的分选作用，但往往大小混杂，碎屑多呈亚棱角状，距山区或高地近的地方，堆积物的颗粒粗大，碎块多呈亚角形；离山区或高地较远的地方，堆积物的颗粒逐渐变细，颗粒形状由亚角形逐渐变成亚圆形或圆形。在离山区或高地更远一些的地方，洪积物中则往往有淤泥等细颗粒土的分布。但是，由于每次暂时水流的搬运能力不等，在粗大颗粒的孔隙中往往填充了细小颗粒，而在细小颗粒层中有时会出现粗大的颗粒，粗细颗粒间没有明显的分界线。

洪积物中的地下水一般属于潜水，由山区或高地前缘向平原补给。由于山区或高地前缘地形高，潜水埋藏深，离山区或高地较远的地方，地形低，潜水浅；在局部低洼地段，潜水可能溢出地表。此外，当粗大颗粒的洪积物尖灭在细小颗粒的上面时，潜水也可能在粗细颗粒的交接处溢出地表。

2. 洪积扇及洪积裙

暂时性洪流冲出沟口后，由于地形突然开阔，坡度急剧减小，致使水流分散，流速降低，大量的泥沙、块石在沟口外呈扇形或锥形堆积下来，形成洪积扇或冲出锥。相邻沟谷形成的洪积扇可以互相连接起来而形成洪积裙（见图 3-1）。洪积裙不断地重叠堆积向前伸展，则可形成山前倾斜平原。

洪积扇的组成物质，自山谷沟口至堆积体边缘呈一定规律的变化。洪积扇的沉积结构剖面见图 3-2。

图 3-1　洪积扇及洪积裙

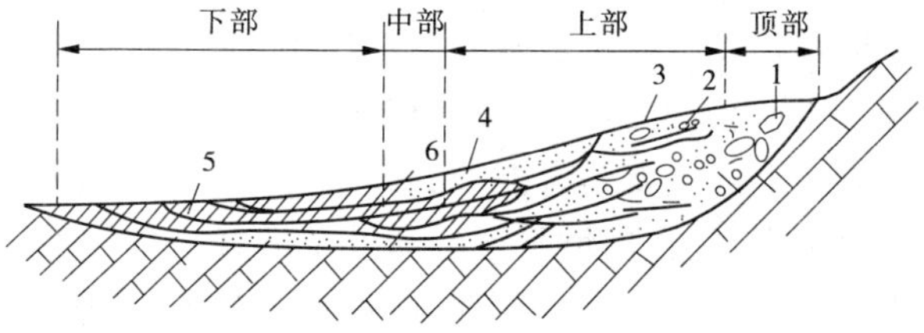

1—块石；2—砾石；3—砂砾；4—砂；5—黏土；6—泉

图 3-2　洪积扇的沉积结构剖面

扇顶一般以粗大的砾石为主，并有巨大石块，分选性极差，砾石磨圆度较低，层理紊乱，呈交错状，透镜体及夹层较多，边缘处颗粒细，层理清楚，其厚度一般高山区或高地处较大，远处较小。由于洪积扇顶部的洪积物颗粒粗大，因而地下水埋藏较深，土的承载力较高，是良好的天然地基。

洪积扇上部则以砾石、粗砂为主，稍有分选，砾石和砂层常呈透镜体出现。洪积扇的上部为地下水浅藏带，是理想的建筑地段和供水地段。

洪积扇的中部，因岩性变化大，地下水位抬高，甚至出露地表，形成狭窄的地下水溢出带，土质软弱，承载力较低，不宜作为大型建筑物地基。

洪积扇的下部以细粒的砂、粉砂和黏土为主，可有分选性，并具明显的微斜层理或水平层理。由于山洪是周期性发生的，致使洪积物在垂直方向上常出现不规则的交错层理，并具夹层、尖灭或透镜体。扇缘部位的洪积物，由于颗粒较细，成分均匀，且土质密实，也是较好的地基。

3.3.2.4 冲积物（Q^{al}）

由长期的地表水流搬运，在河流阶地、冲积平原和三角洲地带堆积而成的称为冲积物。冲积物有明显的特点：组成物质的磨圆度和分选性好，有明显的水平层理或交错层理。随着沉积地段不同，其特征也有显著区别。冲积物根据其形成条件，可分为山区河谷冲积物、平原河流冲积物和三角洲冲积物。

1. 山区河谷冲积物

山区河谷冲积物大部分由卵石、碎石等粗颗粒组成，分选性较差，大小不同的砾石互相交替，成为水平排列的透镜体或不规则的夹层，厚度一般不大。一般地说，山区河谷的堆积物颗粒大，承载力高，但由于河流侧向侵蚀的结果也带来了大量的细小颗粒，特别是当河流两旁有许多冲沟支岔时，这些冲沟支岔带来的细小颗粒往往和冲积的粗大颗粒交错堆积在一起，承载力也因而降低。

当山区河流流出山口进入平原时，与前述洪积扇一样，也可形成冲积扇；冲积扇也可互相连接，或与洪积扇重叠交错，形成山前冲积洪积平原。

组成山前冲积物的颗粒粗细分布和变化与洪积扇的物质相似，但成层构造比较明显，斜交层理经常出现，其厚度较大，一般数十米，厚的可达数百米。山区河谷冲积物具有强度较高、压缩性小。若作为坝、闸地基，则应注意渗漏和潜蚀。

2. 平原河流冲积物

平原河流冲积物可分为河床冲积物、河漫滩冲积物、牛轭湖冲积物及阶地冲积物。其中，河床冲积物常具透镜体、斜层理和交错层理。

河流上游的冲积物一般颗粒粗大，向下游逐渐变细。冲积层一般呈条带状，具有水平层理，有时也呈流水层或湍流层的交错层理。在每一个小层中，岩性的成分就比较均匀，有极良好的分选性。河流的中下游因大量沉积而形成冲积平原，如我国的华北平原，长江、汉江之间的江汉平原等。平原地区冲积物分布广，厚度大，颗粒细，一般上部为黏性土，下部为砂层或细砂层，有时常以互层出现，局部地段有淤泥层存在。由于河流摆动，在平原中常常遗留下古河道，古河道中主要分布有厚度较大的砂层。

冲积物的颗粒形状一般为亚圆形或圆形，搬运的距离越长，颗粒的浑圆度越好。

河床冲积物、河漫滩冲积物多为磨圆度较好的漂石、卵石、圆砾和各种砂类土，有时也有黏性土存在。在同一地段上，河漫滩冲积物的粒度一般较河床冲积物为小。在同一河漫滩上，靠河床近的冲积物的粒度比距河床远的为大。牛轭湖冲积物只有当洪水期间成为溢洪区时才能形成，此时，细砂或亚黏土就直接覆盖在原来已形成的泥炭或淤泥层上。阶地冲积物的粒度常较河漫滩的为小，一般由亚黏土、轻亚黏土和各种砂类土所构成，有时也有卵石、圆砾的夹层。在黄土地区，阶地则往往为各个不同地质时期的黄土所分布。

平原河谷冲积层中的地下水一般为潜水，由高阶地补给低阶地，再由河漫滩补给河水。

平原河谷冲积物(除牛轭湖外),一般是较好的地基。粗颗粒的冲积物其承载力较高,细颗粒的稍低,但要注意冲积砂的密实度和振动液化的问题。在平原河谷中修建拦河坝时,古河道常常成为水库渗漏的通道。

3. 三角洲冲积物

三角洲冲积物是河流搬运的大量细小碎屑物在河流入海或入湖的地方堆积而成的。三角洲冲积物的厚度很大,分布面积也很广。一般分为水上及水下两部分:水上部分主要是河床和河漫滩冲积物,如砂、轻亚黏土、亚黏土、黏土等,一般呈层状或透镜体;水下部分则由河流冲积物和海相或湖相的堆积物混合组成,呈倾斜的沉积层。

三角洲冲积物中的地下水一般为潜水,埋藏比较浅。

由于三角洲冲积物的颗粒均较细,含水率大,土呈饱和状态,承载力较低,有的还有淤泥分布。在三角洲冲积物的最上层,由于经过长期的压实和干燥,形成所谓硬壳,承载力较下面的为高。

3.3.2.5 冰积物(Q^{gl})

凡是由冰川作用形成的堆积物,均称为冰积物。冰积物不仅在现代高纬度地区(如喜马拉雅山、天山等)广为分布,而且由于第四纪某些时期的冰川分布范围比现代更为广泛,故在我国若干地方和河谷也有冰积物存在。冰积物可分为冰碛和冰水沉积物两种基本类型。

冰碛是由于冰川融化使冰川携带的物质直接堆积形成的,其特点是分选性差,磨圆度差,不具层理,粒度极不均一,往往由漂砾、砾石、砂和黏土等混杂在一起。碎石土颗粒表面常有磨光面,且有条痕石。冰碛一般较密实,孔隙率较低,压缩性小,强度较高,作为一般建筑地基还是较好的。但是,必须注意冰碛结构的不均一、厚度的变化,以及有时可能存在的空洞(冰夹层融化后留下的)和局部承压水,这些都将使工程地质条件复杂化。

冰水沉积物是经过冰水搬运的冰碛物发生沉积作用而形成的物质,存在于冰水河及冰水湖中。由于经过一段水流搬运,故冰水沉积具有明显的层理,其物质成分主要是黏性土,有时夹有薄层的砂或透镜体。冰水沉积在山麓地带常形成冰水扇,冰水扇扩大或多个冰水扇相连则形成冰水沉积平原。

3.3.2.6 湖积物(Q^{l})

湖积物是湖水中沉积的物质。一般来说,搬运动力由湖岸向湖心逐渐减弱。较粗的砾、砂沉积在湖岸附近,具有较好的磨圆度及明显的层理和交错层理,并形成湖滩、沙洲、沙坝及沙嘴等地形;而较细的碎屑物质被带到湖心发生沉积。湖心沉积物颗粒较细小,主要为黏土和淤泥,常夹有粉砂、细砂薄层。

湖岸沉积物以近岸带的土承载力较高,远岸较差。湖心沉积物一般压缩性高、强度很低。湖泊淤塞后可变成沼泽,地表水聚集或地下水出露的洼地也会形成沼泽。沼泽沉积物主要是腐烂的植物残体、泥炭和部分黏土与细砂。泥炭含水率极高,承载力低,一般不宜作天然地基。

3.3.2.7 风积物(Q^{eol})

干旱地区,地面无植被保护,岩石风化碎屑物被风吹扬,在风力减弱时发生沉积形成风积物。风积物中最常见的是风成砂与黄土。

风成砂也称为风积砂，主要由砂、粉砂及少量黏土组成，分选性好，磨圆度高。风成砂具有较大的内摩擦角，但无黏结性或黏结性极低，因此其承载力较高但抗风蚀能力极差。大范围的风成砂常常具有流动性，其运动能力与方向受气候、地表植被和自身特性的影响。强烈的风沙运动既造成环境的恶化，也常使道路被掩埋或吹蚀。一般在风成砂分布的地区，黏土、砾石、石料和水等建筑材料较为缺乏。

风成黄土具有垂直节理，均匀无层理，孔隙大，一部分具有湿陷性。

3.3.2.8 其他沉积物

陆相沉积物还有海积物（Q^{m}）、冰水沉积物（Q^{fgl}）等。

3.4 河谷地貌

3.4.1 河流堆积地貌分类

3.4.1.1 冲积平原

1. 冲积平原的形成及特征

巨大河流的中下游，河谷非常开阔，堆积作用十分强烈，形成广阔的冲积平原，如我国华北平原、长江中下游的江汉平原、东北的松辽平原等。这些平原都处在长期新构造沉降的条件下，堆积了巨厚的第四纪沉积物。

每当雨季，洪水溢出河床，流速降低，堆积大量碎屑物，在两岸逐渐形成了天然堤。当洪水继续向河床以外广大面积上淹没时，流速愈来愈小，堆积了更为细小的物质，形成一片广阔的冲积平原。或者，当河流的阶地达到非常大的面积时，这个具有平缓的微微切割的广大地区也称为冲积平原。

冲积平原上岩石埋藏一般很深，第四纪沉积物很厚，细颗粒多，地下水位浅，地基土的承载力较低。在冲积平原上，凡是地形比较低洼或水草茂盛的地方，过去曾是河漫滩、湖泊或牛轭湖，常有较厚的带状淤泥分布。冲积平原上有时被风成砂所掩盖，形成了复杂的砂丘地貌。

2. 冲积平原的类型

冲积平原又可分为山前平原、中部平原和滨海平原。

山前平原是从山区到平原的过渡带，成因上属于冲积－洪积型。当河流流出山口到平原后，河床坡降急剧减小，水流呈扇形散开，河道分汊，水流流速减小，其动能大大减弱，形成冲洪积扇形平原。如果山地河流规模较大，则河流出山口以后仍保持比较稳定的主河道，但在山前作大范围的摆动，也会形成规模很大的扇形分布的冲积层。由于平原保持着相对的下降，所以冲洪积层或冲积层主要是加积型的。如果山区与平原的过渡带之间有大面积的丘陵地区，发源于山区的河流流经丘陵区时河谷受到两侧丘陵的约束，不能形成大规模的散流，而且河流的坡降是逐渐减缓的，因此不能形成大规模的扇形堆积，扇形平原不发育。

中部平原是冲积平原的主要部分，组成中部平原的沉积物主要是冲积物，但也夹有湖积物及风成堆积物，位于中部平原的河流，以汊道式的游荡型河流为主，众多的河流甚至几个水系组成一个冲积平原。

例如华北平原，是黄河、淮河、海河组成的大冲积平原，河流频繁改道，黄河的河道有时改入海河河道，有时又改入淮河河道，而且主要的河床形成地上河。河床不稳定，溃决泛滥后形成范围极大的决口扇。组成决口扇的砂质冲积物呈舌状分布，近决口部分颗粒粗，以砂为主，混有亚砂土及亚黏土，分选性差。在较远的地方可见到亚砂土、亚黏土类砂粒，有时有砂质透镜体。其表面经风力吹扬，形成次生的风成砂丘和砂地。豫东地区，包括郑州以东至兰考以东大面积砂地分布，就是黄河南岸多次决口的扇形砂质堆积受风力改造形成的。

冲积平原上的地上河流经常决口和重新改道。河床的改道和变迁，在平原上留下很多古河道的痕迹，以及相随的砂堤、鬃岗、牛轭湖、水洼地等微地貌，查明古河道的踪迹对平原地区寻找浅层地下水资源是一项有意义的工作。

中部平原冲积层可归纳为三个相：①河床相（河床堆积、天然堤、滨河床砂坝），以砂为主，具斜层理及交错层理，沉积物分选好，砂粒磨圆度差。在平原沉积剖面中呈透镜状、带状分布。②泛滥相（河漫滩、决口扇），位于河床及天然堤范围以外，近河床部分为粉砂，远离河床部分为亚黏土、黏土，决口形成扇形泛滥相沉积。被掩埋后成为大面积的透镜状夹层。③河间洼地相，常为湖泊沉积、沼泽沉积及湖积－冲积层。河间洼地常产生沉积间断，因此发育了古土壤层及淋溶沉积层。河流若是正常的地面河，河间地高于河床水位，在河间地上土壤层发育，并产生轻微的剥蚀。

上述各相没有固定的界线，它受河流改道的控制，产生岩相的重叠、交错。

滨海平原，成因上属于冲积－海积平原。其沉积物颗粒更细，沼泽面积大，并有周期性海水侵入，形成海积层（滨海及浅海沉积），与冲积层交替，包括河口及三角洲沉积。在滨海地区有典型的海岸带沉积及残留的地貌，如海岸砂堤（贝壳堤），以及潟湖、海湾。还有一些陆源物质堆积为主的边滩沉积，这些沉积物中都含海相微体古生物化石。

研究冲积平原的沉积结构，主要依靠钻孔资料，因此在研究过程中应区别各钻孔中冲积层的各个相带及其他成因类型的沉积物，然后对比各钻孔，划分出不同时代的冲积层，并确定其横向上的变化，以期正确地得出整个冲积平原的结构和发育历史的结论。

3.4.1.2 河口三角洲

河流在入海或入湖的地方堆积了大量的碎屑物，构成了一个三角形的地段，称为河口三角洲。由于河口三角洲是河流的最末端，入海处经常受到海浪或潮汐的顶托，流速几乎为零，使淤泥等细小的颗粒也能全部堆积下来，形成巨厚的淤泥层。河口三角洲一般地下水位较浅，地基土的承载力较低，常为软土地基。

在新构造运动上升地区，海岸线不断往海域方向移动，河口三角洲面积日益扩大；反之，则逐渐减小。

在河口三角洲形成时期，河流流速迅速减小，产生大量的分流，形成一个复杂的水系网。小的分流往往形成纵横交错的小河沟，这些小河沟后来又被河流冲积物或人工堆填所覆盖，成为暗沟。

3.4.2 河流侵蚀堆积地貌分类

河流普遍分布于不同的自然地理带，是改造地表的主要地质营力之一。根据水文动态，河流可以分为常流河和间歇河。在一个水文年度内，河水过程可划分为平水期和洪水期。一般情况下，洪水期持续时间虽然较短，然而其流量和含砂量都远远超过平水期，是河流侵蚀、搬运和沉积最活跃的时期。河谷形态的塑造及冲积物的形成，主要都在洪水期。

河谷是河流携带着砾砂在地表侵蚀、塑造的线状洼地。河谷由谷坡和谷底两部分组成（见图 3-3）。谷底中包括河床及河漫滩。河床是指平水期河水占据谷底，或称为河槽。河漫滩是指洪水期才能淹没的谷底，在枯水期露出水面的部分。谷坡是河谷两侧因河流侵蚀而形成的岸坡。古老的谷坡上常发育有洪水不能淹没的阶地，阶地是被抬升的古老的河谷谷底。谷坡与谷底的交界称为坡麓，谷坡与山坡交界的转折处称为谷缘，也称为谷肩。河谷是从谷缘开始向下算起的，计算河谷的深度与宽度都以谷缘为标准。

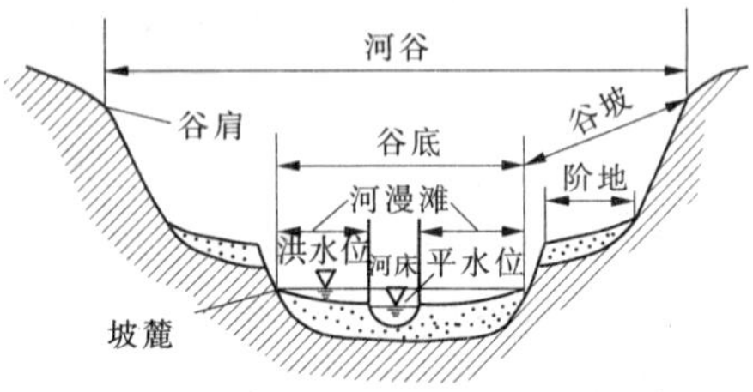

图 3-3 河谷要素

河谷可划分为山区河谷和平原河谷，平原河谷多以沉积作用为主，河谷纵断面较为平缓，横断面宽阔，河漫滩宽广，江中洲发育，汊道多，河道弯曲。山区河谷以侵蚀作用为主，与水利水电关系密切。

河流侵蚀堆积地貌类型有河床、河漫滩、牛轭湖、阶地、河间地块。

3.4.2.1 河床

河床是谷底河水经常流动的地方。河床由于受河流的侧向侵蚀作用而弯来弯去，经常改变河道的位置，这样，河床底部的冲积物就复杂多变。一般来说，山区河流河床底部大多为坚硬的岩石或者是大块的碎石、卵石，但由于侧向侵蚀的结果常带来大量的细小颗粒，并可能有软土存在。特别是当河流砥旁有许多冲沟支岔时，这些冲沟支岔带来的细小颗粒往往和河流携带来的粗大颗粒交错在一起，使河床下的堆积物复杂化。

山区河流河床底部的堆积物本身也往往是不固定的，当下一次较大的洪水下来时，原来堆积的物质被搬运走了，而又堆积下来新的物质。平原地区河流的河床，一般是由河流自身堆积的细颗粒物质。

山区河床形态复杂，其横剖面呈深而窄的 V 形，平面受地质构造、岩性控制。纵剖面比降很大，常呈阶梯状，多跌水或瀑布。平原区形态较规则，有曲流及叉河，横剖面宽而浅，纵剖面呈微起伏的波状，具浅滩和深槽。

河床纵剖面上的起伏，构成了一系列微地形。基岩组成的河床中，主要的有岩槛、石滩、壶穴、深槽和浅滩。

（1）岩槛（岩坎）：由坚硬岩石横亘于河床底部形成。水下岩槛常常构成航道中的险滩地段。当岩槛的高度大于水深时，就会形成瀑布（跌水）（见图 3-4）。这类地形常与断层崖有关。岩槛可以构成上游河段的地方性侵蚀基准面，并在向源侵蚀作用下不断后退，直至消失。

图 3-4　岩坎与瀑布

(2)石滩:由山区河流底床上堆积的很多巨大岩块所构成。巨大岩块来源于谷坡崩坠、滑坡或是河谷里侧支沟冲入的冲出锥堆积物。石滩的形态不如岩槛稳定,在水流长期作用下较容易移动、变形和消失。

(3)壶穴:形成于坚硬基岩构成的河床地段。由于河底旋涡流携带着砂、砾石,磨蚀河床底部的坚硬岩石,形成深陷的凹坑(见图 3-5),称为壶穴。壶穴的大小可以从不足 1 m至六七米。位于瀑布下面的壶穴可深达 20 余 m。探明壶穴对水工建筑物的稳定性十分重要。

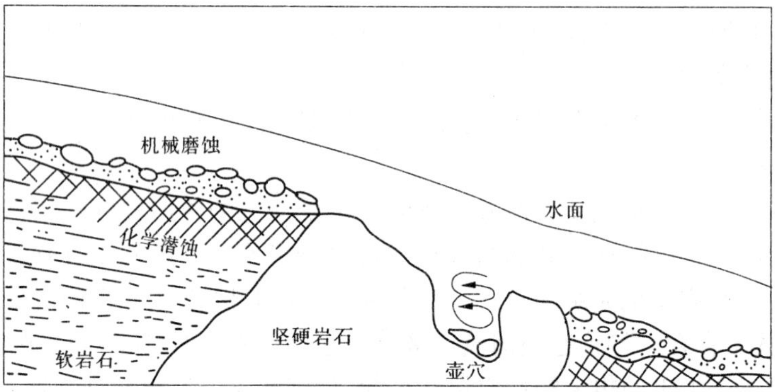

图 3-5　山区河流河床冲蚀状况及壶穴的形成

(4)深槽和浅滩:是河床中常见的地形形态。形成于基岩中的深槽主要是由于构造的因素,在河床中的断裂破碎带、裂隙密集带、软弱岩层或囊状风化带等抗冲刷能力较弱的部位,由于冲刷的不均一性而形成深槽。这些深槽又常分布于水流侵蚀强度极大的峡谷河段。

在由冲积物组成的河床纵剖面上,浅滩与深槽交替分布(见图 3-6),构成河床中最基本的微地形。浅滩是在河床底部由冲积物堆积而成的,如边滩、心滩、江心洲和砂埂,构成河床中的浅水区。浅滩之间较深的河段称为深槽,亦称为深水区。

3.4.2.2　**河漫滩**

分布在河床两侧,经常受洪水淹没的浅滩称为河漫滩。河漫滩在平原和丘陵地区多见,在山区河谷少见,仅在河谷开阔地段和河谷凸岸才出现。河流上游,河漫滩往往由大

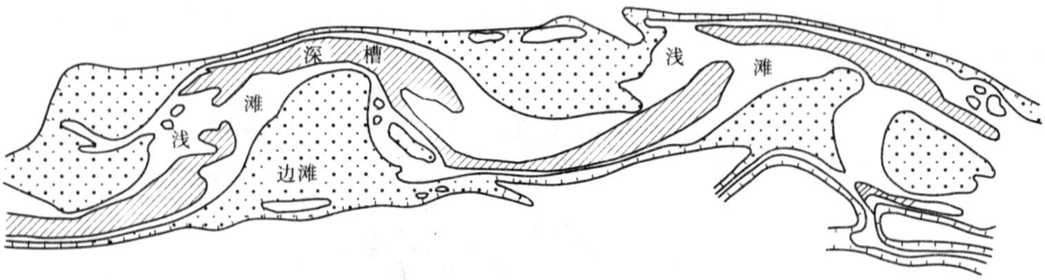

图 3-6　浅滩及深槽的分布

块碎石所构成，且处于不稳定状态，再一次洪水到来时可能把它冲走。河流中游，河漫滩一般由砂土组成。河流下游，河漫滩一般由黏性土组成。河漫滩的沉积层具二元结构，下部颗粒相对较粗，上部较细，具斜交层理和交错层理。河曲型河漫滩是河流侧蚀作用的结果，凹岸岸坡不断后退，凸岸堆积，河谷变弯，谷底加宽。

河漫滩的地下水位一般都较浅，在干旱地区往往形成盐渍地。由于河流携带的碎屑物不断堆积在河床的两侧，这样有时靠河床一侧的河漫滩地形较其他部分为高，河漫滩上的低洼部分则逐渐形成河漫滩湖泊或河漫滩沼泽地。

3.4.2.3　牛轭湖及牛轭湖沉积物

牛轭湖又称弓形湖，是曲流发展中被抛弃的一段河床。在平面上形成弓形，是河流裁弯取直的结果。在枯水和平水期间，牛轭湖内长满了水草，渐渐淤积成为沼泽。在洪水期间，牛轭湖有时就和河流相接成为溢洪区。

牛轭湖长年处于静水沉积过程，在洪水期有时分泄部分洪水。牛轭湖中沉积物含有有机质较丰富的黑色黏土、亚黏土和亚砂土，有时有薄层透镜状粉砂和砂的夹层。层理近于水平，并形成不连续的带状层理（见图 3-7）。带状层理的形成是由于透镜状砂质夹层周围的黏性土饱和水分，呈塑性软泥状态。当承受压力时，其接触面变形，使透镜体的边缘变成钝圆的外形。牛轭湖中富含有机质。因而引起氧气不足，常形成泥炭层并伴有蓝铁矿、菱铁矿、某些土状磷酸盐及其他次生矿物。在通气条件下这些矿物又可以很快被分解。由于长期缺氧及植物残骸的加入，牛轭湖沉积一般呈蓝灰色，常具锈斑。

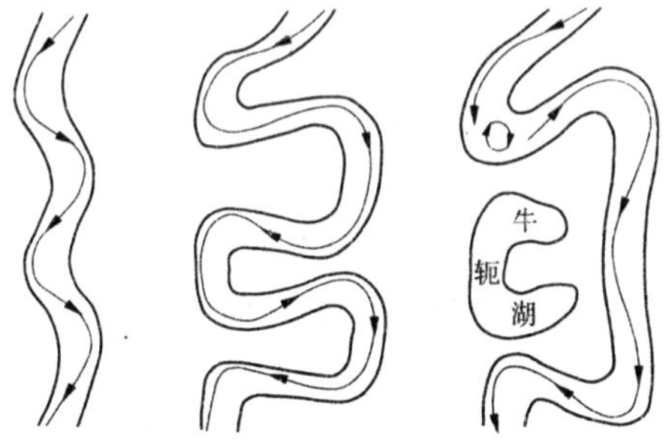

(a)弯曲河道　　(b)蛇曲　　(c)牛轭湖

图 3-7　河曲的发展及牛轭湖的形成

3.4.2.4　河流阶地

在河谷发育过程中，由于地壳上升、气候变化、侵蚀面下降等因素的影响，使河流下切，河床不断加深。原先的河床或河漫滩抬升，高出一般洪水位，形成顺河谷呈条带状分布的地貌形态，称为河流阶地（见图 3-8）。

h_1—阶地前缘高度；h_2—阶地后缘高度；h—阶地平均高度

①—阶地面；②—阶坡（陡坎）；③—前缘；④—后缘；⑤—坡脚

图 3-8　阶地形态要素示意图

河谷中往往存在着数级阶地，标记阶地级序采用从新到老的方法，把最新的超出河漫滩的阶地称为第一级阶地，其余类推。高阶地靠山坡的一侧也可能有新近堆积的坡积层、洪积层，其压缩性高，结构强度低。在低阶地，地下水位较浅。特别要注意低阶地上地形比较低洼的地段。这些地方有时积水，生长一些水草，往往曾是河漫滩湖泊和牛轭湖的地方。有时河漫滩湖泊或牛轭湖的堆积物埋藏很深，成为透镜体或条带状的淤泥。

1. 阶地的成因

阶地必须是在原先宽广的谷底上河床下切侵蚀才能形成。每一阶地的形成必须经过两个阶段，首先是在一个相当稳定的大地构造环境下，河流以侧向侵蚀为主，形成宽广的河谷，同时塑造河漫滩，堆积冲积层，然后地壳上升，侵蚀基准面相对下降，河流垂直侵蚀作用加强，下切河漫滩，形成阶地陡坎。

2. 阶地的分类

阶地根据地貌形态可分为横阶地、纵阶地。构造运动形成的阶地，是河流阶地中最普遍的。由于构造运动性质不同，阶地形态表现也各有差异。根据阶地形成的形态和结构不同，阶地可划分为侵蚀阶地、基座阶地和堆积阶地。

（1）侵蚀阶地（见图 3-9（a））：由基岩组成，有时阶面上残留极少冲积物。它断续分布于山区河流的谷坡上，切割不同的岩层，在不太长的河段上，高度比较稳定。侵蚀阶地在作为大坝的接头、厂房或桥梁等建筑物地基时是有利的。

确定侵蚀阶地时要注意其与假阶地的区别。假阶地可以是产状平缓的软硬相间岩层组成的构造剥蚀阶地，也可以是断层组成的断块阶梯或基岩滑坡组成的地滑阶梯（见图 3-9（a））。

（2）基座阶地（见图 3-9（b））：其特点是在阶地陡坎土下部为基岩，上部为冲积物，是由后期河流的下蚀深度超过原有冲积层的厚度，切入基岩造成的。它分布于新构造运动上升明显的山区。

（3）堆积阶地：堆积阶地全由冲积物组成，反映了在阶地形成过程中，河流下切的深度没有超过冲积物的厚度。堆积阶地河流在中下游最为常见。堆积阶地根据组成阶地的冲积层厚度与下切深度的关系进一步分为嵌入阶地、内叠阶地、上叠阶地和掩埋阶地等。

上叠阶地(见图3-9(c)):上叠阶地的特点是新阶地的堆积物完全叠置在老阶地的堆积物上,说明地壳升降运动的幅度在逐渐减小,下切侵蚀的深度、河床侧蚀的范围和堆积的规模都比前期的小。

内叠阶地(见图3-9(d)):是指新的阶地套在老的阶地之内,每次河流冲积物分布的范围均比前次的为小,反映出它们在形成过程中每次下切的深度大致相同,而堆积作用却逐渐减弱。

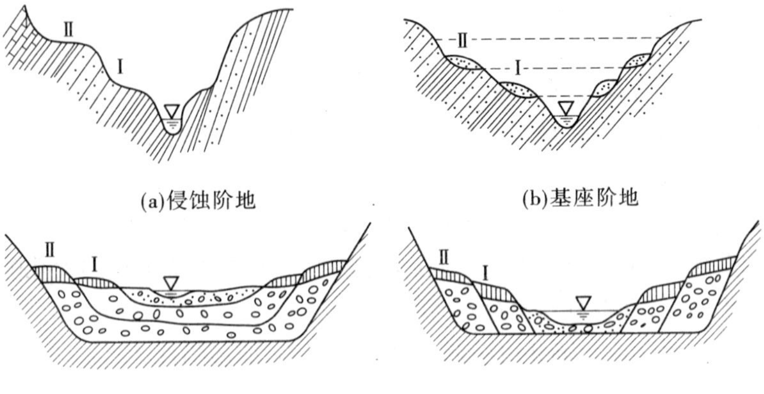

(a)侵蚀阶地　(b)基座阶地

(c)上叠阶地　(d)内叠阶地

图3-9　阶地类型

3.4.2.5　河间地块

河谷相互之间所隔开的广阔地段,称为分水岭。在山区,分水岭通常是峻高的山脊;在平原地区,分水岭常表现为较平坦的地形,外表上不很明显,水仅从一个微高的地段流向两条不同的河流,这种分水岭称为河间地块。河间地块本身的地质构成可能是多种多样的,有的原先是构造平原,受相反方向两条河流的切割而成为剥蚀准平原类型;有的原先是洪积扇或阶地,为几条支流同时切割而成了河间地块。河间地块的地表水分别流入各自的河流,地下水也分别补给各自的河流,地表水的分水岭常与地下水的分水岭相一致(岩溶地区除外),地下水位随地形的起伏而变化。

3.5　黄　土

黄土是一种具有特殊性状的黄色沉积土层,不完全具有下述黄土特征者(缺少其中的一项或两项),则称为黄土状土,黄土状土(Q_4^1)多分布于河流阶地的上部,底部有深褐色黑古土壤,褐黄色至黄褐色,具有大孔、虫孔和植物根孔,含少量小的钙质结核或小砾石。有时有人类活动遗物,土质较均匀。

黄土形成于第四纪,关于黄土的成因一直是个争论的问题。较早的观点主要有风成说、水成说。黄土在欧洲、北美、中亚都有分布,我国主要在北纬33°~47°,我国西北、华北、东北等较干旱地区都广泛分布，尤以黄河中游地区最为发育。这些区域，一般气候干燥，降水量少，蒸发量大，属于干旱、半干旱气候类型。黄土分布地区年降水量为250～600 mm。年降水量小于250 mm的地区黄土很少见，主要为沙漠和戈壁。

3.5.1 黄土的主要特征

黄土除含大量粉土颗粒外，其余主要为黏土颗粒（8%～26%）和砂粒（1%～29%）。粗颗粒的矿物成分以石英、长石和碳酸盐矿物为主；细颗粒者则主要是各种黏土矿物，如水云母、高岭石、蒙脱石等。黏土矿物、碳酸盐和其他一些易溶盐类常构成胶结物，使颗粒间具有微弱的联结。

黄土的主要特征如下：

（1）呈褐黄色或淡黄色，有时灰黄色。

（2）颗粒成分均一，以粉粒级颗粒（0.05～0.005 mm）为主，含量常为60%～70%以上，粒径大于0.25 mm少见。

（3）富含碳酸钙等可溶盐，且碳酸钙有时以钙质结核出现，又称姜石。

（4）结构疏松，孔隙比值较大（一般在1左右），并具有肉眼可见的大孔隙。

（5）层理不明显，垂直节理发育。

（6）遇水浸湿后迅速崩解并可引起地基突然沉陷，即湿陷性。

3.5.2 黄土的分类

3.5.2.1 黄土地层的划分

在我国北方按其形成时代，黄土地层的划分如表3-4所示。

表3-4 黄土地层的划分

<table>
<tr><th colspan="2">年代</th><th colspan="2">黄土名称</th><th colspan="2">成因</th><th>湿陷性</th></tr>
<tr><td rowspan="2">全新世 Q_4</td><td>近期 Q_4^2</td><td rowspan="3">新黄土</td><td>新近堆积黄土</td><td rowspan="2">次生黄土</td><td rowspan="2">以水成为主</td><td>强湿陷性</td></tr>
<tr><td>早期 Q_4^1</td><td>黄土状土</td><td rowspan="2">一般具湿陷性</td></tr>
<tr><td colspan="2">晚更新世 Q_3</td><td>马兰黄土</td><td rowspan="3">原生黄土</td><td rowspan="3">以风成为主</td></tr>
<tr><td colspan="2">中更新世 Q_2</td><td rowspan="2">老黄土</td><td>离石黄土</td><td>上部部分土层具湿陷性</td></tr>
<tr><td colspan="2">早更新世 Q_1</td><td>午城黄土</td><td>不具湿陷性</td></tr>
</table>

注：1. 测定黄土湿陷性的试验压力为200～300 kPa。

2. 深层离石黄土（Q_2）在大压力（超过300 kPa）作用下有时会呈现湿陷性。

3.5.2.2 黄土的野外特征表现

（1）新近堆积黄土 Q_4^2：多分布于河漫滩低级阶地，山间洼地的表面，黄土塬、峁的坡脚，洪积扇或山前坡积地带，老河道及填塞的沟槽洼地的上部，颜色为浅褐色至深褐色，或黄色至黄褐色，土质松散不均，多虫孔和植物根孔，有粉末状或条纹状碳酸盐结晶，含少量小砾石或钙质结核，有时有砖瓦碎块或朽木等。土的性质在垂直和水平分布上，规律性很差。由于土堆积时间较短，且位于土层的最上部，固结成岩作用很差，呈欠压密状态，土质松软，结构强度低。

（2）马兰黄土 Q_3：多分布于河流阶地和黄土塬、梁、峁的上部，以及黄土高原与河谷平原的过渡地带，底部有一层古土壤，作为与 Q_2 黄土的分界，浅黄色、褐黄色或黄褐色，土质均匀、大孔发育，具垂直节理，有虫孔及植物根孔，有少量小的钙质结核，呈零星分布。

（3）离石黄土 Q_2：分布于河流高阶地和黄土塬、梁、峁的黄土主体，夹有多层古土壤层，称"红三条"或"红五条"甚至更多，深黄色、棕黄色或黄褐色，土质较密实，有少量大孔。古土壤层下部钙质结核含量增多，粒径可达 5 ~ 20 cm，常成层分布成为钙质结核层。

（4）午城黄土 Q_1：第四纪早期沉积，底部与第三纪红黏土或砂砾层接触，古土壤层不多，淡红色或棕红色。土质较密实，有少量大孔。古土壤层下部钙质结核含量增多，粒径可达 5 ~ 20 cm，常成层分布成为钙质结核层。

3.5.3 黄土的湿陷性

多数天然状态的黄土在一定压力作用下，浸水后会迅速发生较大的沉陷，称为湿陷性。我国早更新世（Q_1）的黄土不具湿陷性，中更新世（Q_2）的黄土上部部分土层具湿陷性，晚更新世（Q_3）及全新世早期（Q_4^1）的黄土一般具湿陷性，近期（Q_4^2）的黄土具强湿陷性。

3.5.3.1 黄土的湿陷性及分类

不同地区、不同时代的黄土，湿陷程度有较大差别，甚至有的不具湿陷性。

在一定压力（覆盖土层的自重应力或自重应力和建筑物附加应力）作用下受水浸湿，土的结构迅速破坏，并发生显著的附加下沉，其强度也迅速降低的黄土称为湿陷性黄土。而在受水浸湿后，土的结构不破坏，并无显著附加下沉的黄土称为非湿陷性黄土。

黄土的湿陷性可引起建筑地基和边坡的变形破坏，尤其渠道和库岸可发生大范围的严重坍塌。发生湿陷的原因主要是结构疏松，黏土和盐类胶结物质抗水性差，水渗入后颗粒间的胶结被破坏。大孔隙有利于水的渗入并使土粒有可以移动的空间。其湿陷程度常用湿陷系数 δ_s 来衡量。

1. 湿陷系数 δ_s

湿陷系数 δ_s 可按下式计算

$$\delta_s = \frac{h_p - h_p'}{h_0} \tag{3-1}$$

式中 h_p——保持天然湿度和结构的土样，加压至一定压力时，下沉稳定后的高度，mm；

h_p'——上述加压稳定后的土样，在浸水作用下，下沉稳定后的高度，mm；

h_0——土样的原始高度，mm。

当 $\delta_s < 0.015$ 时，一般定为非湿陷性黄土；当 $\delta_s \geqslant 0.015$ 时，一般定为湿陷性黄土。

当 $0.015 \leqslant \delta_s < 0.03$ 时，湿陷性轻微；当 $0.03 \leqslant \delta_s \leqslant 0.07$ 时，湿陷性中等；当 $\delta_s > 0.07$ 时，湿陷性强烈。在选择建筑物设计措施时，需考虑黄土湿陷性的大小。

2. 湿陷起始压力

湿陷起始压力是指湿陷性黄土在某一压力作用下浸水后开始出现湿陷时的压力。如果实际作用于地基上的压力小于湿陷起始压力，地基即便浸水，也不会发生湿陷。湿陷起始压力可用室内压缩试验或现场载荷试验确定。测定湿陷系数的压力，自基础底面算起（初步勘察时，自地面下 1.5 m 算起），10 m 内的土层应用200 kPa，10 m 以下至非湿陷性土层顶面，应采用其上覆土的饱和自重压力（当大于300 kPa 时，应采用300 kPa），但对压缩性较高的新近堆积黄土，5 m 内的土层应用100～150 kPa，5～10 m 内的土层应用200 kPa。

试验结果表明：黄土的湿陷起始压力随着土的密度、湿度、胶结物含量以及土的埋藏深度等的增加而增加。

3.5.3.2 建筑场地湿陷类型

湿陷性黄土分为自重湿陷性黄土和非自重湿陷性黄土。黄土受水浸湿后，在上覆土层自重应力作用下发生湿陷的称自重湿陷性黄土；而若在自重应力作用下不发生湿陷，需在自重和外荷共同作用下才发生湿陷的称为非自重湿陷性黄土。划分自重和非自重湿陷性是按室内压缩试验，在土的饱和自重压力下测定自重湿陷系数来判定的。自重湿陷系数 δ_{zs} 按下式计算

$$\delta_{zs} = \frac{h_z - h_z'}{h_0} \tag{3-2}$$

式中 h_z——保持天然湿度和结构的土样，加压至土的饱和自重压力时，下沉稳定后的高度，mm；

h_z'——上述加压稳定后的土样，在浸水作用下，下沉稳定后的高度，mm；

h_0——试样的原始高度，mm。

自重湿陷系数 δ_{zs} 主要用于计算自重湿陷量，它本身并不作为判断黄土湿陷性的定量指标。

自重湿陷量 Δ_{zs}（mm）应按下式计算

$$\Delta_{zs} = \beta_0 \sum_{i=1}^{n} \delta_{zsi} h_i \tag{3-3}$$

式中 δ_{zsi}——第 i 层土的自重湿陷系数；

h_i——第 i 层土的厚度，mm；

β_0——因地区土质而异的修正系数，在缺乏实测资料时可按下列规定取值：陇西地区取 1.5，陇东—陕北—晋西地区取 1.2，关中地区取 0.9，其他地区取 0.5。

计算自重湿陷量 Δ_{zs} 应自天然地面算起（当挖、填方厚度和面积较大时，自设计地面算起），至其下全部湿陷性黄土层的底面为止，其中 $\delta_{zsi} < 0.015$ 的土层不累计。

当 $\Delta_{zs} \leq 70$ mm 时，一般定为非自重湿陷性黄土场地；当 $\Delta_{zs} > 70$ mm 时，一般定为自重湿陷性场地。

3.5.3.3 地基湿陷等级

湿陷性黄土地基的湿陷等级，应根据湿陷量的计算值和自重湿陷量的计算值等因素按表 3-5 判定。

表 3-5 湿陷性黄土地基的湿陷等级

湿陷量计算值 Δ_s(mm)	非自重湿陷性场地	自重湿陷性场地	
	$\Delta_{zs}\leqslant 70$ mm	70 mm $<\Delta_{zs}\leqslant 350$ mm	$\Delta_{zs}>350$ mm
$\Delta_s\leqslant 300$	Ⅰ(轻微)	Ⅱ(中等)	—
$300<\Delta_s\leqslant 700$	Ⅱ(中等)	Ⅱ(中等)或Ⅲ(严重)	Ⅲ(严重)
$\Delta_s>700$	Ⅱ(中等)	Ⅲ(严重)	Ⅳ(很严重)

注:当湿陷量的计算值 $\Delta_s>600$ mm,自重湿陷量的计算值 $\Delta_{zs}>300$ mm 时,可判定为Ⅲ级,其他情况可判定为Ⅱ级。

3.5.4 湿陷性黄土的工程措施

湿陷性黄土地基的设计和施工,除了必须遵循一般地基的设计和施工原则,还应针对建筑物的重要程度、黄土湿陷类型、湿陷等级以及施工条件等因素,因地制宜采取以地基处理为主,兼顾防水和结构的工程措施,具体如下:

湿陷性黄土地基处理的目的主要是改善土的物理力学性质,消除或减少地基因浸水而引起的湿陷变形。湿陷变形是由于地基被水浸湿引起的一种附加变形,往往是局部和突然发生,且不均匀,对建筑物破坏大,危害严重。因此,湿陷性黄土地区的建筑物不论地基承载力是否达到容许承载力,都应对地基进行处理,前者以消除湿陷性为目的,后者以提高承载力为主,同时应消除黄土的湿陷性。国内目前较常用的处理方法有换土垫层法、强夯法、土(或灰土)桩挤密法、预浸水法、桩基础法及化学加固法等,适用范围及可处理的湿陷性黄土层厚度见表 3-6。

表 3-6 湿陷性黄土地基常用的处理方法

内容	适用范围	可处理的湿陷性黄土层厚度(m)
换土垫层法	地下水位以上,局部或整片处理	1 ~ 3
强夯法	地下水位以上,$S_r\leqslant 60\%$ 的湿陷性黄土,局部或整片处理	3 ~ 12
土(或灰土)桩挤密法	地下水位以上,$S_r\leqslant 65\%$ 的湿陷性黄土	5 ~ 15
预浸水法	自重湿陷性黄土场地,地基湿陷等级为Ⅲ级或Ⅳ级	可消除地面下 6 m 以下湿陷性黄土层的全部湿陷性;6 m 以上,尚应采用垫层或其他方法处理
桩基础法	有可靠持力层的建筑场地	≤30
化学加固法	地下水位以上,渗透系数为 0.50 ~ 2.00 m/d 的湿陷性黄土	2 ~ 5

3.5.4.1 防水措施

防水措施是用以防止大气降水、生产和生活用水以及污水浸入建筑物地基,消除黄土发生湿陷的外在条件。基本措施包括:做好场地平整和排水系统,防止地面积水;压实建筑物四周地表土层，做好散水，防止雨水直接渗入地基；排水管道与房屋间要有一定防护距离；提高防水设施的材料标准，避免漏水浸泡局部地基土；施工阶段的临时性排水、防水工作等。

3.5.4.2 **结构措施**

结构措施的作用是增强建筑物适应或抵抗因湿陷引起的不均匀沉降的能力，避免或减轻由此造成的危害。具体措施包括：选择适宜的结构体系和基础形式；加强结构的整体性和空间刚度；墙体宜选用轻质材料；预留适应沉降的净空等。

在上述措施中，地基处理是主要的工程措施。当地基不处理或仅消除地基的部分湿陷量时，应注意采取必要的防水、结构措施。如地基处理已能消除全部地基土的湿陷性，可不必考虑其他措施。

小　结

本章主要介绍了地貌及第四纪沉积物、河流堆积地貌和侵蚀地貌的分类及特点，第四纪沉积物成因类型繁多，主要有残积、坡积、冲积、洪积、冰积等，不同成因类型具不同物理力学性质，表现出的工程特性不同，所以要熟悉主要第四纪沉积物的工程特性；黄土的湿陷性可引起建筑地基和边坡的变形与破坏，要掌握湿陷性黄土的主要特征及处理措施。

复习思考题

一、单选题

1. 在第四纪历史上发生的两大变化是(　　)

A. 人类出现，火山活动　　B. 构造作用，冰川作用

C. 人类出现，冰川作用　　D. 人类出现，构造作用

2. 洪积成因的洪积土，一般是(　　)

A. 分选性差的粗碎屑物质

B. 具有一定分选作用的碎屑物质

C. 分选性好的砂土和黏性土物质

D. 具有离山远近而粗细不同的分选性现象

3. 河流堆积作用的地貌单元为(　　)

A. 冲积平原，冲积扇　　B. 冲积平原，河口三角洲

C. 河漫滩，河口三角洲　　D. 沼泽地，河间地块

4. 牛轭湖地区的沉积物主要是(　　)

A. 泥炭、淤泥　　B. 泥沙、泥炭　　C. 黏土、淤泥　　D. 泥沙、淤泥

5. 洪积扇的沉积物一般分为上部、中部和下部三部分，对它们的工程地质特征说法不正确的是(　　)

A. 上部为粗碎屑沉积地段，强度高，压缩性小，透水性强，地基承载力高

B. 下部为细碎屑沉积地段，多为黏性土

C. 中部为粗细过渡带，其地基承载能力比下部好

D. 以上说法都不对

6. 阶地级数越高，则其形成时代一般(　　)

A. 越早　　B. 越晚　　C. 无法确定

二、多选题

1. 下列哪些黄土可能具有湿陷性？(　　)

A. 马兰黄土　　B. 离石黄土　　C. 午城黄土　　D. 黄土状黄土

2. 属于地貌基本要素的有(　　)

A. 山坡面　　B. 分水线　　C. 山坡转折点　　D. 冲出锥

3. 下列属于黄土特征的有(　　)

A. 层理不明显，垂直节理发育　　B. 富含碳酸钙等可溶盐

C. 结构疏松　　D. 具湿陷性

4. 属于大陆流水堆积地貌类型的有(　　)

A. 洪积　　B. 冲积　　C. 湖泊堆积　　D. 坠积

三、简答题

1. 试述第四纪沉积物的主要内容及特征。

2. 河谷由哪些部分组成？试绘制河谷横剖面图。

3. 什么是牛轭湖？试绘图说明其形成过程。

4. 什么叫黄土的湿陷性？评价其湿陷程度的指标是什么？

5. 建筑场地的湿陷类型有哪些？地基的湿陷等级是如何划分的？

6. 湿陷性黄土地基的处理措施有哪些？

第4章　水流的地质作用

【学习目标】 掌握河流的地质作用及地下水的类型;熟悉潜水和承压水等的特征及主要水文地质图的判读方法;了解泉的形成及类型。

【重点】 河流的地质作用,潜水和承压水的特征。

【难点】 潜水等水位线图和承压水等水压线图的应用。

4.1　河流的地质作用

河流与工程建设的关系极为密切。路桥工程中有相当一部分是建立在河流峡谷、阶地、盆地和洪水冲积扇等一定形态的河流地貌单元中的,而有些河流地貌往往是地下水贮存的良好场所。

河流是沿着槽形凹地经常性或周期性的流水。河水流动时会对河床进行冲刷破坏,并将所侵蚀的物质带到适当的地方沉积下来,故河流的地质作用可分为侵蚀作用、搬运作用和沉积作用三种。

4.1.1　河流的地质作用

4.1.1.1　河流的侵蚀作用

河流以河水及其所携带的碎屑物质,在河水流动过程中,不断冲刷破坏河谷、加深河床的作用,称为河流的侵蚀作用。河流侵蚀作用的方式包括机械侵蚀和化学溶蚀两种,前者是河流侵蚀作用的主要方式,后者只在可溶岩类地区的河流才表现得比较明显。按照河流侵蚀作用的方向,侵蚀作用分垂直侵蚀、侧方侵蚀和向源侵蚀三种。

1. 垂直侵蚀作用

河水及其携带的砂砾在从高处不断向低处流动的过程中,不断撞击、冲刷、磨削和溶解河床岩石使河床降低、河谷加深的作用,称为河流的垂直侵蚀作用,简称下蚀作用。这种作用的结果是使河谷变深、谷坡变陡。河流的下蚀作用并非无止境的,下蚀作用的极限平面称为侵蚀基准面,如海平面(终极)、湖面(局部)。下蚀作用可使跨河建筑物(桥墩)的地基遭受破坏,所以这些建筑物基础埋置深度应大于下蚀作用的深度,并对基础采取保护措施。

2. 侧方侵蚀作用

侧方侵蚀作用又称旁蚀作用或侧蚀作用,是指河水对河流两岸的冲刷破坏使河床左右摆动、谷坡后退、不断拓宽河谷的过程。侧蚀作用的结果是加宽河床、谷底,使河谷形态复杂化,形成河曲、凸岸、古河床和牛轭湖。侧蚀作用主要发生于河流的中下游地区。自然界的河流都是蜿蜒曲折的,河水也不是直线流动的,而是呈螺旋状的曲线流动的;河水开始进入弯道时,主流线则偏向弯道的凸岸;进入弯道后,主流线便明显地逐渐向凹岸转移;至河湾顶部,主流线则紧靠凹岸。在河弯处,水流因受离心力的作用,形成表流偏向凹岸而底流流向凸岸的离心横向环流(见图4-1)。

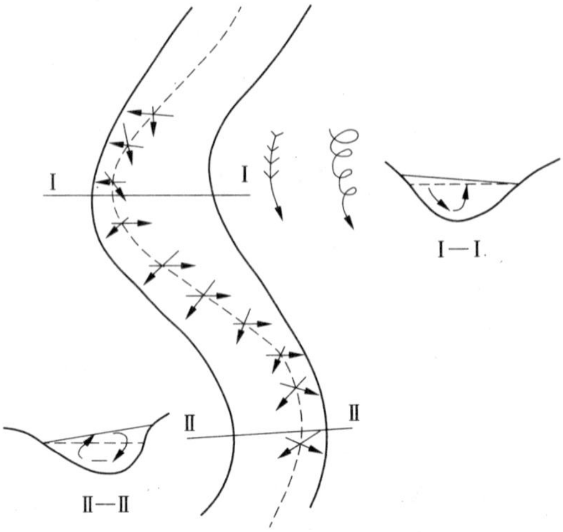

图4-1 河流侧向侵蚀示意图

河床在宽阔的谷底中犹如长蛇爬行般的迂回曲折、左右摆动。这种极度弯曲的河床称为蛇曲。蛇曲进一步发展,使同侧相邻的两个河弯的凹岸逐渐靠拢,当洪水切开两个相邻河弯的狭窄地段时,河水便从上游河弯直接流入下游相邻的河弯,形成河流的自然裁弯取直。而中间被废弃的弯曲河道,逐渐淤塞断流变为湖泊,叫作牛轭湖。

3. 向源侵蚀作用

向源侵蚀作用又称溯源侵蚀作用,是指由于河流下切的侵蚀作用而引起的河流源头向河间分水岭不断扩展伸长的现象。向源侵蚀的结果是使河流加长,同时扩大河流的流域面积,改造河间分水岭的地形并发生河流袭夺现象。

4.1.1.2 河流的搬运作用

河流将其携带的大量碎屑物质和化学溶解物质不停地向下游方向输送的过程,称为河流的搬运作用。河流拥有巨大的搬运能力,而搬运能力取决于流量和流速;按埃里定律,搬运物质重量与流速的6次方成正比($G = Cv^6$),即流速增加1倍,搬运能力增加64倍。由搬运作用搬运的碎屑物质数量之大,是人们难以想象的。据统计,全世界河流每年输入海洋的泥沙总量约200亿t。搬运物质主要来源于两个方面:一是流域内由片流洗刷作用和洪流冲刷侵蚀作用产生的物质,二是由河流对自身河床的侵蚀作用产生的物质。

河水搬运方式有以下三种:在上游由于流速大,土石颗粒(体积$1 \sim 100\ m^3$)沿河床滚动、滑动,以拖运(推运)为主;在中下游,泥沙大小和数量随流速改变,以悬运为主;在含可溶性物质的河流里,河水搬运以溶运为主。

4.1.1.3 河流的沉积作用

河水在搬运过程中,由于流速和流量的减小,搬运能力也随之降低,而使河水在搬运中的一部分碎屑物质从水中沉积下来的过程,称为河流的沉积作用,由此形成的堆积物称为河流的冲积物。河流的冲积物(层)特征:磨圆度良好、分选性好、层理清晰。河流的沉积作用,造成河道的淤塞以及浅滩、水库的淤积。

归纳上述河流的地质作用,可发现促使河流地质作用不断进行和发展的是水流。水流同时进行着两种相互依存和相互制约的作用,即侵蚀作用和沉积作用。这两种作用是同时存在的,河流某一段遭受侵蚀,另一段就会发生沉积,且在同一个横断面上就可能同时进行着这两种作用。河流的搬运作用,可以认为是以上两种作用处于暂时平衡的结果。虽然这三种作用可以在同一断面上存在,但往往在河流上游以侵蚀作用为主;中游处于平衡状态,以搬运作用为主;而下游则以沉积作用为主。

4.1.2 水系

4.1.2.1 水系模式

在一定地区内的地面径流通过若干支流汇入一条主干河流,这一广阔的集水区域称为该主干河流的流域。在流域范围内,主干河流源远流长,拥有众多大小不同的各级支流,形成复杂的同一系统、脉络相通的地表水体,总称为水系。水系中干流与各级支流的组合形式则称为水系模式。水系模式是各种内外地质应力作用的产物,受流域内原始地形坡度、岩石性质、地质构造、新构造运动和自然环境等因素的控制,在平面上表现为有规律的排列组合。通过对水系模式的分析研究,可以推测流域内地质构造和地壳新构造运动的大致情况。常见的水系模式有下列几种:树枝状水系、格状水系、平行状水系、辐合水系、放射状和环状水系、羽毛状水系、网状水系。

4.1.2.2 分水岭迁移与河流袭夺

分水岭是指相邻两个流域之间的山岭或高地。流域的范围是由四周的地面分水岭圈定的,在分水岭地区,由大气降水形成的地表径流分别流入山岭或高地两侧的河流。

分水岭两侧的坡度常常是不对称的,因而直接影响着两侧河流向源侵蚀的速度。向源侵蚀速度快的一侧,河流源头便较快地向分水岭伸展,使分水岭不断降低,并向坡度较缓的一侧移动(见图4-2)。同时,河床高程较低而侵蚀能力强的河流最终切穿分水岭,并把另一侧河床高程较高而侵蚀能力弱的河流上游河段抢夺过来,使原来流入其他流域的部分河流改为流入切过分水岭的河流,造成抢水,又称河流袭夺。抢水的河流称为袭夺河,被抢水的河流称为被夺河。被夺河下游由于上游改道而水量变小,源头截断,称为断头河。在发生袭夺处,河道往往成90°突然拐弯,称为袭夺弯。断头河与袭夺弯之间,原为被夺河的原河谷,因水流断绝就成为新的分水高地,其原河谷形态仍有保留,此称为风口。若分水岭两侧坡度比较一致,两侧河流向源侵蚀的速度也大体相同,则不会发生抢水,只是均匀地降低分水岭高度。

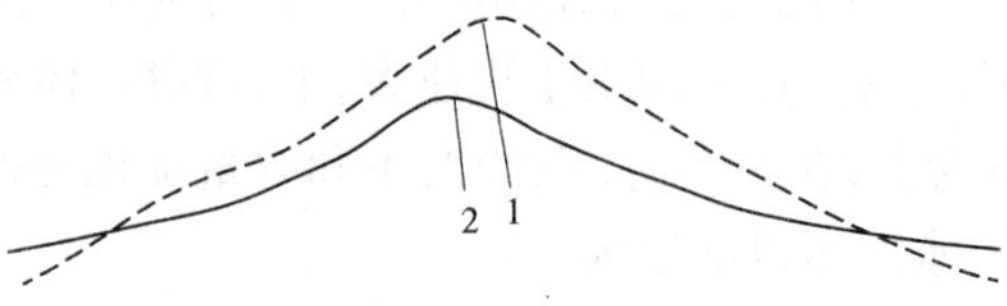

1—原先分水岭;2—现在分水岭

图4-2 分水岭的迁移

4.2 地下水的特征

4.2.1 地下水的基本概念

地下水是指赋存于地表以下岩土体孔隙、裂隙和空洞中的水，它可以呈各种物理状态存在，但大多呈液态。地下水主要是由大气降水、融雪水和地表水（河水、湖水、海洋水等）沿着地表岩土体的孔隙、裂隙和空洞渗入地下而形成的。另外，在降水量很小的干旱地区，空气中的水蒸气进入岩土的孔隙和裂隙中凝结成水滴，水滴在重力作用下向下流动，也可聚积成地下水。因此，地下水是整个自然界不断循环着的水的一部分。

一般把包含地下水的岩土层叫含水层，能使水通过的岩土层叫透水层，透水性很小或不透水的岩土层叫隔水层。在含水层中，地下水能形成一定的统一水面，叫地下水面，地下水面的高程叫地下水位。地面以下、地下水面以上的岩土空隙中，含有气态和其他状态的水，也含有空气和其他气体，地壳的这一部分称为包气带。地下水面以下的岩土空隙中充满了水，称为饱水带。在包气带与饱水带之间，有一个毛细水带，是二者的过渡带（见图4-3）。

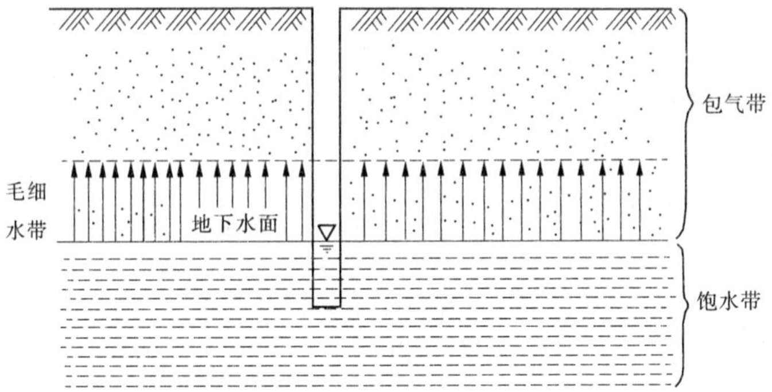

图4-3 地下水的垂直分带

地下水在地壳中的分布十分普遍，贮藏量很大。据估计，全球地下水的总量约为4亿 km^3，如果把这些水平均铺在地球表面上，则水深可达750 m。因此，地下水无论是对人民生活还是对工程建设都有着十分重要的意义。

4.2.2 地下水的存在形式

岩土空隙中存在着各种形式的水，按其物理性质的不同，可以分为气态水、液态水（吸着水、薄膜水、毛管水和重力水）和固态水。

4.2.2.1 气态水

气态水以水蒸气形式存在于未被水饱和的岩土空隙中，它可以从水汽压力大的地方向水汽压力小的地方运移，当温度降低到露点时，气态水便凝结成液态水。

4.2.2.2 液态水

土颗粒表面及岩石空隙壁面均带有电荷，由于水是偶极体，在静电引力作用下，岩土颗粒或隙壁表面可吸附水分子而形成一层极薄的水膜，称为吸着水；在吸着水膜的外层，还能吸附水分子而使水膜加厚，这部分水称薄膜水；毛管水指充满于岩土毛管空隙中的水，也称毛细水；岩石的空隙全部被水充满时，在重力作用下能自由运动的水，称为重力水。井中抽取的和泉眼流出的地下水，都是重力水。重力水是水文地质研究的主要对象。

4.2.2.3 固态水

当岩土中温度低于0 ℃时，空隙中的液态水就结冰转化为固态水。因为水冻结时体积膨胀，所以冬季在许多地方会有冻胀现象。在东北北部和青藏高原等高寒地区，有一部分地下水多年保持固态，形成多年冻土区。

4.2.3 地下水分类

由于地下水本身非常复杂而且其影响因素多种多样，所以地下水的分类方法很多，但归纳起来有两种基本分类法：一是按地下水的某一特征进行分类，如按地下水的硬度分类、按矿化度分类等；二是综合考虑地下水的若干个特征进行分类，如表4-1所列按埋藏条件和含水层空隙性质的分类法，是目前采用比较普遍的分类法。首先按埋藏条件可将地下水分为包气带水、潜水和承压水，另外根据含水层空隙性质又可分为孔隙水、裂隙水和岩溶水（见图4-4）。

表4-1 地下水分类

埋藏条件	含水层空隙性质		
	孔隙水	裂隙水	岩溶水
包气带水	局部黏性土隔水层上季节性存在的重力水（上层滞水）	裂隙岩层浅部季节性存在的重力水及毛细水	裸露的岩溶化岩层上部岩溶通道中季节性存在的重力水
潜水	各类松散堆积物浅部的水	裸露于地表的各类裂隙岩层中的水	裸露于地表的岩溶化岩层中的水
承压水	山间盆地及平原松散堆积物深部的水，向斜构造的碎屑岩孔隙中的水	组成构造盆地、向斜构造或单斜断块的被掩覆的各类裂隙岩层中的水	组成构造盆地、向斜构造或单斜断块的被掩覆的岩溶化岩层中的水

4.2.4 各类地下水特征

4.2.4.1 包气带水

1. 土壤水

土壤水是埋藏在包气带土层中的水，主要以结合水和毛管水形式存在，靠大气降水的渗入、水汽的凝结及潜水由下而上的毛细作用补给。大气降水或灌溉水向下渗入必须通过土壤层，这时渗入水的一部分保持在土壤层中，成为所谓的田间持水量，多余部分呈重力水下渗补给潜水。土壤水主要消耗于蒸发过程中，水分变化相当剧烈，并受大气条件的制约。当地下水面埋藏不深，毛细水带可达到地表时，土壤水分强烈蒸发，盐分不断积累

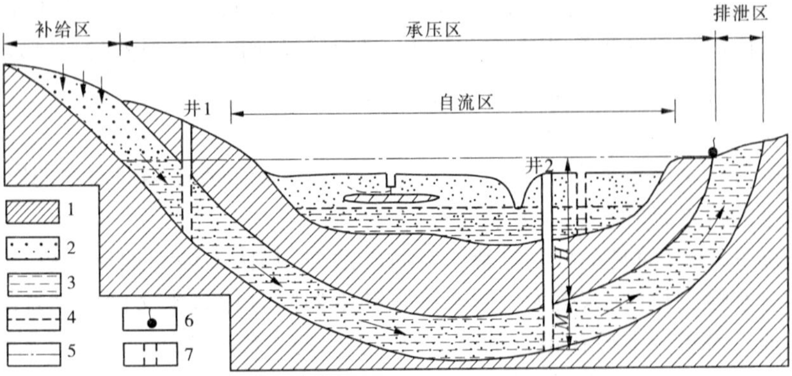

1—隔水层;2—透水层;3—饱水部分;4—潜水位;5—承压水位;6—上升泉;7—水井;
H—承压水头;M—含水层厚度;井1—承压井;井2—自流井

图4-4 潜水、承压水和上层滞水

于土壤表层,会造成土壤盐渍化。

2. 上层滞水

上层滞水是存在于包气带中局部隔水层之上的重力水。

上层滞水的特点是:分布范围有限,补给区与分布区一致;直接接受当地的大气降水或地表水补给,以蒸发或逐渐向下渗透的形式排泄;水量不大且随季节变化显著,雨季出现,旱季消失,极不稳定;水质变化大,一般较易被污染。

上层滞水由于水量小且极不稳定,只能作为临时性的水源。

在建筑工程中,上层滞水的存在是不利的因素。基坑开挖工程中经常遇到这种水,这种水可能突然涌入基坑,妨碍施工,应注意排除;但由于其水量不大,因此易于处理。

4.2.4.2 潜水

1. 潜水的概念

潜水是埋藏在饱水带中的地表以下第一个具有自由水面的含水层中的重力水,一般多贮存在第四纪松散沉积物中,也可形成于裂隙性或可溶性基岩中,其基本特点是与大气圈和地表水联系密切,积极参与水循环。

潜水的自由表面称潜水面。潜水面上任一点的高程称该点的潜水位。潜水面到地表的铅直距离称潜水埋藏深度。潜水埋藏深度随所处的时间和空间的不同而变化,主要受气候、地形及地质构造的影响。同样,人类活动(开采、回补)也影响潜水埋藏深度。

潜水面到隔水底板的铅直距离称潜水含水层厚度,它是随潜水面变化而变化的。当大面积不透水底板向下凹陷,潜水面坡度近于零,潜水几乎静止不动时,称潜水湖;潜水在重力作用下从高处向低处流动时,称潜水流;在潜水流的渗透途径上,任意两点的水位差与该两点之间的水平距离之比,称潜水流在该段的水力坡度。一般潜水流的水力坡度很小,平原区常为千分之几,山区可达百分之几。

潜水含水层的分布范围称潜水分布区;大气降水或地表水渗入补给潜水的地区称潜水补给区。一般情况下潜水的分布区与补给区基本一致。潜水出流的地方称潜水排泄区。

潜水补给来源充沛，水量比较丰富，是重要的供水水源；但在居民区和厂矿附近易被污染。潜水水质因气候和地形影响变化较大，湿润气候地形切割强烈时，易形成含盐量低的淡水，干旱气候低平地形的，常形成含盐量高的咸水。

2. 潜水面的形状及其影响因素

潜水面的形状是潜水的重要特征之一，它一方面反映外界因素对潜水的影响，另一方面也反映潜水的特点，如流向、水力坡度等。

一般情况下，潜水面是呈现向排泄区倾斜的曲面，起伏大体与地形一致，但较地形平缓。潜水的分水岭，只有在获得大气降水渗入补给的同时伴有水文网切割且潜水排出地表时才能形成。潜水分水岭在铅直剖面上为一上凸的半椭圆曲线。潜水分水岭的位置取决于分水岭两侧的河水位，当河水位同高程且岩性又均匀时，分水岭位于中间；当河水位不同高程时，分水岭偏向高水位一侧，甚至可能消失；如河间地带岩性是渐变的，则分水岭偏向弱透水性一侧。

潜水面的形状和坡度还受含水层岩性、厚度、隔水底板起伏的影响。当含水层的岩性和厚度沿水流方向发生变化时，潜水面的形状和坡度也相应地发生变化。在透水性增强或厚度增大的地段，潜水面趋于平缓；反之则变陡。在隔水底板隆起的地段，潜水流中途受阻，在此段上水流厚度变薄，潜水面可接近地表，甚至溢出地表形成泉。

3. 潜水的补给、径流和排泄

潜水含水层自外界获得水量的过程称补给。在补给过程中潜水的水质可随之发生相应的变化。潜水最普遍的和最大的补给源是大气降水渗入。地表水也是地下水重要的补给源，当它们具有水力联系且地表水面高于潜水面时，可对潜水进行补给。例如，在大河中上游地段，洪水期河水位往往高于附近的潜水位而补给潜水；在下游地段，因河床处于地形高处，河水常年补给潜水。当潜水下部承压含水层的承压水位高于潜水位时，下部含水层的水可以通过它们之间的弱透水层补给潜水，这种补给称越流补给。在干旱气候区，凝结水则可成为潜水的重要补给源。需要时潜水也可采用人工补给方式补给。

潜水由补给区流向排泄区的过程称径流。影响潜水径流的因素，主要是地形坡度、切割程度及含水层透水性。若地面坡度大、地形切割强烈、含水层透水性强，则径流条件就好，反之则差。

潜水含水层失去水量的过程称排泄。排泄过程中潜水的水质也可随之发生变化。潜水排泄概括起来有两种方式：一种为水平排泄，亦称水平交替（如泉、泄流）；另一种为垂直排泄，亦称垂直交替（如蒸发）。排泄方式不同，产生的影响也不一样。垂直排泄时，只排泄水分，不排泄水中的盐分，结果是潜水水分消耗，含盐量增加，甚至改变水的化学组成。许多干旱盆地中心会形成高含盐量的咸水，即是垂直排泄的结果。水平排泄，既消耗水分又消耗水中盐分，所以不会引起潜水化学组成的改变。

排泄与径流二者是密切相关的，一定的径流条件产生与其相适应的排泄方式，如径流条件好的山区河流中游地区，潜水排泄以水平方式为主；径流条件不好的平原或河流下游，主要是垂直排泄方式。人工开采潜水也是排泄的一种。

潜水从补给到排泄是通过径流完成的。因此，潜水的补给、径流和排泄组成了潜水运动的全过程。潜水在运动过程中，其水质、水量都不同程度地得到更新置换，这种更新置换称为水交替。水交替的强弱取决于径流条件的强弱及补给量的多少。水交替的速度随深度增加而减缓。

4. 潜水等水位线图

潜水面反映了潜水与地形、岩性和气象水文等之间的关系，同时能表现出潜水的埋藏、运动和变化的基本特点。因此，为能清晰地表示潜水面的形态，通常采用两种图示方法，并相互配合使用。

一种方法是以平面图的形式表示的，即将潜水面上各测点（井、孔、泉等）的水位标在地形图上，画出一系列水位相等的线，这种图称为等水位线图（见图 4-5），其绘制方法与绘制地形等高线图一样。由于潜水面经常发生变化，因此绘制等水位线图时，各测点水位资料的时间应大致相同，并应在等水位线图上注明。通过不同时期等水位线图的对比，有助于了解潜水的动态。一般，在一个地区应绘制潜水的最高水位和最低水位时期的两张等水位线图。

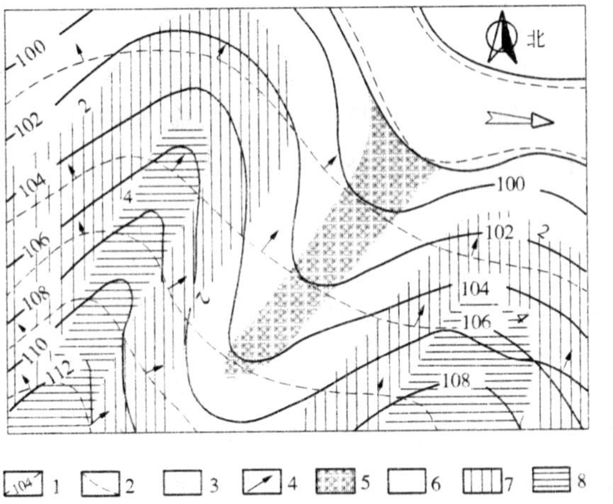

1—地形等高线；2—等水位线；3—等埋深线；4—潜水流向；5—埋深为 0 区（沼泽地）；
6—埋深为 0 ~ 2 m 区；7—埋深为 2 ~ 4 m 区；8—埋深大于 4 m 区

图 4-5　潜水等水位线图

根据等水位线图可以了解以下情况：

（1）确定潜水的流向及水力坡度。垂直于等水位线且自高等水位线指向低等水位线的方向，即为流向。图 4-5 中箭头方向即为潜水流向。在流动方向上，取任意两点的水位高差，除以两点在平面上的实际距离，即此两点间的平均水力坡度。

（2）确定潜水与河水的相互关系。潜水与河水一般有如下三种关系：河岸两侧的等水位线与河流斜交，锐角都指向河流的上游，表明潜水补给河水（见图 4-6(a)），这种情况多见于河流的中上游山区；等水位线与河流交的锐角在两岸都指向河流下游，表明河水补给两岸的潜水（见图 4-6(b)），这种情况多见于河流的下游；等水位线与河流斜交，表明一岸潜水补给河水，另一岸则相反（见图 4-6(c)），一般在山前地区的河流有这种情况。

（3）确定潜水面埋藏深度。潜水面的埋藏深度等于该点的地形高程与潜水位之差。根据各点的埋藏深度值，可绘出潜水等埋深线。

(4)确定含水层厚度。当等水位线图上有隔水层顶板等高线时，同一测点的潜水位与隔水层顶板高程之差即为含水层厚度。

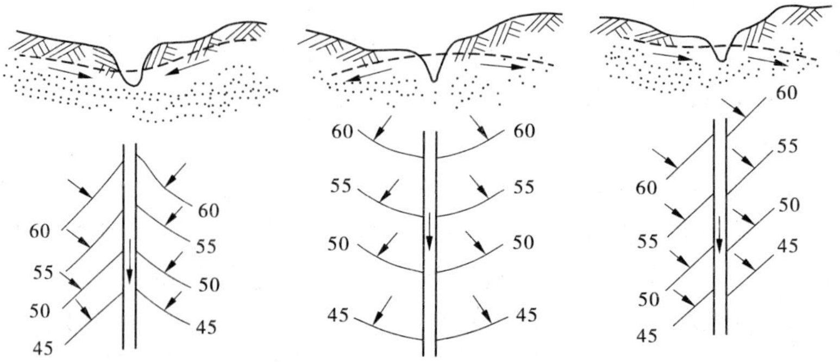

(a)潜水补给河水　(b)河水补给潜水　(c)河水与潜水互补

图4-6　潜水与河水补给关系

另一种方法是以剖面图的形式表示的，即在地质剖面图的基础上，绘制出有关水文地质特征的资料（如潜水位和含水层厚度等）。在水文地质剖面图上，潜水埋藏深度、含水层厚度、岩性及其变化、潜水面坡度、潜水与地表水的关系等都能清晰地表示出来。

4.2.4.3　承压水

1.承压水及其特征

承压水是指充满在两个稳定隔水层之间的含水层中并具有承压性质的地下水。由于隔水顶板的存在，承压含水层能明显地划分出补给区、承压区和排泄区三部分（见图4-7）。

承压区中地下水承受静水压力，当钻孔打穿隔水顶板时所见的水位，称为初见水位。随后，地下水上升到含水层顶板以上某一高度稳定不变，这时的水位（即稳定水面的高程）叫承压水位。承压水位如高出地面，则地下水可以溢出或喷出地表，如图4-4中井2位置，所以通常又称承压水为自流水。承压水位与隔水层顶板的距离称为水头，水头高出地面者称为正水头，水头低于地面者称为负水头。承压水与潜水相比具有以下特征：

(1)承压水具有静水压力，承压水面（实际并不存在）是一个等势面（水压面的深度不能反映承压水的埋藏深度）。

(2)承压水的补给区和承压区不一致。

(3)承压水的水位、水量、水质及水温等受气象水文因素的影响较小。

(4)承压含水层的厚度稳定不变，不受季节变化的影响。

(5)水质不易受污染。

基岩地区承压水的埋藏类型主要取决于地质构造，即在适宜的地质构造条件下，孔隙水、裂隙水和岩溶水均可形成承压水。最适宜形成承压水的地质构造有向斜构造和单斜构造两类。

向斜储水构造又称为承压盆地，其规模差异很大，四川盆地是典型的承压盆地，小型的承压盆地一般面积只有几平方千米，它由明显的补给区、承压区和排泄区组成（见图4-4）。

单斜储水构造又称为承压斜地，它的形成可以是由于含水层岩性发生相变或尖灭，也可以是由于含水层被断层所切(见图 4-7)。

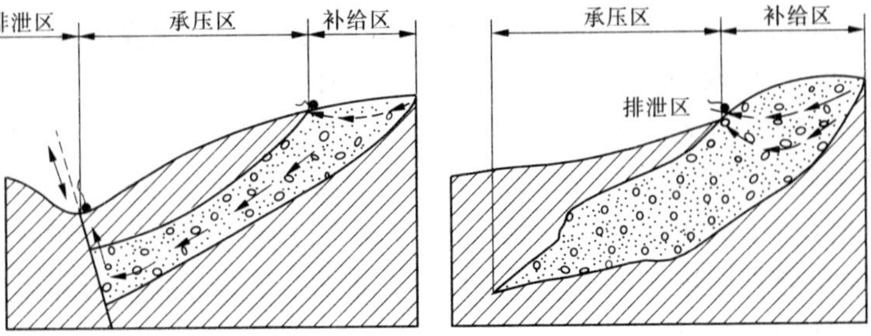

(a)断层斜地　　(b)含水层尖灭构造斜地

图 4-7　承压斜地

2. 等水压线图

等水压线图就是承压水面的等高线图(见图 4-8),这是根据相近时间测定的各井孔的承压水位资料绘制的。如果在图中同时绘出含水层顶板及底板等高线,这样就和等水位线图一样,可以确定承压水的流向,计算水力坡度,确定承压水位和承压水含水层的埋

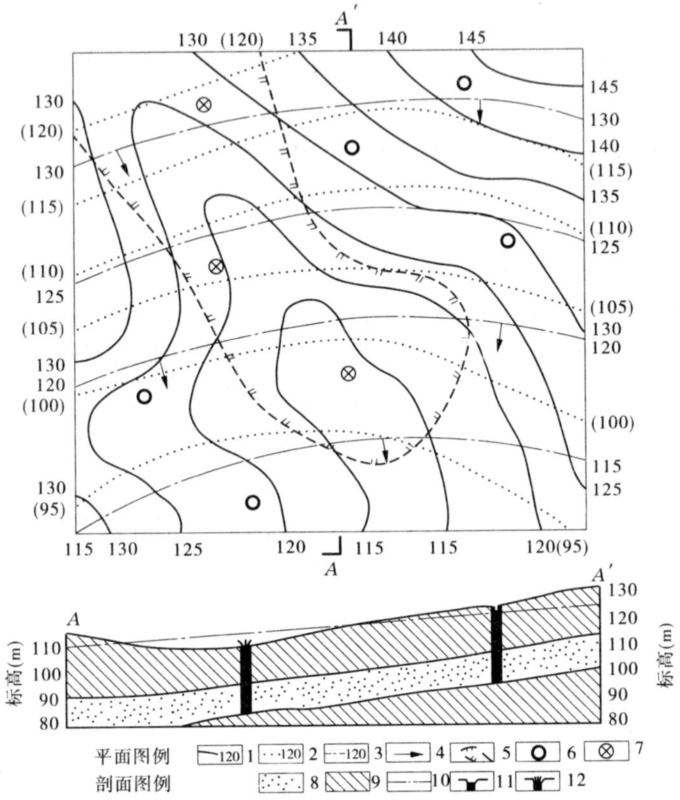

1—地形等高线;2—含水层顶板等高线;3—等测压水位线;4—地下水流向;5—承压水自溢区;6—钻孔;7—自喷钻孔;8—含水层;9—隔水层;10—测压水位线;11—钻孔;12—自喷孔

图 4-8　承压水等水压线图　(单位:m)

深，明确水头的大小以及含水层的厚度等。

例如，根据图 4-8 可确定地面绝对高程、承压水位、含水层顶板绝对高程、含水层距地表深度（地面绝对高程减含水层顶板绝对高程）、稳定水位距地表深度（地面绝对高程减承压水位）、水头（承压水位减含水层顶板绝对高程）。

3. 承压水的补给、径流和排泄

承压水的补给方式一般为：当承压水补给区直接出露于地表时，大气降水是主要的补给来源；当补给区位于河床或湖沼地带时，地表水可以补给承压水；当补给区位于潜水含水层之下时，潜水便直接排泄到承压含水层中。此外，在适宜的地形和地质构造条件下，承压水之间还可以互相补给。

承压水的排泄有如下形式：承压含水层排泄区裸露于地表时，承压水以泉的形式排泄并可能补给地表水；承压水位高于潜水位时，承压水排泄于潜水并成为潜水的补给源；在某些地形或负地形条件下，承压水也可以形成向上或向下的排泄。

承压水的径流条件取决于地形、含水层透水性、地质构造及补给区与排泄区的承压水位差。承压含水层的富水性则与承压含水层的分布范围、深度、厚度、空隙率、补给来源等因素密切相关。一般情况下，若承压水分布广、埋藏浅、厚度大、空隙率高，水量就较丰富且稳定。

承压水径流条件的好坏及水交替的强弱，决定了水质的优劣及其开发利用的价值。

4.2.4.4 孔隙水

孔隙水主要贮存于松散沉积物孔隙中，由于颗粒间孔隙分布均匀密集、相互连通，因此其基本特征是分布均匀连续，多呈层状，并具有统一的水力联系。

1. 冲积层中的地下水

冲积物（层）是经常性流水形成的沉积物，它分选性好，层理清晰。在河流上、中、下游或河漫滩、阶地的岩性结构及厚度各不相同，这就决定了其中孔隙水的特征和差异。

（1）河流中、上游冲积层中的地下水。河流上游峡谷内冲积砂砾、卵石层分布范围狭窄，但透水性强、富水性好、水质优良，是良好的含水层，因此冲积层中的地下水位和水量随河水与季节的变化而变化。河流中游河谷两侧的低阶地，尤其是一级阶地与河漫滩，是富水区。

（2）河流下游平原冲积层中的地下水。冲积平原上，常埋藏有由颗粒较粗的冲积砂组成的古河道，其中贮存有水量丰富、水质良好且易于开采的浅层淡水。

河流下游平原的冲积层，常与不同时期和不同成因的其他砂砾石沉积组合成统一的、巨厚的砂砾—砂质含水岩系，构成规模大、水量多的地下水盆地，且具良好的水质，常成为不可多得的灌溉或供水水源地。

2. 洪积层中的地下水

洪积层广泛分布于山间盆地和山前的平原地带，常呈扇状地形，故又称洪积扇。根据地下水埋深、径流条件及化学特征，可将洪积扇中的地下水大致分为深埋带、溢出带和下沉带三个带（见图 4-9）。

（1）深埋带：又称径流带，在顶部靠近山区，地形坡度较陡，粗砂砾石层堆积，有良好的渗透性和径流条件，水的矿化度低（小于 1 g/L），为重碳酸盐型水，故又称地下水盐分溶滤带，埋深十几米到几十米。

（2）溢出带：地形变缓，细砂、亚砂、亚黏土等交错沉积，渗透性变弱，径流受阻，形成壅水，出露成泉，水的矿化度增高，为重碳酸—硫酸盐型水，故又称盐分过路带。

（3）下沉带：由黏土和粉砂夹层组成，岩层渗透性极弱、径流很缓慢，蒸发强烈，以垂直交替为主，由于河流排泄作用，地下水埋深比溢出带稍有加强，又称潜水下沉带，因地下水埋深仍很浅，在干旱、半干旱条件下，蒸发强烈进行，水的矿化度急剧增加（大于 3 g/L），为硫酸—氯化物或氯化物型水，地表盐渍化，又称盐分堆积带。

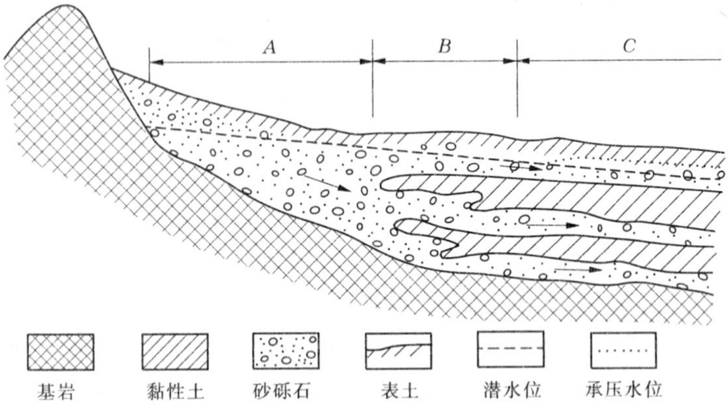

A—只有潜水位区；B—潜水位与承压水位重合区；C—承压水位高于潜水位区

图 4-9　山前洪积扇地下水分带

上述洪积层中的地下水分带规律，在我国北方具有典型性；而南方多雨，缺少水质的明显分带性，地下水多为低矿化度的重碳酸盐型水。

4.2.4.5　裂隙水

裂隙水是指贮存于基岩裂隙中的地下水。岩石中裂隙的发育程度和力学性质影响着地下水的分布和富集。在裂隙发育地区，含水丰富；反之，含水甚少。所以，在同一构造单元或同一地段内，富水性有很大变化，因而形成了裂隙水分布的不均一性。上述特征，常使相距很近的钻孔，水量一方较另一方大数十倍，如福建漳州市，两钻孔相距仅 20 m，水量一方较另一方大 65 倍。

1. 裂隙水的划分

裂隙水按其埋藏分布特征，可划分为面状裂隙水、层状裂隙水和脉状裂隙水。面状裂隙水又称风化裂隙水，贮存于山区或丘陵区的基岩风化带中，一般在浅部发育。层状裂隙水贮存于成层的脆性岩层（如砂岩、硅质岩及玄武岩等）中；原生裂隙和构造裂隙构成的层状裂隙中的水，一般是承压水（玄武岩台地中的层状裂隙水是潜水）。脉状裂隙水亦称构造裂隙水，它贮存于断裂破碎带和火成岩体的侵入接触带岩脉的节理之中，脉状裂隙水具承压水的特点，含水一般较均匀。

2. 裂隙水富集的特点

裂隙水的富集受诸多地质因素的影响，具体有如下几点：

（1）不同岩性的岩层富水性不同。岩石（软、硬等）性质不同，影响着裂隙的发育程度，导致地下径流强弱差别和分布的贫富不均。

(2)不同力学性质的结构面富水性不同。一般情况是张性结构面富水性强，压性结构面富水性弱，扭性结构面居中。

(3)不同构造部位的富水性不同。通常，在背斜或向斜轴部、岩层挠曲部位、穹窿顶部等处的裂隙较其他部位发育且具张性，往往成为富水地段。此外，断裂多次活动的部位，由于多次作用的叠加，岩石破碎，裂隙发育，有利于裂隙水的富集和贮存；断裂构造新近活动的地方，也宜于地下水富集。

(4)不同地貌部位的富水性不同。地形地貌控制地下水的补给和汇水条件，洼地、盆地、沟谷低地汇水条件好，往往为富水的有利地带。

4.2.4.6 岩溶水

贮存并运动于可溶性岩层空隙中的地下水称为岩溶水，岩溶水按其埋藏条件，也可以是潜水，也可以是承压水。

岩溶水在空间的分布变化很大，甚至比裂隙水更不均匀。有的地方，水汇集于溶洞孔道中，形成富水区(岩溶水常常富集在质纯层厚的可溶岩分布地带、断层带或节理密集带、褶曲轴部和岩层急转弯处、可溶岩与非可溶岩的接触部位)；而在另一地方，水可沿溶洞孔隙流走，造成一定范围严重缺水。

岩溶水运动特征和径流条件极为复杂，表现为孤立水流与具有统一地下水面的水流并存，无压流与有压流并存，层流与紊流并存，明流与伏流交替出现。岩溶水的径流条件一般是良好的，但随着深度增加而减弱，在垂直方向显示出明显的分带性。

大气降水是岩溶水的主要补给源，它通过各种岩溶通道，迅速补给地下水。因此，岩溶水的动态与大气降水关系十分密切，主要有两个特点：一是水位、流量变化异常迅猛，水位变幅可达 80 m，流量变化更大，如广西合山某泉，最大流量为 4.3 m^3/s，最小流量仅为 0.1 m^3/s，前者是后者的 40 多倍；二是有些岩溶水对大气降水反应极为灵敏，雨后一昼夜甚至几小时，就出现流量高峰，如四川红岩某泉，一般流量为 0.14 m^3/s，但暴雨 6 ~ 12 h 之后，流量可达 1.04 m^3/s。但也有些岩溶水的流量恒定，如山西广胜寺泉，流量恒定在 4 ~ 5 m^3/s，这是其补给区距离远、补给面积大、含水层容积大等因素对大气降水调节而造成的。

岩溶水排泄的最大特征是集中且量大。

4.3 泉

4.3.1 泉的概念

各种类型地下水在排泄时，有相当部分的地下水是以泉的形式出露和排泄的，所以泉是地下水的天然露头，泉水则是地下水的排泄方式之一。

泉的形成主要是由于地形受到侵蚀，使含水层暴露在地表；或是地下水在运动过程中受到阻挡，使地下水位升高而溢出地表成泉。如果承压含水层的承压水位高于地面标高且有通道与地表相通，则可沿通道上升到地表形成泉。泉是在一定的地形、地质和水文地质条件下有机组合的产物。山区、丘陵区的沟谷中和山坡脚，泉的分布最为常见，但在平原区很难找到。

4.3.2 泉的分类

泉的类型很多,但目前尚无统一的分类。下面介绍几种常见泉的分类。

4.3.2.1 根据补给泉的含水层性质分类

(1)上升泉:由承压含水层补给,地下水在静水压力作用下,由地下涌出地表形成的泉。上升泉的流量一般较稳定,水质较好。

(2)下降泉:由上层滞水或潜水含水层补给,地下水在重力作用下自由流出地表而形成的泉。这种泉的流量和水质随季节而变化。

4.3.2.2 根据泉出露的地质条件分类

(1)侵蚀泉:由于河谷和冲沟的切割,潜水含水层出露而形成的泉称侵蚀下降泉(见图4-10(a));当河流和冲沟切穿了承压含水层顶板时,承压水便涌出地表,形成侵蚀上升泉(见图4-10(b))。

(2)接触泉:当地形被切割到潜水含水层底板时,地下水从含水层与其下面的隔水层接触处流出成泉,称接触下降泉(见图4-10(c));在侵入体或岩脉与围岩接触处,常因冷凝收缩而产生裂隙,地下水沿此种接触带上升涌出地表而形成泉,称接触上升泉。

(3)溢出泉:在潜水流的前方,岩石透水性变弱或为阻水结构阻挡,地下水受阻而涌出地表,形成溢出下降泉。由于此种泉出口处地下水也作上升运动,应注意与上升泉的区别。

(4)断层泉:承压含水层被断层切割,当断层导水时,地下水便沿断层上升至地表形成泉(见图4-10(d))。这种泉常沿断层呈线状分布。

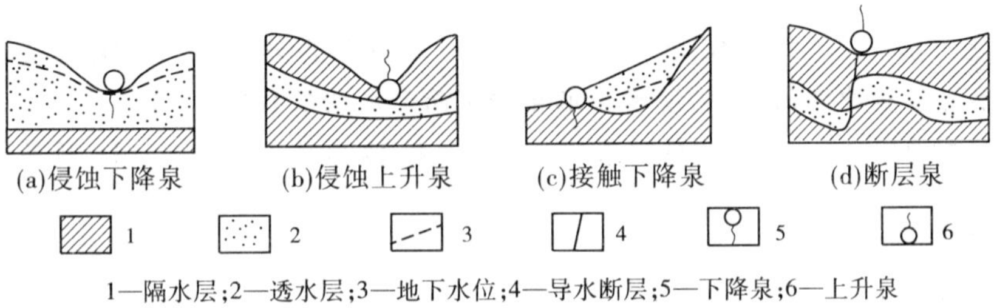

1—隔水层;2—透水层;3—地下水位;4—导水断层;5—下降泉;6—上升泉

图4-10 不同类型的泉

除上述常见的泉外,尚有个别的在特定条件下形成的特殊泉,如响泉、间歇泉、毒泉等。

4.3.3 研究泉的实际意义

对泉的特征的研究可以反映地下水的一系列特征,如泉涌水量大小反映富水程度;泉出露高程代表地下水位的高程;泉水运动特征及动态反映地下水的类型;泉的分布反映含水层补给区和排泄区的位置;泉水化学特征代表含水层的水质特点;泉水温度可反映地下水的埋藏条件。此外,泉的出露特征还有助于判断地质构造等。特别是一些大泉,常是主要的甚至是唯一的供水水源地。有的泉群可成为旅游资源,如山西的娘子关泉、山东济南的七十二泉群等。有许多泉含有矿物质及稀有元素，是重要的矿泉水资源，还有很多温泉具有重要的医疗价值。因此，泉的研究对国民经济的发展具有重要的实际意义。

小　结

本章介绍了河流的侵蚀、搬运和沉积三种河流地质作用，以及水系模式、分水岭和河流袭夺现象的概念；地下水的基本概念及存在形式；包气带水、潜水、承压水、孔隙水、裂隙水、岩溶水的特征，泉的基本类型及研究意义。

复习思考题

一、单选题

1. 河流侧方侵蚀作用的结果是(　　)

A. 河谷变深，谷坡变陡　　B. 加宽河床，形成河曲、牛轭湖

C. 河流加长，流域面积扩大　　D. 发生河流袭夺现象

2. 河漫滩冲积物的基本特征是(　　)

A. 整个剖面颗粒粗　　B. 整个剖面颗粒细

C. 上层颗粒细、下层颗粒粗　　D. 有较厚的泥炭土

3. 水量小且极不稳定，只能做临时性水源的是(　　)

A. 土壤水　　B. 上层滞水　　C. 潜水　　D. 承压水

4. 潜水最普遍的和最大的补给来源是(　　)

A. 地下水　　B. 地表水　　C. 大气降水　　D. 凝结水

5. 由于河谷和冲沟的切割，潜水含水层出露而形成的泉称(　　)

A. 侵蚀泉　　B. 接触泉　　C. 溢出泉　　D. 断层泉

二、多选题

1. 河流冲积物的一般特征是(　　)

A. 磨圆度好　　B. 磨圆度差　　C. 分选性好　　D. 分选性差

E. 层理清晰

2. 下列属于按埋藏条件分类的地下水是(　　)

A. 孔隙水　　B. 裂隙水　　C. 包气带水　　D. 潜水

E. 承压水

3. 下列哪些因素影响潜水面的形状(　　)

A. 潜水区地形　　B. 含水层岩性　　C. 含水层厚度

D. 隔水底板起伏状态　　E. 大气降水

4. 承压水与潜水相比具有的特征是(　　)

A. 承压水面是一个等势面　　B. 承压水的补给区和承压区不一致

C. 承压水水质、水量受气候及水文因素影响小

D. 承压含水层厚度较稳定

E. 水质不易受污染

5. 下列关于岩溶水的说法正确的是(　　)

A. 比裂隙水分布更不均匀

B. 无压流与有压流并存

C. 不具有统一的地下水面

D. 在垂直方向显示明显的分带性

E. 排泄的最大特点是集中且量大

三、简答题

1. 河谷由哪些部分组成？试绘制河谷横剖面图。
2. 河流有哪几种地质作用？它们对河谷产生什么影响？
3. 侵蚀基准面对河流的地质作用有什么影响？
4. 平原地区河流冲积物的岩相结构特征如何？
5. 潜水、承压水分别有什么样的特征？
6. 潜水面的形状与哪些因素有关？试论述之。
7. 怎样表示潜水面的形状？等水位线图如何绘制？它有哪些用途？
8. 潜水和承压水的补给、径流、排泄分别有何特点？
9. 什么样的地质构造条件适宜形成承压水？试绘图说明。
10. 裂隙水富集有什么特点？
11. 什么是泉？泉是怎样形成的？绘图说明泉的主要类型。

第5章　常见地质灾害

【学习目标】 掌握常见地质灾害的形成及判别方法；熟悉滑坡、泥石流、岩溶的工程危害及处理方法；了解地震的一些常识及地质灾害危险性评估的主要内容和主要方法，并能提出常见地质灾害的预防和防治措施。

【重点】 滑坡稳定性分析方法。

【难点】 滑坡的形成、岩溶分布规律及岩溶地区常见的工程地质问题。

5.1　概　述

5.1.1　地质灾害的概念

地质灾害是指自然地质作用和人类活动造成的恶化地质环境，降低环境质量，直接或间接危害人类安全，并给社会和经济建设造成损失的地质事件。地质灾害的种类很多，就其成因而论，分为自然地质灾害和人为地质灾害，自然地质灾害是由自然地质作用引起的灾害，人为地质灾害是由于人类工程活动使周围地质环境发生恶化而诱发的地质灾害。

2004 年国务院颁发的《地质灾害防治条例》规定：地质灾害通常指地质作用引起的人民生命财产损失的灾害。地质灾害可划分为 30 多种类型。由降雨、融雪、地震等自然变异导致的地质灾害称为自然地质灾害，由工程开挖、堆载、爆破、弃土等人为作用引发的地质灾害称为人为地质灾害。常见的地质灾害主要指危害人民生命和财产安全的崩塌、滑坡、泥石流、地面塌陷、地震、地面沉降等六种与地质作用有关的灾害。

5.1.2　地质灾害规模与分类

按危害程度和规模大小，地质灾害可分为特大型、大型、中型、小型地质灾害险情和地质灾害灾情四级。

特大型地质灾害险情：受灾害威胁，需搬迁转移人数在 1 000 人以上或潜在可能造成的经济损失 1 亿元以上的地质灾害险情。特大型地质灾害灾情：因灾死亡 30 人以上或因灾造成直接经济损失 1 000 万元以上的地质灾害灾情。

大型地质灾害险情：受灾害威胁，需搬迁转移人数在 500 人以上、1 000 人以下，或潜在经济损失 5 000 万元以上、1 亿元以下的地质灾害险情。大型地质灾害灾情：因灾死亡 10 人以上、30 人以下，或因灾造成直接经济损失 500 万元以上、1 000 万元以下的地质灾害灾情。

中型地质灾害险情：受灾害威胁，需搬迁转移人数在 100 人以上、500 人以下，或潜在经济损失 500 万元以上、5 000 万元以下的地质灾害险情。中型地质灾害灾情：因灾死亡 3 人以上、10 人以下，或因灾造成直接经济损失 100 万元以上、500 万元以下的地质灾害灾情。

小型地质灾害险情：受灾害威胁，需搬迁转移人数在100人以下，或潜在经济损失500万元以下的地质灾害险情。小型地质灾害灾情：因灾死亡3人以下，或因灾造成直接经济损失100万元以下的地质灾害灾情。

5.1.3 地质灾害成因分析

地质灾害都是在一定的动力诱发（破坏）下发生的。诱发动力有的是天然的，有的是人为的。据此，地质灾害也可按动力成因概分为自然地质灾害和人为地质灾害两大类。自然地质灾害发生的地点、规模和频度，受自然地质条件控制，不以人类历史的发展为转移；人为地质灾害受人类工程开发活动制约，随社会经济的发展而日益增多。

诱发地质灾害的因素主要有：

（1）采掘矿产资源不规范，预留矿柱少，造成采空坍塌，山体开裂，继而发生滑坡。

（2）开挖边坡：指修建公路、依山建房等建设中，形成人工高陡边坡，造成滑坡。

（3）山区水库与渠道渗漏，增加了浸润和软化作用，导致滑坡泥石流发生。

（4）其他破坏土质环境的活动如采石放炮、堆填加载、乱砍滥伐，也是导致发生地质灾害的致灾作用。

5.1.4 地质灾害危险性评估

地质灾害危险性评估又称地质灾害灾情评估，是对地质灾害活动程度及破坏损失情况进行评定估算的工作。在地质灾害易发区内进行工程建设，必须在可行性研究阶段进行地质灾害危险性评估；在地质灾害易发区内进行城市总体规划、村庄和集镇规划时，必须对规划区进行地质灾害危险性评估；并且必须对建设工程遭受地质灾害的可能性和该工程建设中、建成后引发地质灾害的可能性作出评价，提出具体的预防治理措施。

地质灾害的定义：自然因素或者人为活动引发的危害人民生命和财产安全的崩塌、滑坡、泥石流、地面塌陷、地裂缝、地面沉降等与地质作用有关的灾害。对于已经发生的地质灾害，地质灾害评估的基本方法和主要内容是调查地质灾害活动规模，统计地质灾害对人口、财产以及资源、环境的破坏程度，核算地质灾害直接经济损失与间接经济损失，评定地质灾害等级。对于有发生可能但尚未发生的地质灾害，地质灾害评估是预测评价地质灾害的可能程度，对此有人称之为地质灾害风险评估或地质灾害风险评价。其基本内容和步骤是：首先分析评价地质灾害活动的危险程度和地质灾害危险区受灾体的可能破坏程度，即地质灾害的危险性评价和灾害区的易损性评价，在此基础上进一步分析预测地质灾害的预期损失，即进行地质灾害的破坏损失评价。地质灾害评估的基本目的是通过单项指标或综合指标定量化反映地质灾害的主要特点和破坏损失程度，为规划、部署和实施地质灾害防治工作提供依据。

5.1.4.1 地质灾害危险性评估的主要内容

地质灾害危险性评估的主要内容是：阐明工程建设区和规划区的地质环境条件基本特征；分析论证工程建设区和规划区各种地质灾害的危险性，进行现状评估、预测评估和综合评估；提出防治地质灾害的措施与建议，并作出建设场地适宜性评价结论。

(1)地质灾害危险性现状评估:基本查明评估区已发生的崩塌、滑坡、泥石流、地面塌陷(含岩溶塌陷和矿山采空塌陷入地裂缝和地面沉降)等灾害形成的地质环境条件、分布、类型、规模、变形活动特征,主要诱发因素与形成机制,对其稳定性进行初步评价,在此基础上对其危险性和对工程危害的范围与程度作出评估。

(2)地质灾害危险性预测评估:是对工程建设场地及可能危及工程建设安全的邻近地区可能引发或加剧的和工程本身可能遭受的地质灾害的危险性作出评估。

地质灾害的发生是各种地质环境因素相互影响、不等量共同作用的结果。预测评估必须在对地质环境因素系统分析的基础上,判断降水或人类活动因素等的激发下,某一个或一个以上的可调节的地质环境因素的变化,导致致灾体处于不稳定状态,预测评估地质灾害的范围、危险性和危害程度。

地质灾害危险性预测评估内容包括:

①对工程建设中、建成后可能引发或加剧崩塌、滑坡、泥石流、地面塌陷、地裂缝和不稳定的高陡边坡变形等的可能性、危险性和危害程度作出预测评估。

②对建设工程自身可能遭受已存在的崩塌、滑坡、泥石流、地面塌陷、地裂缝、地面沉降等危害隐患和潜在不稳定斜坡变形的可能性、危险性和危害程度作出预测评估。

③对各种地质灾害危险性预测评估可采用工程地质比拟法、历史成因分析法、层次分析法、数字统计法等定性及半定量的评估方法进行。

(3)地质灾害危险性综合评估:依据地质灾害危险性现状评估和预测评估结果,充分考虑评估区的地质环境条件的差异和潜在的地质灾害隐患点的分布、危险程度,确定判别区段危险性的量化指标,根据“区内相似、区际相异”的原则,采用定性、半定量分析法,进行工程建设区和规划区地质灾害危险性等级分区(段),并依据地质灾害危险性、防治难度和防治效益,对建设场地的适宜性作出评估,提出防治地质灾害的措施和建议。

①地质灾害危险性综合评估,危险性划分为大、中等、小三级。

②地质灾害危险性小,基本不涉及防治工程的,土地适宜性为适宜;地质灾害危险性中等,防治工程简单的,土地适宜性为基本适宜;地质灾害危险性大,防治工程复杂的,土地适宜性为适宜性差。

③地质灾害危险性综合评估应根据各区(段)存在的和可能引发的灾种多少、规模、稳定性和承灾对象的社会经济属性等,综合判定建设工程和规划区地质灾害危险性的等级区(段)。

④分区(段)评估结果,应列表说明各区(段)的工程地质条件、存在和可能诱发的地质灾害种类、规模、稳定状态、对建设项目危害情况等,并提出防治要求。

地质灾害危险性评估工作,必须在充分收集利用已有的遥感影像、区域地质、矿产地质、水文地质、工程地质、环境地质和气象水文等资料的基础上,进行地面调查,必要时可适当进行物探、坑探、槽探与取样测试。

5.1.4.2 地质灾害危险性评估的主要方法

地质灾害危险性评估的主要方法有发生概率及发展速率的确定方法、危害范围及危害强度分区、区域危险性区划等。

国土资源部《地质灾害防治管理办法》第 15 条规定,城市建设、有可能导致地质灾害发生的工程项目建设和在地质灾害易发区内进行的工程建设,在申请建设用地之前必须进行地质灾害危险性评估。

评估结果由省级以上国土资源行政主管部门认定。不符合条件的,国土资源行政主管部门不予办理建设用地审批手续。

地质灾害危险性评估包括下列内容:

(1)阐明工程建设区和规划区的地质环境条件基本特征。

(2)分析论证工程建设区和规划区各种地质灾害的危险性,进行现状评估、预测评估和综合评估。

(3)提出防治地质灾害措施与建议,并作出建设场地适宜性评价结论。

地质灾害危险性评估成果,应按照国土资源行政主管部门的有关规定组织专家审查、备案后,方可提交立项、用地审批使用。

5.2 常见地质灾害

地质灾害的分类,有不同的角度与标准,十分复杂。就其成因而论,主要由自然变异导致的地质灾害称自然地质灾害;主要由人为作用诱发的地质灾害则称人为地质灾害,我国地质灾害种类齐全,按致灾地质作用的性质和发生处所进行划分,常见地质灾害共有12类、48种(国土资源部地质环境管理司等,1998)。它们是:

(1)地壳活动灾害,如地震、火山喷发、断层错动等。

(2)斜坡岩土体运动灾害,如崩塌、滑坡、泥石流等。

(3)地面变形灾害,如地面塌陷、地面沉降、地面开裂(地裂缝)等。

(4)矿山与地下工程灾害,如煤层自燃、洞井塌方、冒顶、偏帮、鼓底、岩爆、高温、突水、瓦斯爆炸等。

(5)城市地质灾害,如建筑地基与基坑变形、垃圾堆积等。

(6)河、湖、水库灾害,如塌岸、淤积、渗漏、浸没、溃决等。

(7)海岸带灾害,如海平面升降、海水入侵、海岸侵蚀、海港淤积、风暴潮等。

(8)海洋地质灾害,如水下滑坡、潮流沙坝、浅层气害等。

(9)特殊岩土灾害,如黄土湿陷、膨胀土胀缩、冻土冻融、砂土液化、淤泥触变等。

(10)土地退化灾害,如水土流失、土地沙漠化、盐碱化、潜育化、沼泽化等。

(11)水土污染与地球化学异常灾害,如地下水质污染、农田土地污染、地方病等。

(12)水源枯竭灾害,如河水漏失、泉水干涸、地下含水层疏干(地下水位超常下降)等。

全国共发育有较大型崩塌3 000多处、滑坡2 000多处、泥石流2 000多处,中小规模的崩塌、滑坡、泥石流则多达数十万处。全国有350多个县的上万个村庄、100余座大型工厂、55座大型矿山、3 000多km铁路线受崩塌、滑坡、泥石流的严重危害。除北京、天津、上海、河南、甘肃、宁夏、新疆外的24省(区、市)都发现岩溶塌陷灾害。全国岩溶塌陷总数近3 000处,塌陷坑3万多个,塌陷面积300多km^2。

据不完全统计,在全国20个省(区、市)内,共发生采空塌陷180处以上,塌陷面积大于1 000 多 km^2。全国共有上海、天津、江苏、浙江、陕西等16 个省(区、市)的46 个城市出现了地面沉降问题。地裂缝出现在陕西、河北、山东、广东、河南等17 个省(区、市),共400多处、1 000 多条。据统计,20 世纪 80 年代末至 90 年代初,每年因地质灾害造成 300 ~ 400人死亡,经济损失 100 多亿元,90 年代中期以来,每年造成 1 000 人死亡,经济损失高达200 多亿元。一些地区和县(市)的地质灾害已成为制约地方社会经济发展的重要因素,全国经济的可持续发展受到了严重影响。

地质灾害的发育分布及其危害程度与地质环境背景条件(包括地形地貌、地质构造格局和新构造运动的强度与方式,岩土体工程地质类型、水文地质条件等)、气象水文及植被条件、人类经济工程活动及其强度等有着极为密切的关系。

中国位于亚洲大陆东部,濒临太平洋,季风气候显著,具有较明显的纬度和经度分带特征,加上疆域辽阔,地形复杂,具有多种多样的气候类型,因此如暴雨、洪水、干旱、冰雹、霜冻及温差等许多不良气候因素常常成为多种多样的地质灾害的诱发因素。在西北、华北和东北部分地区,气候干旱少雨,年内温差悬殊,风蚀作用剧烈,土地沙化、沙漠化、风沙化、土地冻融等灾害发育严重。而在温暖湿润的东部、南部地区,尤其在西南山区,降雨多且集中,崩塌、滑坡、泥石流灾害频繁发生。在东部平原地区,土地盐渍化、沼泽化,冷浸田等地质灾害广泛分布。

中国是世界上人口最多的国家,几千年来的人文活动,历史上连绵不断的战乱,特别是近几十年来经济的高速发展和人口的过速增长,对自然的索取也不断加重,对自然环境的干扰也愈来愈强烈。不合理的人类经济工程活动也使得地质灾害的发育日趋加剧。在东、中部地区,大量抽取地下水和大规模开采矿产资源(包括油气资源),导致地下水资源平衡条件破坏和岩土构造应力状态发生变化,诱发并加剧了地面沉降、地面塌陷、地裂缝、土地盐渍化、土地沼泽化、崩塌、滑坡、泥石流、矿山灾害等地质灾害的发育和危害。在西部地区,由于超量开发土地、草原、森林和水资源,加速了水土流失、土地沙化等灾害的发展,崩塌、滑坡、泥石流等灾害也随之增多。

在所有的地质灾害中,除地震灾害外,崩塌、滑坡、泥石流灾害是最为严重的,其以分布广、灾发性和破坏性强,具有隐蔽性及容易链状成灾为特点,每年都造成巨大的经济损失和人员伤亡。另外,土地沙(漠)化、地面沉降和水土流失等缓变型地质灾害发展迅速,危害愈来愈大,成为令人担忧的地质灾害。

总而言之,由于自然地理、地质环境和人类活动的差异,不同地区地质灾害的类型、组合特征和发育、危害程度各不相同,具有较明显的地域特征和区域变化规律。今后,随着全球环境的变化和我国经济建设的大规模发展,我国大部分地区地质灾害的发育程度和破坏程度可能将不断增强。因此,地质灾害的勘察、研究以及防治工作对我国有着特别重大的意义。

5.2.1 滑坡

5.2.1.1 滑坡及其形态特征

1. 滑坡的概念

斜坡上的岩土体,在一定的自然条件(地质结构、岩性和水文地质条件等)及其重力的作用下，沿斜坡内部一个或几个滑动面(带)整体地向下滑动且水平位移大于垂直位移的现象，称之为滑坡。滑坡一般是缓慢、长期而间歇性进行的，延续时间可以是几年、几十年甚至百年以上。有的滑坡开始时滑动缓慢，但后来滑动速度可以突然变大，急剧下滑，这种滑坡又叫作崩塌性滑坡。

滑坡是山区铁路、公路、水库及城市建设中经常遇到的一种地质灾害。西南地区是我国滑坡分布的主要地区，滑坡不仅规模大、类型多，而且分布广泛、发生频繁、危害严重。由于滑坡的存在和发展，有的迫使交通线路改迁，有的导致房屋倒塌，还有的严重危害水利枢纽工程和其他工程的安全与正常使用等。

总之，滑坡往往会干扰各项工程建设，耽误工期，耗费大量的人力、物力，因此对滑坡应给予足够的重视和加强相应的研究。

滑坡有的易于识别，但有的受到自然界各种外动力地质作用的影响或破坏，往往较难鉴别。为了准确地鉴别滑坡，首先必须了解滑坡的形态特征及其内部结构。在研究滑坡时，可通过其外部形态判断滑坡存在的可能性，而其内部结构也为确定滑坡性质提供了依据。因此，只有识别了滑坡之后，才能对滑坡的问题作出客观的分析和结论，从而采取针对性的措施防治处理。

2. 滑坡的形态特征

一个典型的比较完全的滑坡，在地表会显现出一系列滑坡形态特征，这些形态特征成为正确识别和判断滑坡的主要标志(见图5-1)。

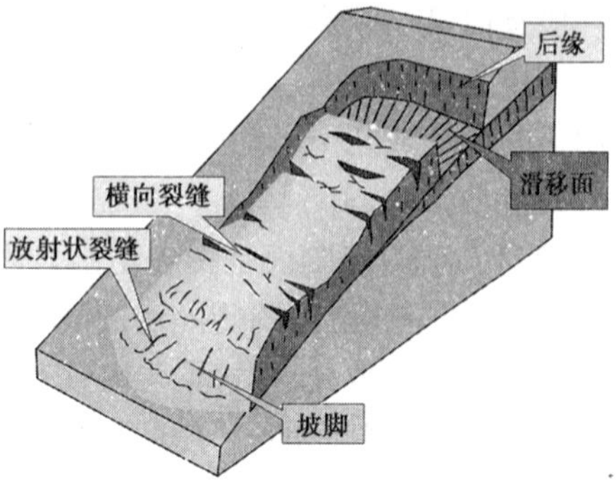

图5-1　滑坡体形态示意图

(1)滑坡体。

沿滑动面向下滑动的那部分岩土体，称为滑坡体，简称滑体。滑坡体的规模不等，体积小的只有十几立方米，大的可达几百万甚至几千万立方米。

(2)滑动面。

滑动面是指滑坡体沿其下滑的面。此面是滑动体与下面不动的滑坡床之间的分界面。

(3)滑坡床和滑坡周界。

滑动面下稳定不动的岩土体称为滑坡床。平面上，滑坡体与周围稳定不动的岩土体的分界线称为滑坡周界。

(4)滑坡壁。

滑体后缘与母体脱开的分界面，平面上多呈围椅状，是滑动面上部出露地表的部分。

(5)滑坡舌和滑坡鼓丘。

滑坡体前缘形如舌状伸入沟堑或河道中的部分叫滑坡舌。如滑坡体前缘受阻，被挤压鼓起呈丘状者称为滑坡鼓丘。

(6)滑坡台阶。

由于滑坡体上各段运动速度的差异致使滑坡体断开，或滑坡体沿不同滑面多次滑动，都会在滑坡上形成多级台阶。每一台阶由滑坡平台及陡壁组成。

(7)滑坡裂隙。

滑坡体内出现的裂隙称为滑坡裂隙。有的呈环形,有的呈放射状,有的呈羽毛状。它们有的是拉张力造成的,有的是剪切力造成的,滑坡裂隙常发生在滑坡的初期和中期。

此外,在滑坡体上还常见一些特殊的地貌、地物特征,它们也可作为确定滑坡存在的重要参考依据。如:滑坡体上房屋开裂甚至倒塌;滑坡周界处"双沟同源"现象;滑坡体表面坡度比周围未滑动斜坡坡度变缓;滑坡体上的"醉林"、"马刀树"等现象。树木东倒西歪者称为醉林,它显示不久前曾发生过比较剧烈的滑坡。滑坡体上因受滑坡滑动影响而歪斜的树体,当滑坡体固定后又继续向上生长,故树体下部歪斜而上部直立,称为马刀树。

5.2.1.2 滑坡的形成条件

1. 滑坡形成的几何边界条件

滑坡形成的几何边界条件是指构成可能滑动岩体的各种边界面及其组合关系。几何边界条件通常包括滑动面、切割面和临空面。它们的性质及所处的位置不同,在稳定性分析中的作用也是不同的。

(1)滑动面:滑动面一般都是斜坡岩体中最薄弱的面,它有效地分割了滑坡体与滑坡床之间的联结,是对边坡的稳定起决定作用的一个重要的边界条件。滑动面可能是基岩侵蚀面,上覆第四纪松散沉积物作为滑坡体,沿着滑动面向下滑动;在基岩内部产生的滑坡一般是以某一软弱夹层面作为滑动面,如在砂岩中夹着的页岩层;有的倾角很小的断层带也可成为滑动面;在均质土层中滑动面也常常是两种岩性有差异的接触面。有的滑坡有明显的一个或几个滑动面,有的滑坡没有明显的滑动面,而是由一定厚度的软弱岩土层构成的滑动带。

(2)切割面:切割面是指起切割岩体作用的面,分割了滑坡体与其周围岩土(母岩)之间的联结,如平面滑动的侧向切割面。由于失稳岩体不沿该面滑动,因而不起抗滑作用。因此在稳定性系数计算时,常忽略切割面的抗滑能力,以简化计算。

滑动面与切割面的划分有时也不是绝对的,如楔形体滑动的滑动面,就兼有滑动面和切割面的双重作用,具体各种面的作用应结合实际情况作具体分析。

(3)临空面:临空面是滑坡体滑动后的堆积场所,是滑坡体向下游滑动时能够自由滑出的面。它的存在为滑动岩体提供活动空间,临空面常由地面或开挖面组成。

滑动面、切割面、临空面是滑坡形成必备的几何边界条件。分析它们的目的是用来确定边坡中可能滑动岩体的位置、规模及形态,定性地判断边坡岩体的破坏类型及主滑方向。为了分析几何边界条件,就要对边坡岩体中结构面的组数、产状、规模及其组合关系以及这种组合关系与坡面的关系进行分析研究。初步确定作为滑动面和切割面的结构面的形态、位置及可能滑动的方向。

2. 滑坡形成的力学条件

常见的滑动面的形态有直线形、折线形、弧形等。为了说明滑坡形成的力学条件,现以圆弧形滑动面为例,进行滑坡受力状态分析。如图 5-2 所示,假设滑动面为圆弧形,圆心为 O,OD 为半径,滑体的自重 W 是使滑坡

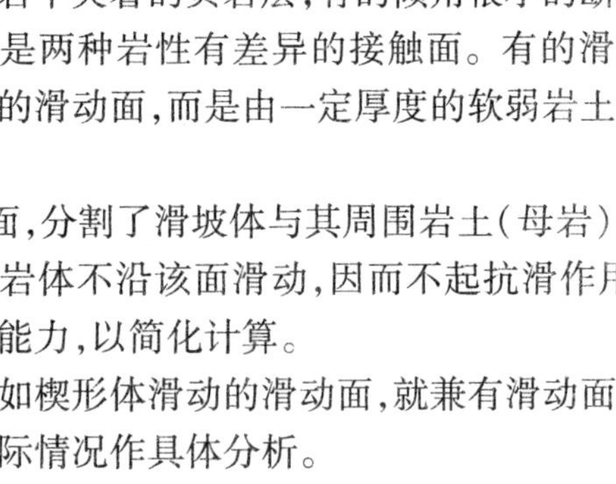

图 5-2 滑坡的受力状态

体产生滑动的力，沿滑动面 AD 弧存在着抵抗滑动的抗剪应力 τ_f。

当斜坡岩土体处于极限平衡状态时，所有作用在滑动体上的力矩应处于平衡状态，所以

$$Wa = \sum \tau_f R$$

令

$$K = \frac{抗滑力矩}{下滑力矩} = \frac{\sum \tau_f R}{Wa}$$

式中　K——稳定系数，有时也被称作安全系数。

当 $K>1$ 时，斜坡稳定；当 $K=1$ 时，斜坡处于极限平衡状态；当 $K<1$ 时，滑体下滑。

由此可以得出，滑坡产生的力学条件是：在贯通的滑动面上，总下滑力矩大于总抗滑力矩。通常，形成贯通的滑动面是一个渐进的过程。首先，最危险滑动面附近的某些点的剪应力超过该点的抗剪强度，该点处发生剪切破坏形成裂隙，随后此裂隙不断扩展，最终沿潜在的滑动面全部贯通断裂，滑坡随即发生。

5.2.1.3　影响滑坡形成和发展的因素

影响滑坡形成和发展的因素比较复杂，概括起来主要表现在地形地貌、地层岩性、水的作用、地质构造、人为因素及其他因素等方面。

1. 地形地貌

斜坡的高度、坡度和形态影响着斜坡的稳定性。高而陡峻的斜坡较不稳定，因为地形上的有效临空面提供了滑动的空间，成为滑坡形成的重要条件。

2. 地层岩性

沉积物和岩石是产生滑坡的物质基础。松散沉积物尤其是黏土与黄土容易发生滑坡，坚硬岩石较难发生滑坡。基岩区的滑坡常和页岩、黏土岩、泥岩、泥灰岩、板岩、千枚岩、片岩等软弱岩层的存在有关。当组成斜坡的岩石性质不一，特别是当上层为松散堆积层，而下部是坚硬岩石时，则沿两者接触面最容易产生滑坡。

3. 水的作用

绝大多数滑坡的发生发育都有水的参与。丰富的雨水以及雪融水，可润湿斜坡上的岩土，当水进入滑动体，会使滑动体自重增大；当水下浸到达滑动面，会使滑动面抗剪强度降低，再加上水对滑动体的静、动水压力，都成为诱发滑坡形成和发展的重要因素。

4. 地质构造

滑坡的产生与地质构造关系极为密切。滑动面常常是构造软弱面，如层面、断层面、断层破碎带、节理面、不整合面等。另外，岩层的产状也影响滑坡的发育。如果岩层向斜坡内部倾斜，斜坡比较稳定；如果岩层的倾向和斜坡坡向相同，就有利于滑坡发育，特别是当倾斜岩层中有含水层存在时，滑坡最易形成。

5. 人为因素及其他因素

人为因素主要是指人类工程活动不当引起滑坡，如人工切坡、开挖渠道等工程活动，若设计施工不当，也可造成斜坡平衡破坏而引起滑坡。

此外，地震、海啸、风暴潮、冻融、大爆破以及各种机械振动都可诱发滑坡。因为地面

震动不仅增加了土体的下滑力，而且破坏了土体的内部结构。

当上述条件同时具备时，滑坡几乎是难以避免的。

5.2.1.4 滑坡分类

为更好地研究、治理滑坡，并为工程建筑物的设置及防治提供依据，根据滑坡的不同特征，对滑坡进行分类是必要的。目前，滑坡的分类方法较多，现介绍常用的分类方法。

1. 按岩土类型分类

（1）黏性土滑坡：发生在均质或非均质黏土层中的滑坡。黏性土滑坡的滑动面呈圆弧形，滑动带呈软塑状。黏土的干湿效应明显，干缩时多张裂，遇水后又呈软塑状或流动状态，抗剪强度急剧降低，所以黏土滑坡多发生在久雨或受水作用之后，多属中、浅层滑坡。

（2）黄土滑坡：发生在不同时期的黄土层中的滑坡。它的产生常与裂隙及黄土对水的不稳定性有关，多见于河谷两岸高阶地的前缘斜坡上，常成群出现，且大多为中、深层滑坡。其中有些滑坡的滑动速度很快，变形急剧，属于崩塌性的滑坡。

（3）堆积性滑坡：发生在各种成因堆积层中的滑坡。它是线路工程中经常碰到的一种滑坡类型，多出现在河谷缓坡地带或山麓的坡积、残积、洪积及其他重力堆积层中。它的产生往往与地表水和地下水的直接参与有关。滑坡体一般多沿下伏的基岩顶面、不同地质年代或不同成因堆积物的接触面，以及堆积层本身的松散层面滑动。

（4）岩层滑坡：发生在各种基岩岩层中的滑坡，属岩层滑坡，它多沿岩层层面或其他构造软弱面滑动。岩层滑坡多发生在由砂岩、页岩、泥岩、泥灰岩以及片理化岩层（片岩、千枚岩等）组成的斜坡上。

（5）破碎岩石滑坡：发生在构造破碎带或严重风化带形成的凸形山坡上的滑坡。此类滑坡的规模较大。

（6）填土滑坡：发生在路堤或人工弃土堆中的滑坡。此类滑坡多沿老地面或基底以下松软层滑动。

2. 按滑坡力学特征分类

（1）牵引式滑坡 ：滑体下部先失去平衡发生滑动，逐渐向上发展，使上部滑体受到牵引而跟随滑动。这类滑坡主要是由于坡脚受河流冲刷或人工开挖使斜坡下部先变形滑动，使斜坡的上部失去支撑，引起斜坡上部相继向下滑动。牵引式滑坡的滑动速度比较缓慢，但会逐渐向上延伸，规模越来越大。

（2）推动式滑坡：滑体上部局部破坏，上部滑动面局部贯通，向下挤压下部滑体，最后整个滑体滑动。这类滑坡主要是由于斜坡上部不恰当地加荷（修建建筑物、填堤、弃渣等）或在自然因素作用下，斜坡的上部先变形滑动，并挤压推动下部斜坡向下滑动。推动式滑坡的滑动速度一般很快，但其规模在通常情况下不再有较大发展。

3. 按滑动面与地质构造特征分类

（1）均质滑坡：多发生在均质土体或破碎的、强烈风化的岩体中的滑坡。滑动面不受岩体中结构面的控制，多为近圆弧形滑面，在黏土岩和土体中常见。

（2）顺层滑坡：沿岩层面或软弱结构面形成滑面的滑坡。多发生在岩层面与边坡面倾向接近，而岩层面倾角小于边坡坡度的情况。

(3)切层滑坡：滑动面切过岩层面的滑坡。多发生在沿倾向坡外的一组或两组节理面形成贯通滑动面的滑坡。

5.2.1.5 滑坡稳定性分析

1. 滑坡稳定性分析的作用

滑坡稳定性分析的作用主要体现在以下几个方面：

(1)为发生次生灾害的可能性及损失提供参考依据。通过风险评价，了解滑坡灾害的危险程度及危害性。

(2)为科学而经济地组织实施防灾减灾工程服务。滑坡灾害评价分析可充分论证防灾减灾工程的合理性和有效性。

(3)为受滑坡灾害威胁的地区制定应急措施以及为保障生命和财产安全提供工作基础。

(4)为区域发展及中长期规划提供基础背景资料。

2. 滑坡稳定性分析方法

目前，滑坡稳定性分析和工程治理主要是依据工程地质类比、自然历史分析、工程地质力学分析、极限平衡力学计算、弹塑性有限元计算等进行的，且在一定程度上都有一定的实效性和可靠性。滑坡是一个复杂的、非线性的动态系统，且大型滑坡规模大、机制复杂、破坏性强，不仅失稳影响范围广，而且防治难度高、治理措施复杂。采用工程地质类比、历史反演和地质力学分析，需弄清地层结构、地质构造、地壳演化历史等问题。通过对滑坡形成的地质环境条件、影响因素、变形破坏及形成机制等特征的综合性分析，滑坡堆积体在天然状态下处于稳定状态，在连续降雨、暴雨影响下处于基本稳定状态，在连续降雨、暴雨及地震等影响下处于欠稳定状态。

1)定性分析方法

定性分析方法主要是工程地质学家通过工程地质勘察，对影响边坡稳定性的主要因素、可能的变形破坏方式及失稳的力学机制等分析，对已变形地质体的成因及演化史进行分析，结合以往工程经验，从而给出被评价边坡一个稳定性状况及其可能发展趋势的定性说明。常用的方法有自然历史分析法、工程地质类比法、数据库和专家系统、图解法、SMR法等。

2)定量分析方法

(1)传统的稳定系数预测法。

稳定系数预测法是最早的滑坡空间预测方法，它是基于极限平衡法理论提出来的，是将有滑动趋势范围内的边坡土体沿某一滑动面切成若干竖条或斜条，在分析条块受力的基础上建立整个滑动土体的力或力矩平衡方程，并以此为基础确定边坡的稳定安全系数。这些方法均假设土体沿着一个潜在的滑动面发生刚性滑动或转动。简化的极限平衡法有瑞典法、Bishop法、Spencer法、Janbu法、Sarma法等。通过计算滑坡体的安全系数 F_s 来预测边坡的稳定性。

$$F_s = F_{抗滑力}/F_{下滑力}$$

当 $F_s<1.0$ 时，为不稳定状态；

当 $F_s = 1.0$ 时，为临界状态；

当 $F_s > 1.0$ 时，为稳定状态。

极限平衡法的不足之处在于：没考虑土的应力—应变关系，并认为沿滑动面上各点的强度发挥程度及抗剪强度相同；安全系数的表述与滑坡体所在区域的变形特点和滑坡体外区域的地质情况、受力条件等完全不发生关系；在最危险滑裂面的搜索以及最小安全系数的确定上均存在许多困难。

（2）数值分析方法。

①有限元法。

有限元法是目前使用最广泛的一种数值分析方法。优点是部分地考虑了边坡岩体的非均质和不连续性，可以给出岩体的应力、应变大小与分布；避免了极限平衡分析法中将滑体视为刚体而过于简化的缺点；能近似地从应力、应变去分析边坡的变形破坏机制，分析最先、最容易发生屈服破坏的部位和需要首先进行加固的部位等。但是对于大的变形和位移不连续问题的求解还不理想。

②离散单元法。

离散单元法是处理结构控制型岩体工程问题较成熟的方法。该程序不但允许有限位移和离散体的转动及脱离，而且在计算过程中可以自动判别块体之间可能出现新的接触关系，因此它可以方便地实现对复杂结构体变形破坏的模拟，可以将所研究的区域划分为一个个多边块体单元，单元之间通过接触关系，建立位移和力的相互作用规律，通过迭代使得每一个块体都达到平衡状态。在稳定分析中，它的功能在于反映岩块之间接触的滑移、分离和倾翻等大位移的同时，又能计算岩块内部的变形与应力，该法的另一个优点是利用显式时间差分解求解动力平衡方程，可方便地求解非线性大位移和动力稳定。

③统计分析方法。

这是目前国内外研究人员研究滑坡稳定性使用较多的一类方法。统计分析方法建立在对滑坡影响因子和滑坡分布关系的分析之上，因此它能最大程度地反映滑坡分布与致灾因子之间的关系，使地质灾害危险性评价更加趋近于客观现实。统计分析方法包括信息量法、多元统计方法、聚类分析方法等。

（3）瑞典圆弧滑动法。

瑞典圆弧滑动法是条分法中最古老而又最简单的方法。除假定滑裂面是个圆柱面外，在求条底反力时忽略了条间力的作用，且在求安全系数时仅考虑对同一点的力矩平衡。其安全系数方程为

$$F = \frac{R\sum_{i=1}^{n}\left[C_i l_i + R\sum_{i=1}^{n}(N_i - U_i)\tan\varphi_i'\right]}{\sum_{i=1}^{n}K_s W_i Y_{ci} \pm \sum_{i=1}^{n}W_i X_{ci}\sum_{i=1}^{n}Q_i(\pm X_{qi}\cos\theta_i - Y_{qi}\sin\theta_i)}$$

再将求出的安全系数与设计安全系数对比，从而分析出该系统的安全性。

（4）有限元强度折减法。

边坡稳定性分析的有限元强度折减法是通过不断降低边坡岩土体抗剪强度参数直至达到极限破坏状态，程序自动根据弹塑性有限元计算结果得到滑动破坏面，同时得到边

坡的强度储备安全系数。

滑坡的稳定性计算还应符合下列要求：

(1)正确选择有代表性的分析断面，正确划分牵引段、主滑段和抗滑段。

(2)正确选用强度指标，宜根据测试成果、反分析和当地经验综合确定。

(3)有地下水时，应计入浮托力和水压力。

(4)根据滑面(滑带)条件，按平面、圆弧或折线选用正确的计算模型。

(5)当有局部滑动可能时，除验算整体稳定性外，尚应验算局部稳定性。

(6)当有地震、冲刷、人类活动等影响因素时，应计及这些因素对稳定的影响。

5.2.1.6 **滑坡地质灾害的调查内容与要求**

拟建工程场地或其附近存在对工程安全有影响的滑坡或有滑坡可能时，应进行专门的滑坡勘察。

滑坡勘察应进行工程地质测绘和调查，调查范围应包括滑坡及其邻近地段。比例尺可选用1:200~1:1 000。用于整治设计时，比例尺应选用1:200~1:500。

滑坡区的工程地质测绘和调查，尚应调查下列内容：

(1)收集当地滑坡史、易滑地层分布、水文气象、工程地质图和地质构造图等资料，并调查分析山体的地质构造。

(2)调查微地貌形态及其演变过程；圈定滑坡周界、滑坡壁、滑坡平台、滑坡舌、滑坡裂缝、滑坡鼓丘等要素；查明滑动带部位、滑痕指向、倾角，滑带的组成和岩土状态，裂缝的位置、方向、深度、宽度、产生时间、切割关系和力学属性；分析滑坡的主滑方向、滑坡的主滑段、抗滑段及其变化，分析滑动面的层数、深度和埋藏条件及其向上、向下发展的可能性。

(3)调查滑带水和地下水的情况，泉水出露地点及流量，地表水体、湿地分布及变迁情况。

(4)调查滑坡带内外建筑物、树木等的变形、位移及其破坏的时间和过程。

(5)对滑坡的重点部位宜摄影或录像。

(6)调查当地整治滑坡的经验。

勘探线和勘探点的布置应根据工程地质条件、地下水情况和滑坡形态确定。除沿主滑方向应布置勘探线外，在其两侧滑坡体外也应布置一定数量的勘探线。勘探点间距不宜大于40 m，在滑坡体转折处和预计采取工程措施的地段，也应布置勘探点。

勘探方法除钻探和触探外，应有一定数量的探井。

滑坡勘察应进行下列工作：

(1)查明各层滑坡面(带)的位置。

(2)查明各层地下水的位置、流向和性质。

(3)在滑坡体、滑坡面(带)和稳定地层中采取土试样进行试验。

5.2.1.7 **滑坡防治**

对滑坡的防治应当采取以防为主、整治为辅；查明影响因素，采取综合整治方案；一次性根治，不留后患的原则。在工程位置选择阶段，应尽量避开可能发生滑坡的区域，特别是大型、巨型滑坡区域；在工程场地勘测设计阶段，必须进行详细的工程地质勘测，对可能产生的新滑坡，采取正确、合理的工程设计，避免新滑坡的产生；对已有的老滑坡要防止其复活；对正在发展的滑坡应进行综合整治。整治措施应在查明滑动原因、滑动面位置等主要问题的基础上有针对性地提出，根据工程地质、水文地质条件以及施工影响等因素，分析滑坡可能发生或发展的主要原因，常用的整治措施有以下几方面。

1. 排水

1）排除地表水

排除地表水是整治滑坡不可缺少的辅助措施，而且应是首先采取并长期运用的措施。其目的在于拦截、旁引滑坡外的地表水，避免地表水流入滑坡区，或将滑坡范围内的雨水及泉水尽快排除，阻止雨水、泉水进入滑坡体内（见图5-3）。因此，可在滑坡边界处设环形截水沟，滑坡内修筑树枝状排水沟。此外，还应整平地面，堵塞、夯实滑坡裂缝，防止地表水渗入滑坡体内。在滑坡体及四周植树种草等也有显著效果（见图5-4）。

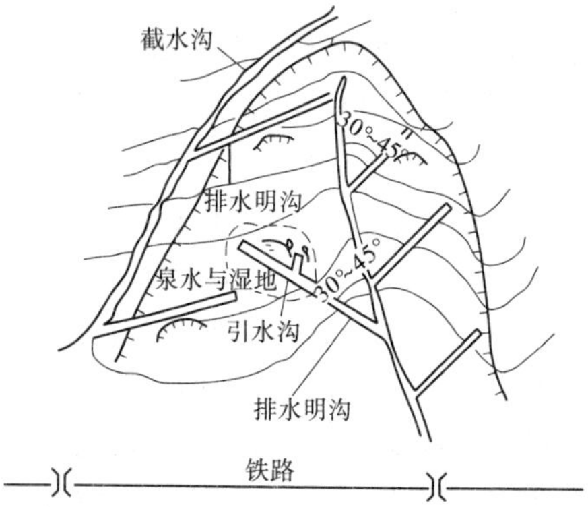

图5-3　地表排水沟和地下排水渠示意图

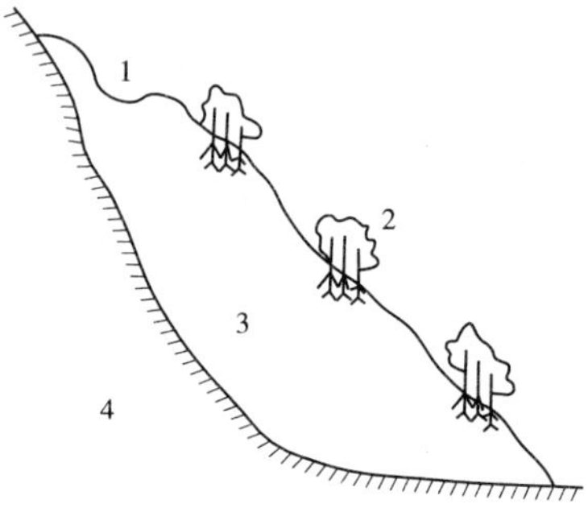

1—排水沟；2—坡面造林；3—滑坡体；4—不透水层

图5-4　滑坡体上造林

2）排除地下水

对于地下水，可疏而不可堵。其主要工程措施是采用截水盲沟，用于拦截和旁引滑坡外围的地下水。盲沟的迎水面应是渗水的，并作反滤层；背水面是隔水的，防止水渗入滑坡体内，为了防止地表水和泥沙渗入盲沟内，沟顶部可设隔水层。另外，还可设置支撑盲沟，支撑盲沟既有支撑作用又有排水作用，这种方法一般在滑坡床较浅、滑坡体内有大量积水或地下水分布层次多的滑坡中采用。支撑盲沟常见的结构类型有拱形、“Y”形和其他类型等。此外，还有盲洞、渗管、渗井、垂直钻孔等排除滑体内地下水的工程措施（见图5-5）。

2. 削方减载

凡属头重脚轻的滑坡以及有可能产生滑坡的高而陡的斜坡，可将滑坡上部或斜坡上部的岩土体削去一部分，减轻上部荷载，这样可减小滑坡或斜坡上的滑动力，因而增加了稳定性。若将上部削除的岩土堆于坡脚处，还可以增加滑坡或斜坡内的抗滑力，进一步提高滑坡或斜坡的稳定性（见图5-6）。

3. 修建支挡工程

因失去支撑而引起滑动的滑坡，或滑坡床陡、滑动可能较快的滑坡，采用修筑支挡工程的办法，可增加滑坡的重力平衡条件，使滑体迅速恢复稳定。支挡建筑物的种类主要有抗滑墙、抗滑桩、锚固工程等（见图5-7、图5-8）。

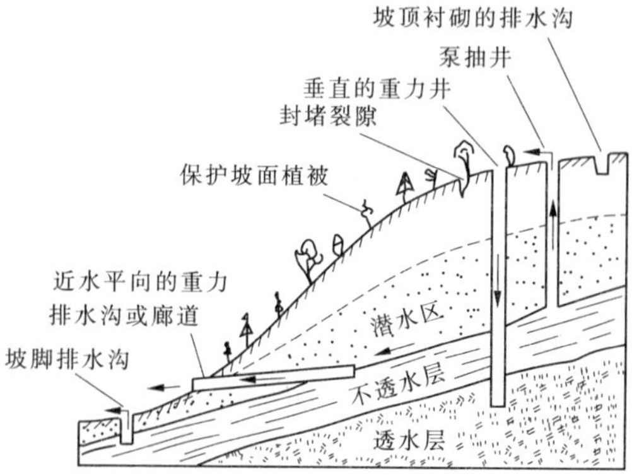

图 5-5　边坡治理的排水法

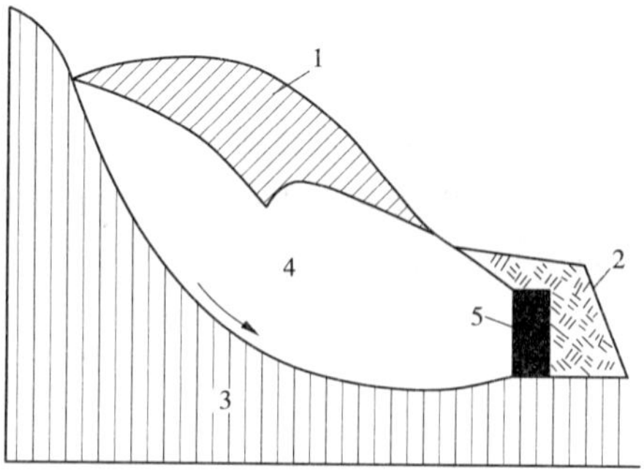

1—削土减重部位;2—卸土修堤反压;
3—渗沟;4—滑坡体;5—不透水层

图 5-6　削方减载

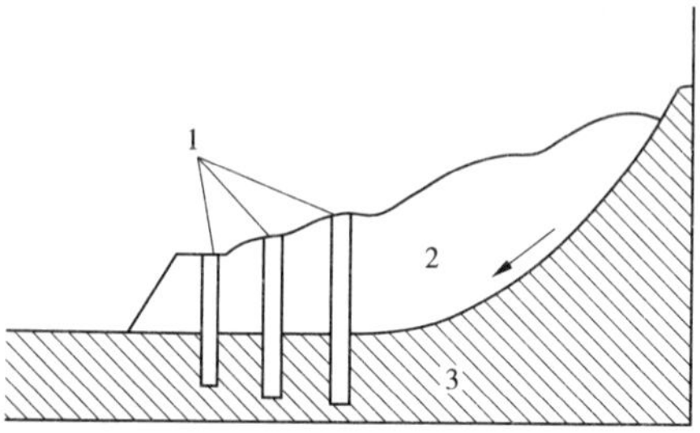

1—抗滑桩;2—滑坡体;3—不透水层

图 5-7　抗滑桩

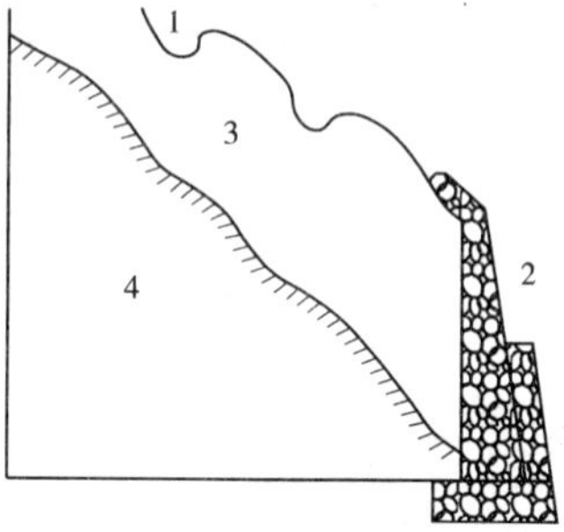

1—排水沟;2—抗滑墙并块石护坡;
3—滑坡体;4—不透水层

图 5-8　抗滑墙

抗滑墙应用广泛,属重型支挡工程,是防治滑坡常用的有效措施之一,常与排水等措施联合使用。它是借助于自身的重量来支挡滑体的下滑力的,因此采用抗滑墙时必须计算出滑坡的滑动推力,查明滑动面的位置,将抗滑墙的基础砌置于最低的滑动面之下,以避免其本身滑动而失去抗滑作用。

抗滑桩是用以支挡滑体下滑力的桩柱，是近 20 多年来逐渐发展起来的抗滑工程，已被广泛采用。桩材料多用钢筋混凝土，桩横断面可为方形、矩形或圆形。抗滑桩一般集中设置在滑坡的前缘附近。这种支挡工程对正在活动的浅层和中厚层滑坡效果较好。

锚固工程也是近 20 多年来发展起来的新型抗滑加固工程，包括锚杆加固和锚索加固。通过对锚杆或锚索预加应力，增大了垂直滑动面的法向压应力，增加了滑动面的抗剪强度，从而阻止滑坡的发生。

4. 土质改良

土质改良的目的在于提高岩土体的抗滑能力，主要用于土体性质的改善。土质改良的方法一般有电化学加固法、硅化法、水泥胶结法、冻结法、焙烧法、石灰灌浆法及电渗排水法等。土质改良的方法在我国应用尚不广泛，有待进一步研究和实践。

5. 防御绕避

当线路工程（如铁路、公路）遇到严重不稳定斜坡地段，处理又很困难时，则可采取防御绕避措施。

应该指出，防治滑坡的措施很多，但是具体采用哪种方法比较经济合理，则应考虑滑坡具体的地质条件、滑坡的特征，分析滑坡产生的主要因素及次要因素，因地制宜地选用某种防治方法，才能达到处理滑坡的目的。

5.2.2 崩塌

5.2.2.1 崩塌的概念

崩塌（崩落、垮塌或塌方）是较陡斜坡上的岩土体在重力作用下突然脱离母体向下崩落、滚动的现象。产生在土体中者称土崩，产生在岩体中者称岩崩。崩塌的规模大小相差悬殊。若陡峻斜坡上个别、少量岩块及碎石脱离坡体向下坠落，称为落石；小型崩塌，称为坠石；规模巨大的山区崩塌称为山崩。崩塌时破碎岩块倾倒、翻滚、跳跃、撞击，最后坠落堆积在坡脚形成的锥状堆积物，称为崩积物，有时也可称为岩堆或倒石堆。

崩塌的发生是突然的、猛烈的，具有强烈的冲击破坏力，常发生在新近上升的山体边缘、坚硬岩石组成的悬崖峡谷地带，河、湖、海岸的陡岸等。大规模的崩塌能摧毁铁路、公路、隧道、桥梁；破坏工厂、矿山、城镇、村庄和农田，直至危及人民的生命安全，造成巨大灾害，被视为“山区病害”之一，见图 5-9、图 5-10。

图 5-9　广西凤山山体崩塌

图 5-10　重庆武隆山体崩塌现场

5.2.2.2 崩塌的形成条件及影响因素

1. 地形地貌条件

地形是引起崩塌的基本因素。江、河、湖(水库)、沟的岸坡及各种山坡、铁路、公路边坡、工程建筑物边坡及其各类人工边坡都是有利崩塌产生的地貌部位,坡度大于45°的高陡斜坡、孤立山嘴或凹形陡坡均为崩塌形成的有利地形。

2. 岩土类型

一般而言,各类岩、土都可以形成崩塌,但类型不同,所形成崩塌的规模大小不同。通常,岩性坚硬的各类岩浆岩、变质岩及沉积岩类的碳酸盐岩、石英砂岩、砂砾岩、初具成岩性的石质黄土、结构密实的黄土等易形成规模较大的崩塌,页岩、泥灰岩等互层岩石及松散土层等往往以小型坠落和剥落为主。另外,硬、软岩相间构成的边坡,因风化的差异性造成硬岩突出、软岩内凹,这样突出悬空的硬岩也易于发生崩塌。

3. 地质构造

岩体中的各种不连续面,如节理、裂隙面、岩层界面、断层等,为坡体的切割、分离及崩塌的形成提供了脱离母体(山体)的边界条件。坡体中裂隙越发育,越易产生崩塌;岩石中层理、片理、劈理的倾向如与斜坡倾向一致,沿这些构造面也容易发生崩塌。当各种不连续面的产状和组合有利于崩塌时,就成为发生崩塌的决定性因素。

坚硬岩石中节理的大量存在有利于岩石的崩塌,而岩石陡坎发生崩塌前常因临空释重,易于产生与陡坡平行的节理,而这种陡倾构造面最有利于崩塌的形成。随着风化作用的进行,节理发育和扩大,使陡岩边坡愈来愈趋于不稳定状态,一旦遇到地震、暴雨、地表水冲击或人工开挖及爆破等因素的触发,就会沿裂隙发生崩落。

4. 气候因素

高寒地区冰劈作用广泛发育,干旱、半干旱气候区昼夜温差及年温差较大,这些地区物理风化强烈,岩石易破碎成碎块,崩塌极为盛行。湿润气候区的河、湖、海岸岸边,在暴雨时或雨后不久,也容易产生崩塌,这是因为下渗的雨水增加了岩石和土体的负荷,破坏了它们的结构,并软化了其中的黏土夹层,使上覆岩体和土体失去支撑。

5. 水的条件

水是诱发崩塌的必要条件。一般来说,崩塌绝大多数发生在雨季。融雪、降雨特别是大雨、暴雨和长时间的连续降雨,使地表水渗入坡体,软化了岩、土及其中软弱面,增大了岩体重量,增加了水的静、动水压力,从而诱发崩塌。

另外,河流等地表水体不断地冲刷坡脚或浸泡坡脚、削弱坡体支撑或软化岩土体,降低坡体强度,也能诱发崩塌。

6. 其他条件

其他条件主要是人为因素和振动影响。不合理的人类活动如开挖坡脚、地下采空、水库蓄水、水库泄水等改变坡体原始平衡状态的人类活动,都会诱发崩塌;地震、列车、爆破施工引起的振动,也是诱发崩塌的因素。

5.2.2.3 崩塌的防治

要有效地防治崩塌,首先必须先查清崩塌形成的条件和诱因、发生的规模以及其危害程度,有针对性地采取防治措施。

1. 绕避

对可能发生的大规模崩塌地段,即使是采用坚固的建筑物,也经受不了这样大规模崩塌的巨大破坏力时,必须设法绕避。对河谷线来说,线路工程可以将线路改移到河对岸,或将线路内移做隧道。采用隧道方案绕避崩塌时,要注意使隧道有足够的长度,防止隧道在运营以后,由于长度不够使隧道进出口受到崩塌的威胁,而后不得不接长明洞,造成浪费和增大投资。

2. 排水

水的参与加大了发生崩塌的可能性,所以要在可能发生崩塌的地段上方修建截水沟,防止地表水流入崩塌区内。崩塌地段地表岩石的节理、裂隙可用黏土或水泥砂浆填封,防止地表水下渗。

3. 清除危岩

若山坡上部可能的崩塌物数量不大,而且母岩的破坏不太严重,则以全部清除为宜。并在清除后,对母岩进行适当的防护加固。

4. 加固边坡

邻近建筑物边坡的上方,如有悬空的危岩或巨大块体的危石威胁到建筑物或行车的安全而又不便清除,则可根据地形特点,采用浆砌片石垛、钢轨插别、支护墙、锚杆等方法支撑加固可能崩落的岩体。对坡面深凹部分也可以进行嵌补,对危险裂缝进行灌浆。

5. 修建防护、拦挡建筑物

对于中型崩塌地段,如绕避不经济,可采用明洞或棚洞等重型防护工程。若山坡的母岩风化严重、崩塌物质来源丰富或崩塌规模虽然不大但可能频繁发生,则可采用拦截建筑物,如落石平台、落石槽、拦石堤或拦石网(钢轨背后加钢丝网)(见图 5-11)等设施,拦挡崩落石块,定期清除,不使其落到道路和建筑物之上。

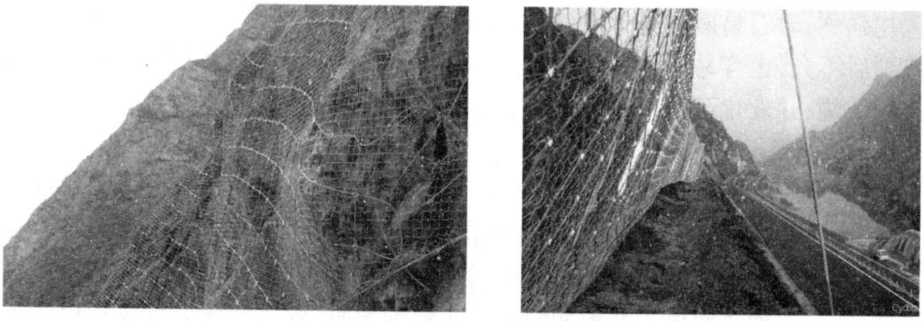

(a) (b)

图 5-11 崩塌防治之拦石网

5.2.2.4 地质灾害(崩塌)调查内容与要求

拟建工程场地或其附近存在对工程安全有影响的危岩或崩塌时,应进行危岩和崩塌勘察。

危岩和崩塌勘察宜在可行性研究或初步勘察阶段进行,应查明产生崩塌的条件及其规模、类型、范围,并对工程建设适宜性进行评价,提出防治方案的建议。

危岩和崩塌地区工程地质测绘的比例尺宜采用 1:500～1:1 000;崩塌方向主剖面的

比例尺宜采用1:200，尚应查明下列内容：

(1)崩塌区的地形地貌及崩塌类型、规模、范围，崩塌体的大小和崩落方向。

(2)崩塌区岩体的岩性特征、风化程度和水的活动情况。

(3)崩塌区的地质构造、岩体结构类型、结构面的产状、组合关系、闭合程度、力学属性、延展与贯穿情况及编绘崩塌区的地质构造图。

(4)气象(重点是大气降水)、水文和地震情况。

(5)崩塌前的迹象和崩塌原因，地貌、岩性、构造、地质、采矿、爆破、温差变化、水的活动等。

(6)当地防治崩塌的经验。

当需判定危岩的稳定性时，宜对张裂缝进行监测。对有较大危害的大型危岩，应结合监测结果，对可能发生崩塌的时间、规模、滚落方向、途径、危害范围等作出预报。

各类危岩和崩塌的岩土工程评价应符合下列规定：

(1)规模大，破坏后果很严重，难于治理的，不宜作为工程场地，线路应绕避。

(2)规模较大，破坏后果严重的，应对可能产生崩塌的危岩进行加固处理，线路应采取防护措施。

(3)规模小，破坏后果不严重的，可作为工程场地，但应对不稳定危岩采取治理措施。

5.2.2.5 简易监测方法

地质灾害简易监测是指借助于简单的测量工具、仪器装置和量测方法，监测灾害体、房屋或构筑物裂缝位移变化的监测方法。

1.一般常用监测方法

1)埋桩法

埋桩法适合对崩塌、滑坡体上发生的裂缝进行观测。在斜坡上横跨裂缝两侧埋桩，用钢卷尺测量桩之间的距离，可以了解滑坡变形滑动过程。对于土体裂缝，埋桩不能离裂缝太近。

2)埋钉法

在建筑物裂缝两侧各钉一颗钉子，通过测量两侧两颗钉子之间的距离变化来判断滑坡的变形滑动。这种方法对临灾前兆的判断是非常有效的。

3)上漆法

在建筑物裂缝的两侧用油漆各画上一道标记，与埋钉法原理是相同的，通过测量两侧标记之间的距离来判断裂缝是否存在扩大。

4)贴片法

横跨建筑物裂缝粘贴水泥砂浆片或纸片，如果水泥砂浆片或纸片被拉断，说明滑坡发生了明显变形，须严加防范。与上面三种方法相比，贴片法不能获得具体数据，但是，可以非常直接地判断滑坡的突然变化情况。

地质灾害群测群防监测方法除采用埋桩法、贴片法和灾害前兆观察等简单方法外，还可以借助简易、快捷、实用并易于掌握的位移、地声、雨量等群测群防预警装置和简单的声、光、电警报信号发生装置，来提高预警的准确性和临灾的快速反应能力。

2.监测次数和时间

旱季每15 d监测一次。雨季(4～9月)每5 d监测一次(如每月5日、10日、15日、20

日、25 日、30 日），如发现监测地质灾害点有异常变化或在暴雨、连续降雨天气时，特别是 12 h 降雨量达 50 mm 以上时，应加密监测次数，如每天 1 次或多次，甚至昼夜安排专人监测。

5.2.2.6 崩塌与滑坡的关系

崩塌和滑坡常常相伴而生，产生于相同的地质构造环境、相同的地层岩性构造条件，且有着相同的触发因素，容易产生滑坡的地带也是崩塌的易发区。例如，宝成铁路宝鸡至绵阳段，即是滑坡和崩塌的多发区。崩塌、滑坡在一定条件下可互相诱发、互相转化。一个地方长期不断地发生崩塌，其积累的大量崩塌堆积体在一定条件下可生成滑坡；有时崩塌在运动过程中直接转化为滑坡运动，且这种转化是比较常见的。有时岩土体的重力运动形式介于崩塌和滑坡之间，以至于人们无法区别此运动是崩塌还是滑坡。因此，地质科学工作者称此为滑坡式崩塌或崩塌型滑坡。另外，滑坡和崩塌也有着相同的次生灾害和相似的发生前兆。

崩塌与滑坡有相似性也有区别，其区别主要表现在以下几方面：

（1）崩塌发生之后，崩塌物常堆积在山坡坡脚，呈锥形体，结构零乱，毫无层序；而滑坡堆积物常具有一定的外部形状，滑坡体的整体性较好，反映出层序和结构特征。也就是说，在滑坡堆积物中，岩土体的上下层位和新老关系没有多大的变化，仍然是有规律的分布。

（2）崩塌体完全脱离母体（山体），而滑坡体则很少是完全脱离母体的，多属部分滑坡体残留在滑床之上。

（3）崩塌发生之后，崩塌物的垂直位移量远大于水平位移量，其重心位置降低了很多；而滑坡则不然，通常是滑坡体的水平位移量大于垂直位移量。多数滑坡体的重心位置降低不多，滑动距离却很大。同时，滑坡下滑速度一般比崩塌慢。

（4）崩塌堆积物表面基本上不见裂缝分布。而滑坡体表面，尤其是新发生的滑坡，其表面有很多具有一定规律性的纵横裂缝。比如：分布在滑坡体上部（也就是后部）的弧形拉张裂缝；分布在滑坡体中部两侧的剪切裂缝（呈羽毛状）；分布在滑坡体前部的横张裂缝，其方向垂直于滑坡方向，也即受压力的方向；分布在滑坡体中前部，尤其是分布在滑坡舌部的扇形张裂缝，或者称为滑坡前缘的放射状裂缝。

5.2.3 泥石流

5.2.3.1 泥石流及其分布

含有大量泥沙、石块等固体物质，突然暴发的，具有很大破坏力的特殊洪流称为泥石流。

泥石流常常是突然暴发的，历时短暂，来势凶猛。暴发时山谷雷鸣，地面震动，巨量的水体携带着几十万甚至几百万立方米的砂石，依仗着陡峻的山势，沿着峡谷深涧，前推后拥，猛冲下来，在很短时间内将大量的泥沙石块冲出沟外，横冲直撞、漫流堆积，破坏性极大。它常冲毁交通线路和耕地、堵塞河道，大的泥石流甚至掩埋村庄、摧毁城镇，破坏沿途一切工程建筑物，给人民生命财产和国民经济建设带来严重危害（见图 5-12）。

我国是世界上泥石流最发育的国家之一，主要集中分布在西南、西北、华北山区，如云南、四川的西部和北部，西藏东部和南部，秦岭、甘肃东南部，青海东部、祁连山、昆仑山、天山、太行山等地区，在华东、中南及东北部分山区也有零星分布。

5.2.3.2 泥石流形成条件

图 5-12 汶川地震引发泥石流

泥石流与一般洪流的不同之处在于,它含有大量的固体物质。泥石流的形成必须具备丰富的松散固体物质、陡峻的地形和足够的突发性水源三个基本条件。另外,某些人为因素对泥石流的形成也有不可忽视的影响。

1. 松散固体物质(地质条件)

在形成区内有大量易于被水流侵蚀冲刷的疏松土石堆积物,是泥石流形成的最重要的条件。地质条件决定了这些松散固体物质的来源。若形成区的物质供应区内有大量松散堆积物质且分布广、厚度大,或岩石风化剧烈,构造活动频繁,断裂节理发育,岩石遭受剧烈切割破碎,从而产生大量的滑坡、崩塌等现象,或人类活动造成大量松散物质,如废泥土或石渣等,给泥石流的发生提供了丰富的物质资源。

2. 陡峻的地形(地形条件)

形成泥石流的地形条件要求大气降水能迅速汇聚,并拥有巨大的动能。为此,沟上游应有一个汇水面积较大,地形、沟床坡度比较陡的区域。

标准型泥石流:具有明显的形成区、流通区和沉积区三个区段。形成区多崩塌、滑坡等地质灾害,地面坡度陡峻;流通区较稳定,沟谷断面多呈 V 形;沉积区一般呈现扇形,沉积物棱角明显。此类泥石流破坏能力强,规模较大(见图 5-13)。

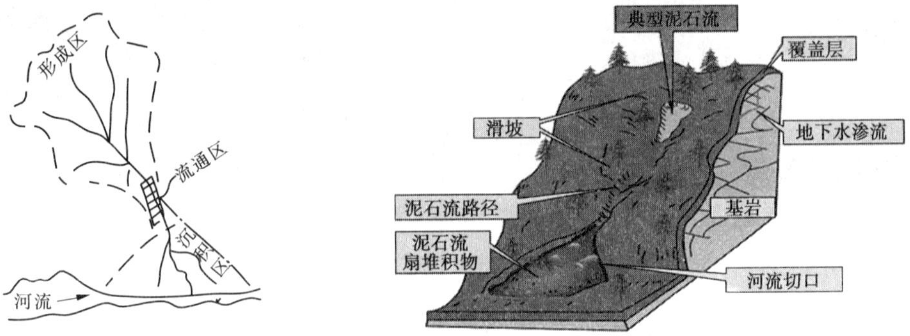

图 5-13 标准泥石流

1)形成区

形成区一般位于泥石流沟的上中游。该区多为三面环山、一面出口的半圆形宽阔地段,周围山坡陡峻(大多为 30°~60°),沟谷纵坡降可达 30°以上。斜坡常被冲沟切割,且崩塌、滑坡发育;坡体光秃,无植被覆盖,有利于汇集周围山坡上的水流和固体物质。

2)流通区

该区是泥石流搬运通过的地段,多为狭窄而深切的峡谷或冲沟,谷壁陡峻而纵坡降较大,常出现陡坎和跌水,所以泥石流物质进入本区后具极强的冲刷能力。流通区形似颈状或喇叭状。非典型的泥石流沟可能没有明显的流通区。

3)沉积区

该区是泥石流物质的停积场所,一般位于山口外或山间盆地的边缘,地形较平缓。泥石流至此速度急剧变小,最终堆积下来,形成扇形、锥状堆积体,有的堆积区还直接为河漫滩或阶地。

3. 足够的突发性水源(水源条件)

泥石流形成必须有强烈的地表径流,地表径流是暴发泥石流的动力条件。泥石流的地表径流来源于暴雨、高山冰雪强烈融化或水库溃决等。因此,在时间上多发生在降雨集中的雨季或高山冰雪消融季节,主要是在每年的夏季。

4. 人为因素

人类工程活动的不当可促进泥石流的发生、发展、复活或加重其危害程度。山区滥伐森林,不合理开垦土地,破坏植被和生态平衡,造成水土流失,并产生大面积山体崩塌和滑坡;开矿采石,筑路中任意堆放弃渣等都直接或间接地为泥石流提供了固体物质来源和地表流水迅速汇聚的条件。

5.2.3.3 泥石流分类

泥石流产生的地形地质条件有差别,故泥石流的性质、物质组成、流域特征及其危害程度等,也随地形地质的不同而变化。因此,对泥石流类型的划分目前尚未统一,仍处于探索中。

1. 按所含固体物质成分分类

按所含固体物质成分,泥石流可分为泥流、泥石流和水石流(见图5-14)。

(a)泥流　(b)泥石流　(c)水石流

图5-14　泥石流的类型

(1)泥流:以黏性土为主,含少量砂粒、石块,黏度大,呈稠泥状的叫泥流。我国主要分布于甘肃天水、兰州及青海的西宁等黄土高原山区和黄河的各大支流,如渭河、湟水、洛河、泾河等地区。

(2)泥石流:由大量黏性土和粒径不等的砂粒、石块组成的叫泥石流。基岩裸露剥蚀强烈的山区产生的泥石流多属此类。我国主要发生在西藏波密、四川西昌、云南东川、贵州遵义等地区。

(3)水石流:由水和大小不等的砂粒、石块组成的叫水石流。水石流主要分布于石灰岩、石英岩、大理岩、白云岩、玄武岩及坚硬的砂岩地区,如陕西华山、山西太行山、北京西山、辽宁东部山区的泥石流多属此类。

2. 按地貌特征分类

按地貌特征,泥石流可分为山坡型泥石流和沟谷型泥石流(见图5-15)。

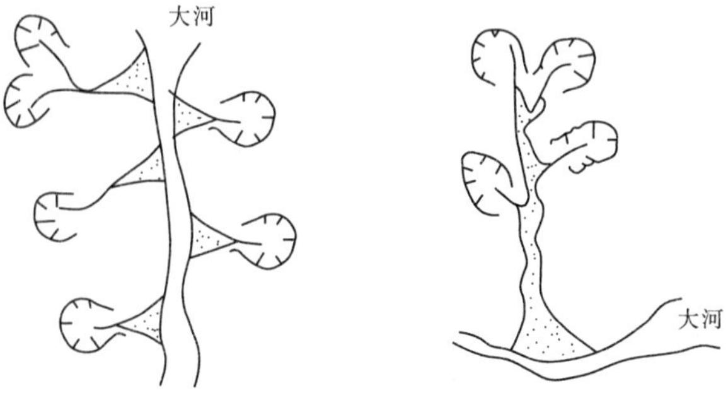

(a)山坡型泥石流　　(b)沟谷型泥石流

图 5-15　泥石流类型

(1)山坡型泥石流:沟小流短,沟坡与山坡基本一致,没有明显的流通区,形成区直接与堆积区相连。洪积扇坡陡而小,沉积物棱角分明;冲击力大,淤积速度较快,但规模较小。

(2)沟谷型泥石流:流域呈狭长形,形成区则分散在河谷的中上游;固体物质补给远离堆积区,沿河谷既有堆积又有冲刷;沉积物棱角不明显。此类泥石流破坏能力较强,周期较长,规模较大。

3. 按流体性质分类

(1)黏性泥石流:含黏性土的泥石流或泥流。其特征一是黏性大,固体物质占 40% ~ 60%,最高达 80%,水不是搬运介质,而是组成物质;二是稠度大,石块呈悬浮状态,暴发突然,持续时间短,破坏力大。

(2)稀性泥石流:以水为主要成分,黏性土含量少,固体物质占 10% ~40%,有很大的分散性。水为搬运介质,石块以滚动或跳跃方式前进,具有强烈的下切作用。其堆积物在堆积区呈扇状散流,沉积后似"石海"。

以上分类是我国泥石流最常见的几种分类方法。除此之外,还有多种分类方法,如按泥石流的成因分类有冰川型泥石流、降雨型泥石流;按泥石流流域大小分类有大型泥石流、中型泥石流和小型泥石流;按泥石流发展阶段分类有发展期泥石流、旺盛期泥石流和衰退期泥石流等。

5.2.3.4　泥石流地区道路位置的选择

山区道路选线一般都是利用山坡坡脚至河岸间的坡地或阶地沿河前进的,因此穿越泥石流地区是难以避免的。如何合理地选择交通线路的位置就成为一个十分重要的问题,如果选线不当,轻则可能造成很多泥石流病害工点,重则整段线路无法正常使用,为此付出的代价是无法估量的。从根本上讲,掌握泥石流的特征及其发生发展规律,选择好线路的位置是防治泥石流最有效的措施。

一般来说,铁路、公路通过泥石流区,应遵循以下原则:

(1)绕避处于发育旺盛期的特大型、大型泥石流或泥石流群,以及淤积严重的泥石流沟。

(2)远离泥石流堵河严重地段的河岸。

(3)线路高程应考虑泥石流发展趋势。

(4)峡谷河段以高桥大跨通过。

(5)宽谷河段,线路位置及高程应根据主河床与泥石流沟淤积率、主河摆动趋势确定。

(6)线路跨越泥石流沟时,应避开河床纵坡由陡变缓的位置和平面上的急弯部位;不宜压缩沟床断面,改沟并桥或沟中设墩;桥下应留足净空。

(7)严禁在泥石流扇上挖沟设桥或做路堑。

5.2.3.5 泥石流的防治措施

目前,泥石流的防治措施很多。归纳起来,有绕避、工程措施、生物措施等方法。若严重发育地段且属大型的泥石流,一般以绕避为好,在工程布设上广泛采用。万一无法绕避的,在调查泥石流活动规律后,选择有利部位,采用适宜的建筑物通过。泥石流的整治是在研究了泥石流的发生条件、发展阶段、流域特征、规模及其活动规律以及对工程建筑物的影响程度的基础上,因地制宜,采用各种不同的有效方法进行处理。

1. 工程措施

泥石流防治的工程措施是在泥石流的形成区、流通区、堆积区内,相应地采取蓄水、引水工程,拦挡、支护工程,排导、引渡工程,停淤工程及改土护坡工程等治理措施,以控制泥石流的发生和危害。泥石流防治的工程措施通常适用于泥石流规模大,暴发不很频繁、松散固体物质补给及水动力条件相对集中,保护对象重要,防治要求标准高、见效快、一次性解决问题等情况。

(1)穿过工程:修隧道、明洞和渡槽,从泥石流沟下方通过,另外还可修建用于排放泥石流的护路廊道。穿过工程是铁路和公路通过泥石流地区的又一主要工程形式。

(2)跨越工程:修建桥梁、涵洞,从泥石流沟上方跨越通过,让泥石流在其下方排泄,用以避防泥石流。跨越工程是铁道部门和公路交通部门为了保障交通安全常用的措施。

(3)防护工程:对泥石流地区的桥梁、隧道、路基,泥石流集中的山区变迁型河流的沿河线路或其他重要工程设施,作一定的防护建筑物,用以抵御或消除泥石流对主体建筑物的冲刷、冲击、侧蚀和淤埋等危害。防护工程主要有护坡、挡墙、丁坝等。

(4)排导工程:主要用于下游的洪积扇上,目的是防止泥石流漫流改道,使泥石流按设计意图顺利排泄,减小冲刷和淤积的破坏,以保护附近的居民点、工矿点和交通线路。排导工程包括排导沟、导流堤、排洪道、渡槽、急流槽、束流堤等,见图5-16。

图5-16 泥石流治理之排洪道

(5)拦挡工程：主要用于上游形成区的后缘，用以控制泥石流的固体物质和雨洪径流，削弱泥石流的流量、下泄总量和能量，以减少泥石流对下游的冲刷、撞击和淤埋等危害的工程设施。主要的拦挡措施有拦渣坝、储淤场、支挡工程、截洪工程等，见图5-17、图5-18。前三类起拦渣、滞流、固坡作用，控制泥石流的固体物质供给；截洪工程的作用在于控制雨洪径流，总的目的是削弱泥石流的能量。

图5-17　防治泥石流的拦石网

图5-18　防治泥石流的拦沙坝

泥石流的防治是一项艰难而持久的工作，根据被整治对象的具体情况，考虑泥石流的形成条件、具体特征、发生危害规模及其类型差别等多种因素，因地制宜地选用上述防治措施中的几项或多项措施，对泥石流进行综合治理，才能够有效地防治泥石流造成的工程危害。一般来说，在以坡面侵蚀及沟谷侵蚀为主的泥石流地区，应以生物措施为主，辅以工程措施；在崩塌、滑坡强烈活动的泥石流形成区，应以工程措施为主，兼用生物措施；而在坡面侵蚀和重力侵蚀兼有的泥石流地区，则以综合治理效果最佳。

2. 生物措施

生物措施就是要进行水土保持，维持较优化的生态平衡，其措施包括恢复植被和合理耕牧。一般采用乔、灌、草等植物进行科学地配置营造，充分发挥其滞留降水、保持水土、调节径流等功能，从而达到预防和制止泥石流发生或减小泥石流规模，减轻其危害程度的目的。生物措施一般需要在泥石流沟的全流域实施，对适宜植树造林的荒坡更需采取此种措施，但要正确地解决好农、林、牧、薪之间的矛盾，如果管理不善，很难收到预期的效果。

与泥石流工程防治措施相比较，生物防治措施具有应用范围广、投资省、风险小，能促进生态平衡，改善自然环境条件，具有生产效益，以及防治作用持续时间长的特点。生物措施一般需长时间才能见效，在一些滑坡、崩塌等重力侵蚀现象严重地段，单独依靠生物措施不能解决问题，还需与工程措施相结合才能产生明显的防治效能。

5.2.3.6　地质灾害(泥石流)的勘察内容与要求

拟建工程场地或其附近有发生泥石流的条件并对工程安全有影响时，应进行专门的泥石流勘察，调查范围应包括沟谷至分水岭的全部地段和可能受泥石流影响的地段。

泥石流勘察应在可行性研究或初步勘察阶段进行，应查明泥石流的形成条件和泥石流的类型、规模、发育阶段、活动规律，并对工程场地作出适宜性评价，提出防治方案的建议。

泥石流勘察应以工程地质测绘和调查为主。测绘范围应包括沟谷至分水岭的全部地段和可能受泥石流影响的地段。测绘比例尺,对全流域宜采用1:50 000,对中下游可采用1:2 000～1:10 000。应调查下列内容:

(1)冰雪融化和暴雨强度,前期降雨量,一次最大降雨量,平均及最大流量,地下水活动情况。

(2)地层岩性,地质构造,不良地质现象,松散堆积物的物质组成、分布和储量。

(3)沟谷的地形地貌特征,包括沟谷的发育程度、切割情况,坡度、弯曲、粗糙程度,并划分泥石流的形成区、流通区和堆积区及圈绘整个沟谷的汇水面积。

(4)形成区的水源类型、水量、汇水条件、山坡坡度、岩层性质及风化程度。查明断裂、滑坡、崩塌、岩堆等不良地质现象的发育情况及可能形成泥石流固体物质的分布范围、储量。

(5)流通区的沟床纵横坡度、跌水、急湾等特征。查明沟床两侧山坡坡度、稳定程度,沟床的冲淤变化和泥石流的痕迹。

(6)堆积区的堆积扇分布范围、表面形态、纵坡、植被、沟道变迁和冲淤情况;查明堆积物的性质、层次、厚度,一般粒径、最大粒径以及分布规律。判定堆积区的形成历史、堆积速度,估算一次最大堆积量。

(7)泥石流沟谷的历史,历次泥石流的发生时间、频数、规模、形成过程、暴发前的降雨情况和暴发后产生的灾害情况,并区分正常沟谷或低频率泥石流沟谷。

(8)开矿弃渣、修路切坡、砍伐森林、陡坡开荒及过度放牧等人类活动情况。

(9)当地防治泥石流的措施和经验。

当需要对泥石流采取防治措施时,应进行勘探测试,进一步查明泥石流堆积物的性质、结构、厚度,固体物质含量、最大粒径,流速、流量,冲出量和淤积量。

5.2.3.7 滑坡、崩塌与泥石流的关系

滑坡、崩塌与泥石流三者是不同的地质灾害类型,具有不同的特征,但它们往往是相互联系、相互转化的,具有不可分割的密切关系。泥石流与滑坡、崩塌有着许多相同的促发因素,易发生滑坡、崩塌的区域也易发生泥石流,只不过泥石流的暴发多了一项必不可少的水源条件。崩塌和滑坡形成的破碎物质常常是泥石流重要的固体物质来源,在一定量的足够的水源条件下就会生成泥石流,因而有些泥石流是滑坡和崩塌的次生灾害。另外,滑坡、崩塌还常常在运动过程中直接转化为泥石流,或者滑坡、崩塌发生一段时间后,其堆积物在一定的水源条件下生成泥石流。

5.3 岩溶作用

5.3.1 岩溶及其形态特征

5.3.1.1 概念

岩溶又称喀斯特,是指可溶性岩石在漫长的地质年代里受地表水和地下水,以化学溶蚀为主、机械侵蚀和崩塌为辅的地质营力的综合作用和由此产生的各种现象的统称。

岩溶在我国分布广泛，主要分布于西南、中南地区，其中桂、黔、滇、川东、鄂西、粤北连成一片，面积达 56 万 km^2。另外，在华北、华东、东北地区也有分布。有的岩溶发育在岩盐类岩石（如岩盐、钾盐）中；有的发育在硫酸盐类岩石（如石膏、硬石膏）中；但以碳酸盐类岩石中发育的岩溶现象最为普遍，如石灰岩、白云岩等，在我国西南各省几乎到处可见，岩溶地质现象奇丽壮观、引人入胜，尤其是广西桂林的岩溶现象更为著名，素有“桂林山水甲天下，阳朔山水甲桂林”之称，是世界游览胜地之一。

地表水、地下水对可溶岩进行溶解和冲刷，结果在岩石内造成了空洞，使岩石结构发生变化和破坏，形成了一系列独特的地貌景观，造成了特殊的地下水类型，降低了原有岩石的强度，导致了较复杂的地质问题。

5.3.1.2 岩溶的形态特征

岩溶形态可分为地表岩溶形态和地下岩溶形态。地表岩溶形态有溶沟（槽）、石芽、漏斗、落水洞、溶蚀洼地、坡立谷、溶蚀平原等。地下岩溶形态有溶洞、暗河、天生桥等（见图 5-19）。

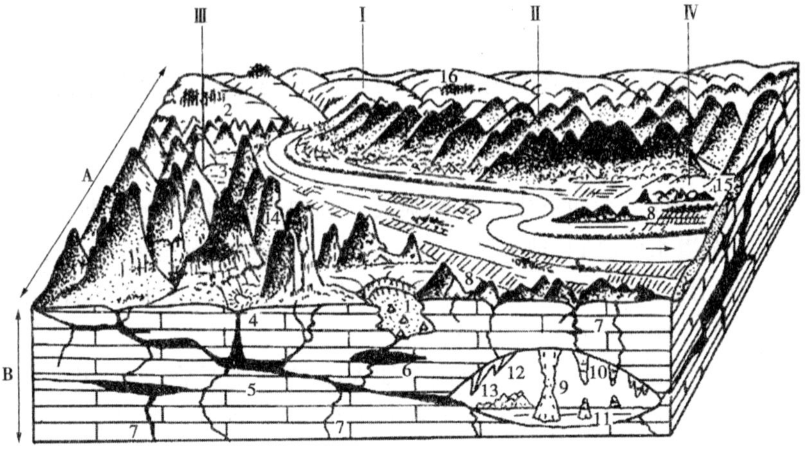

形态组合：Ⅰ—岩溶高原；Ⅱ—峰丛－洼地（谷地）；Ⅲ—峰林－洼地（谷地）；Ⅳ—岩溶平原

岩溶形态：1—岩溶塌陷；2—石林；3—溶蚀洼地；4—落水洞（或漏斗）；5—暗河；6—地下湖；7—溶隙；8—溶蚀残丘；9—石柱；10—石钟乳；11—石笋；12—石幕；13—洞穴角砾；14—抬升的溶洞；15—岩溶泉；16—陡崖；A—地表岩溶；B—地下岩溶

图 5-19　岩溶地貌示意图

1. *溶沟和石芽*

地表水沿地表岩石低洼处或沿节理溶蚀和冲刷，在可溶岩表面形成的沟槽称溶沟。其宽深可由数十厘米至数米不等。在纵横交错的沟槽之间，残留凸起的牙状岩石称石芽。如果溶沟继续向下溶蚀，石芽逐渐高大，沟坡近于直立且发育成群，远观像石芽林，称为石林。如云南路南县的石林奇观，堪称世界之最，其中石芽最高达 30 m 以上，峭壁林立，千姿百态。

2. *漏斗*

漏斗是岩溶发育地区的一种漏斗状洼地，平面为圆形或椭圆形，直径几米至几十米或更大，深度为 1 ~ 15 m。漏斗是地表水沿岩石裂隙下渗过程中，逐步溶蚀岩石，使上部岩石顶板塌落而形成的，故其底部常有坍塌物或流水带来的物质的堆积。

3. 溶蚀洼地和坡立谷(溶蚀盆地)

由溶蚀作用为主形成的一种封闭、半封闭洼地称溶蚀洼地。溶蚀洼地多由地面漏斗群不断扩大汇合而成，面积有几十平方米至几万平方米不等。

坡立谷是一种大型封闭洼地，也称溶蚀盆地。面积有几平方千米至几百平方千米，进一步发展则成溶蚀平原。坡立谷谷底平坦，常有较厚的第四纪沉积物，谷周为陡峻斜坡，谷内有岩溶泉水形成的地表流水流至落水洞又降至地下，故谷内常有沼泽、湿地或小型湖泊。

如广西一带溶蚀洼地很多，其直径几百米至 1 ~ 2 km，洼地底部有厚 2 ~ 3 m 的红土覆盖，表面有耕地分布。

4. 峰丛、峰林和孤峰

此三种形态是岩溶作用极度发育的产物。溶蚀作用初期，山体上部被溶蚀，下部仍相连通称峰丛；峰丛进一步发展成分散的、仅基底岩石稍许相连的石林称峰林；耸立在溶蚀平原中孤立的个体山峰称孤峰，它是峰林进一步发展的结果。

5. 落水洞

落水洞是地表水沿近于垂直的裂隙向下溶蚀而成的洞穴，是地表水进入地下深处的通道，常与暗河相连。

6. 溶洞

地下水沿裂隙溶蚀扩大而形成的各种洞穴。溶洞形态多变，洞身曲折、分岔，断面不规则。地面以下至潜水面之间，地表水垂直下渗，溶洞以竖向形态为主；在潜水面附近，地下水多水平运动，溶洞多为水平方向迂回曲折延伸的洞穴。地下水中多含碳酸盐，在溶洞顶部和底部饱和沉淀而成石钟乳、石笋和石柱。

规模较大的溶洞，长达几十千米，洞内宽如大厅，窄处似长廊。如：美国肯塔基州的猛犸洞长达 240 km，为世界之冠。水平溶洞有的不止一层，如江苏宜兴善卷洞，该洞有上、中、下三层，每层相互连通。上洞、中洞属同一水平溶洞系统，都很开阔，可容数百人；下洞中发育有近 100 m 的地下河，沿地下河行舟可以直通地面。

7. 暗河

岩溶地区地下沿水平溶洞流动的河流称暗河。暗河是地下岩溶水汇集和排泄的主要通道，其水源经常是通过地面的岩溶沟槽和漏斗经落水洞流入暗河内。因此，可以根据这些地表岩溶形态的分布位置，大概地判断暗河的发展和延伸方向。

溶洞和暗河对各种建筑物特别是地下工程建筑物造成较大危害，应予特别重视。

8. 天生桥

天生桥是溶洞和暗河洞道塌陷直达地表而局部洞道顶板不塌陷，形成的一个横跨水流的石桥，称为天生桥。天生桥常为地表跨过槽谷或河流的通道。

5.3.2 岩溶的形成条件

5.3.2.1 岩石的可溶性

岩石的可溶性取决于岩石的成分和结构。可溶性的岩石主要指石灰岩、白云岩、石膏及岩盐等。由于它们的成分和结构不同,其溶解性能也各不相同。石灰岩、白云岩是碳酸盐类岩石,溶解度小,溶蚀速度慢;石膏的溶蚀速度快;岩盐的溶蚀速度最快。石灰岩和白云岩分布广泛,经过长期溶蚀,岩溶现象十分显著。

5.3.2.2 岩石的透水性

岩石的透水性取决于岩石的裂隙度与孔隙度。完整无裂隙(孔隙)的岩石,水不能进入地下岩石内部,溶蚀作用则仅限于岩石露在地面的部分。风化裂隙可使岩溶发育于地面以下一定深度的岩石内,构造节理和断层则使岩溶向更深处发育成规模更大的地下溶洞或暗河。

5.3.2.3 水的溶蚀能力

水的溶蚀能力是岩溶发育的必要条件。纯水几乎不具溶蚀能力。天然水的溶蚀能力多半取决于其中 CO_2 的含量,水中含侵蚀 CO_2 越多,则水的溶蚀能力就越强,就会大大增强对可溶岩的溶解速度。由于水中 CO_2 主要来自土壤层中微生物不断制造的 CO_2,因此岩溶强度随深度增大而变弱。此外,随着水温的增高,进入水中的 CO_2 扩散速度增大,使岩溶加强,故热带可溶岩溶蚀速度比温带、寒带快。

5.3.2.4 水的流动性

岩溶地区地下水的循环交替运动是形成岩溶的必要条件。停滞不动的地下水,对岩石的溶解很快达到饱和,就会失去继续溶蚀的能力。只有当水处于不断的流动状态,才会不断地溶解岩石中的可溶成分,并使其随水带走,长此以往,便会形成一系列的岩溶地貌。

5.3.3 岩溶地区工程地质问题

随着社会建设的日益发展,必然会有更多的工程建筑物在岩溶地区兴建,因而碰到一些较复杂的地质问题,且导致的工程地质问题也是多方面的,它对各项工程建筑均有不同程度的影响及危害。概括起来,与岩溶有关的工程地质问题有:

(1)可溶性岩石强度的降低对地基稳定性的影响,可溶性岩石均匀性溶蚀及非均匀性溶蚀对地基的影响问题。

(2)地表岩溶现象如溶洞、溶槽、石芽、溶蚀漏斗等对地基稳定性的影响。

(3)地下岩溶如溶洞、溶蚀裂隙、暗河等对地基稳定性的影响;在岩溶地区开采矿产或修建地下工程建筑物,发生岩溶水突涌、淹没坑道、危及人民生命财产等问题。

(4)在岩溶地区修建水利工程设施,如水库、水渠以及其他工程等时,坝基的稳定性及可能的渗漏问题。

(5)岩溶地区地下水一般较丰富,若在岩溶区开采利用地下水资源造成地下水位大面积下降,由此而引起的地表塌陷,影响和危害各种建筑物安全的问题。

(6)利用天然溶洞做地下仓库或厂房,溶洞顶底板的安全稳定问题。

(7)在岩溶地区由于岩溶化作用,常有大量石灰华及其他物质堆积,如在堆积物上选择地基可能产生的不均匀沉陷的问题等。

存在下列情况之一且未经处理的场地,不应作为建筑物地基:

①浅层溶洞成群分布,洞径大,且不稳定的地段。

②漏斗、溶槽等埋藏浅,其中充填物为软弱土体。

③土洞或塌陷等岩溶强发育的地段。

④岩溶水排泄不畅,有可能造成场地暂时淹没的地段。

总之,和岩溶有关的工程地质问题是多方面的,而且影响因素较为复杂,往往受各种因素的综合影响。

5.3.4 岩溶场地的工程地质调查

拟建工程场地或其附近存在对工程安全有影响的岩溶时,应进行岩溶勘察。

岩溶勘察宜采用工程地质测绘和调查、物探、钻探等多种手段结合的方法进行,并应符合下列要求:

(1)可行性研究勘察应查明岩溶洞隙、土洞的发育条件,并对其危害程度和发展趋势作出判断,对场地的稳定性和工程建设的适宜性作出初步评价。

(2)初步勘察应查明岩溶洞隙及其伴生土洞、塌陷的分布、发育程度和发育规律,并按场地的稳定性和适宜性进行分区。

(3)详细勘察应查明拟建工程范围及有影响地段的各种岩溶洞隙和土洞的位置、规模、埋深,岩溶堆填物性状和地下水特征,为地基基础的设计和岩溶的治理提出建议。

(4)施工勘察应针对某一地段或尚待查明的专门问题进行补充勘察。当采用大直径嵌岩桩时,尚应进行专门的桩基勘察。

岩溶场地的工程地质测绘和调查,应调查下列内容:

(1)岩溶洞隙的分布、形态和发育规律。

(2)岩面起伏、形态和覆盖层厚度。

(3)地下水赋存条件、水位变化和运动规律。

(4)岩溶发育与地貌、构造、岩性、地下水的关系。

(5)土洞和塌陷的分布、形态及发育规律。

(6)土洞和塌陷的成因及其发展趋势。

(7)当地治理岩溶、土洞和塌陷的经验。

5.3.5 岩溶的防治措施

5.3.5.1 岩溶地基的处理方法

1. 挖填

挖填是指挖除岩溶形态中的软弱充填物或凿出局部的岩石露头,回填碎石、混凝土和各种可压缩性材料,以达到改良地基的目的。

2. 跨盖

跨盖是指采用梁式基础或拱形结构等跨越溶洞、沟槽等,或用刚性大的平板基础覆盖沟槽、溶洞等(见图 5-20)。

图 5-20 岩溶地区跨盖处理示意图

3. 灌注

对于埋深大、体积也大的溶洞,采用挖填、跨盖处理不经济时，则可用灌注方法处理，通过钻孔向洞内灌入水泥砂浆或混凝土以堵塞洞穴。

4. 排导

水的活动常常对岩溶地基中的胶结物或充填物进行溶蚀和冲刷，促使岩溶中的裂隙扩大，引起溶洞顶板坍塌，故必须对岩溶水进行排导处理。在处理前，首先应查明水的来源情况，实地的地形、生产条件和场地情况，然后采用不同的排导方法，如对降雨、生产废水则采用排水沟、截水沟排水；对地下水可采用盲沟、排水洞、排水管等排除，使水流改道疏干建筑地段；对洞穴或裂隙涌水用黏土、浆砌片石或其他止水材料堵塞等。

5.3.5.2 水工建筑物的岩溶处理

在岩溶地区修建水利工程建筑物，渗漏和塌陷常常是主要的工程地质问题，因此防治的措施有设置铺盖、截水墙、帷幕、隔离、堵塞溶洞和导排等方法，这些防治方法可单独使用，也可综合同时使用。其原则应依据实地的地质条件和具体的工程地质问题加以综合分析，选择一种或多种方法处理。

5.3.5.3 隧道工程的岩溶处理

隧道是线路工程上经常见到的，隧道穿过岩溶区应视所遇溶洞规模及出现部位采取相应的措施。若溶洞规模不大且出现于洞顶或边墙部位时，一般可采用清除充填物后回填堵塞；若出现在边墙下或洞底可采用加固或跨越的方案。

另外，对于不同形态的岩溶发育部位，可以根据实际情况采取相应的工程措施，如加宽隧道断面、拱跨等。

总之，岩溶的处理方法是多种多样的，应依据不同类型建筑物所要求的地基强度以及地基土石条件等综合考虑，而后采用某种适当的方法进行处理。

5.4 地　震

5.4.1 地震概述

5.4.1.1 地震的概念

地震又称地动、地震动，是地壳在内、外营力作用下，集聚的构造应力突然释放，产生震动弹性波，从震源向四周传播引起的地面颤动，地壳快速释放能量过程中造成振动，期间会产生地震波的一种自然现象。海底发生的地震称海震或海啸。地震是地壳运动的一种特殊形式，是一种与地质构造有密切关系的物理现象。全球每年发生地震约550万次。地震常常造成严重人员伤亡，能引起火灾、水灾、有毒气体泄漏、细菌及放射性物质扩散，还可能造成海啸、滑坡、崩塌、地裂缝等次生灾害。

地球可分为三层，中心层是地核，地核主要由铁元素组成；中间是地幔；外层是地壳，地震一般发生在地壳之中。地壳内部在不停地变化，由此而产生力的作用（即内力作用）使地壳岩层变形、断裂、错动，于是便发生地震。超级地震指的是震波极其强烈的大地震，但其发生占总地震的7%～21%，破坏程度是原子弹的数倍，所以超级地震影响十分广泛，十分具有破坏力。

地震具有一定的时空分布规律，从时间上看，地震有活跃期和平静期交替出现的周期性现象。从空间上看，地震的分布呈一定的带状，称地震带。就大陆地震而言，主要集中在环太平洋地震带和地中海—喜马拉雅地震带两大地震带。环太平洋地震带几乎集中了全世界80%以上的浅源地震（0～70 km）、全部的中源地震（70～300 km）和深源地震（>300 km），所释放的地震能量约占全部能量的80%。

5.4.1.2 地震的类型

1. 地震按成因分类

（1）构造地震：是由于地壳运动而引起的地震。地壳运动使组成地壳的岩层发生倾斜、褶皱、断裂、错动或大规模岩浆侵入活动等，与此同时，地壳也就随之发生地震，称构造地震。世界上有90%的地震属于构造地震。

（2）火山地震：是由于火山活动而引起的地震。当岩浆突破地壳和冲出地面时，是十分迅速和猛烈的，同时从火山口喷出大量气体和水蒸气，引起地壳的振动。这类地震的影响范围不大，强度也不大，地震前有火山喷发作为预兆。火山地震占世界总地震次数的7%左右。

（3）陷落地震：是由于山崩、巨型滑坡或地面塌陷引起的地震。地面塌陷多发生在可溶岩分布地区，若地下溶蚀或潜蚀形成的各种洞穴不断扩大，上覆地表岩、土层顶板发生塌陷，就会引发地震。陷落地震约占地震总数的3%。

（4）人工诱发地震：是由于人类工程活动引起的地震。大型水库的修建、大规模人工爆破、大量深井注水及地下核爆炸试验等都能引起地震。由于近几十年来人类工程活动规模愈来愈多、愈来愈大，人工诱发地震问题已日益引起人们的关注。

2. 地震按震源深度分类

（1）浅源地震：震源深度小于70 km的称为浅源地震，破坏性地震一般是浅源地震，如1976年的唐山地震（震源深度为12 km）。

（2）中源地震：震源深度为70～300 km的称为中源地震。

（3）深源地震：震源深度大于300 km的称为深源地震。

3. 地震按震级大小分类

（1）微震：震级小于2～2.5级的地震。

（2）有感地震：震级为2～4级的地震。

（3）破坏性地震：震级为5～6级的地震。

（4）强烈地震或大地震：震级大于等于7级的地震。

5.4.1.3 震源、震中和地震波

在地壳内部震动的发源地叫作震源。震源在地面上的垂直投影叫作震中。震中到震源的距离叫作震源深度。地面上任何地方到震中的距离称为震中距。地面上地震影响相同地点的连线称为等震线（见图5-21）。

地震发生时，震源处产生剧烈震动，以弹性波的方式向四周传播，此弹性波称为地震波。地震波在地下岩土介质中传播时称为体波，体波到达地表面后，引起沿地表面传播的波称为面波。

体波包括纵波和横波。纵波又称压缩波或P波，它是由于岩土介质对体积变化的反

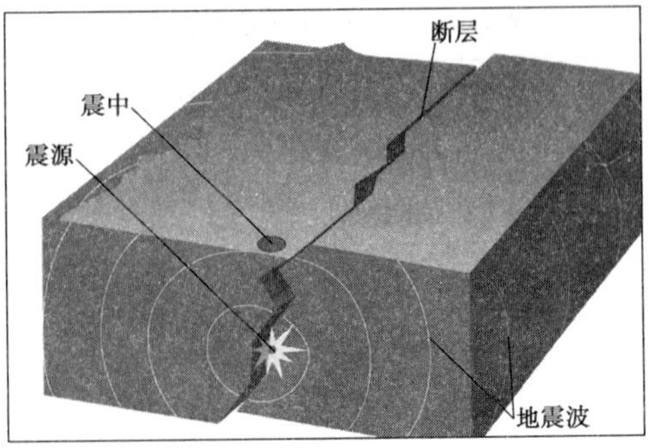

图 5-21　地震结构示意图

应而产生的，靠介质的扩张和收缩而传播，质点振动的方向与传播方向一致。纵波传播速度最快，平均为 7 ~ 13 km/s。纵波既能在固体介质中传播，也能在液体或气体介质中传播。横波又称剪切波或 S 波，它是介质形状变化反应的结果，质点振动方向与传播方向垂直，各质点间发生周期性剪切振动。横波只能在固体介质中传播，其传播速度平均为 4 ~ 7 km/s，比纵波慢。

面波只限于沿地表面传播，一般可以说它是体波经地层界面多次反射形成的次生波，它包括沿地面滚动传播的瑞利波和沿地面蛇形传播的乐甫波两种。面波传播速度最慢，平均速度为 3 ~ 4 km/s。

地震对地表面及建筑物的破坏是通过地震波实现的。纵波引起地面上、下颠簸，横波使地面水平摇摆，面波则引起地面波状起伏。地震发生后，纵波先到达地表，横波和面波随后到达。由于横波、面波振动更剧烈，所以造成的破坏也更大。随着震中距的增加，振动逐渐减弱，因而震中距愈大，地震造成的破坏程度愈小，直至消失。破坏最严重的是震中区，也称极震区。

当某地发生一个较大的地震的时候，在一段时间内，往往会发生一系列的地震，其中最大的一个地震叫主震，主震之前发生的地震叫前震，主震之后发生的地震叫余震。

5.4.2　地震震级与地震烈度

地球上的地震有强有弱，地震震级与地震烈度是衡量地震大小的两个概念，这两个概念既有联系又有区别。地震震级好像不同瓦数的日光灯，瓦数越高，亮度越大，能量越大，震级越高；而地震烈度好像屋子里受光亮的程度，对同一盏日光灯来说，距离日光灯的远近不同，各处受光的照射也不同，所以各地的烈度也不一样。也就是说，震级是地震能量的大小，烈度是地震造成的破坏程度的大小，而烈度才是工程建设人员更为关心的问题。

5.4.2.1　地震震级

地震震级是衡量地震大小的一种度量。每一次地震只有一个震级，它是根据地震时释放能量的多少来划分的。震级可以通过地震仪器的记录计算出来，震级越高，释放的能量也越多。我国使用的震级标准是国际通用震级标准，叫里氏震级。震级相差一级，能量大约相差 32 倍。地震震级与能量的关系见表 5-1。

表 5-1　地震震级与能量的关系

M(级)	E(J)	M(级)	E(J)
1	2.0×10^{6}	6	6.31×10^{13}
2	6.31×10^{7}	7	2.0×10^{15}
3	2.0×10^{9}	8	6.3×10^{16}
4	6.31×10^{10}	9	3.55×10^{17}
5	2.0×10^{12}	10	3.4×10^{18}

目前，人类有记录的震级最大的地震是1960年5月21日智利发生的9.5级地震，所释放的能量相当于一颗1 800万t炸药量的氢弹，或者相当于一个100万kW的发电厂40年的发电量。2008年5·12汶川大地震所释放的能量大约相当于90万t炸药量的氢弹，或100万kW的发电厂2年的发电量。

目前，国际上一般采用美国地震学家查尔斯·弗朗西斯·芮希特和宾诺·古腾堡（Beno Gutenberg）于1935年共同提出的震级划分法，即现在通常所说的里氏地震规模。里氏地震规模是地震波最大振幅以10为底的对数，并选择距震中100 km的距离为标准。里氏规模每增强一级，释放的能量约增加32倍，相隔二级的震级其能量相差1 000（约为32×32）倍。

小于里氏规模2.5的地震，人们一般不易感觉到，称为小震或者是微震；里氏规模2.5～5.0的地震，震中附近的人会有不同程度的感觉，称为有感地震，全世界每年大约发生十几万次；大于里氏规模5.0的地震，会造成建筑物不同程度的损坏，称为破坏性地震。里氏规模4.5以上的地震可以在全球范围内监测到。

5.4.2.2　地震烈度

地震烈度是某地区地表面和建筑物受地震影响和破坏的程度。一次地震只有一个震级，但同一次地震却在不同地区有不同烈度。一般认为：当环境条件相同时，震级愈高，震源愈浅，震中距愈小，地震烈度愈高，由此可知震中烈度最大。地震烈度的大小除与地震震级、震中距、震源深浅有关外，还与当地地质构造、地形、岩土性质等因素有关。

地震烈度是根据地面上人的感觉、房屋震害程度、其他震害现象、水平向地面峰值加速度、峰值速度评定的，将地震影响的强弱程度排列成一定的次序作为确定地震烈度的标准，这就是地震烈度表，我国现行的地震烈度表见表5-2。

其中，房屋震害程度是指地震时房屋遭受破坏的轻重程度。震害指数是将房屋震害程度用数字来表示的，通常以“1.00”表示全部倒塌，以“0”表示完好无损，中间按需要划分若干震害等级，用0～1.00之间的适当数字来表示。平均震害指数是一个建筑物群或一定地区范围内所有建筑的震害指数的平均值，即受各级震害的建筑物所占的比率与其相应的震害指数的乘积之和。

表 5-2　中国地震烈度表(GB/T 17742—1999)

烈度	在地面上人的感觉	房屋震害程度		其他震害现象	水平向地面运动	
		震害现象	平均震害指数		峰值加速度(m/s^2)	峰值速度(m/s)
1	无感					
2	室内个别静止中人有感觉					
3	室内少数静止中人有感觉	门、窗轻微作响		悬挂物微动		
4	室内多数人、室外少数人有感觉,少数人梦中惊醒	门、窗作响		悬挂物明显摆动,器皿作响		
5	室内普遍、室外多数人有感觉,多数人梦中惊醒	门窗、屋顶、屋架颤动作响,灰土掉落,抹灰出现微细裂缝,有檐瓦掉落,个别屋顶烟囱掉砖		不稳定器物摇动或翻倒	0.31 (0.22~0.44)	0.03 (0.02~0.04)
6	多数人站立不稳,少数人惊逃户外	损坏——墙体出现裂缝,檐瓦掉落,少数屋顶烟囱裂缝、掉落	0~0.10	河岸和松软土出现裂缝,饱和砂层出现喷砂冒水;有的独立砖烟囱轻度裂缝	0.63 (0.45~0.89)	0.06 (0.05~0.09)
7	大多数人惊逃户外,骑自行车的人有感觉,行驶中的汽车驾乘人员有感觉	轻度破坏——局部破坏,开裂,小修或不需要修理可继续使用	0.11~0.30	河岸出现塌方;饱和砂层常见喷砂冒水,松软土地上的裂缝较多;大多数独立砖烟囱中等破坏	1.25 (0.90~1.77)	0.13 (0.10~0.18)
8	多数人摇晃颠簸,行走困难	中等破坏——结构破坏,需要修复才能使用	0.31~0.50	干硬土上亦出现裂缝;大多数独立砖烟囱严重破坏;树稍折断;房屋破坏导致人畜伤亡	2.50 (1.78~3.53)	0.25 (0.19~0.35)
9	行动的人摔倒	严重破坏——结构严重破坏,局部倒塌,修复困难	0.51~0.70	干硬土上出现地方有裂缝;基岩可能出现裂缝、错动;滑坡塌方常见;独立砖烟囱倒塌	5.00 (3.54~7.07)	0.50 (0.36~0.71)
10	骑自行车的人会摔倒,处不稳状态的人会摔离原地,有抛起感	大多数倒塌	0.71~0.90	山崩和地震断裂出现;基岩上拱桥破坏;大多数独立砖烟囱从根部破坏或倒毁	10.00 (7.08~14.14)	1.00 (0.72~1.41)
11		普遍倒塌	0.91~1.00	地震断裂延续很长;大量山崩滑坡		
12				地面剧烈变化,山河改观		

注:表中的数量词:"个别"为10%以下,"少数"为10%~50%,"多数"为50%~70%,"大多数"为70%~90%,"普遍"为90%以上。

表 5-2 将地震烈度分为 12 度，评定烈度时，1 ~ 5 度以地面上人的感觉及其他震害现象为主；6 ~ 10 度以房屋震害和其他震害现象综合考虑为主，人的感觉仅供参考；11 ~ 12 度以地表震害现象为主。在高楼上人的感觉要比在地面、室内人的感觉明显，应适当降低评定值。表中房屋为未经抗震设计或加固的单层或数层砖混和砖木房屋。相对建筑质量特别差或特别好以及地基特别差或特别好的房屋，可根据具体情况，对表中各烈度相应的震害程度和平均震害指数予以提高或降低。凡有地面强震记录资料的地方，表中所列水平向地面峰值加速度和峰值速度可作为综合评定烈度的依据。

地震烈度在 5 度以下的地区，具有一般安全系数的建筑物是足够稳定的，不会引起破坏。地震烈度达到 6 度的地区，一般建筑物可不采取加固措施，但要注意地震可能造成的影响。地震烈度达 7 ~ 9 度的地区，会引起建筑物的损坏，必须采取一系列防震措施来保证建筑物的稳定性和耐久性。10 度以上的地震区有很大的灾害，选择建筑物场地时应予避开。

根据使用特点的需要，将地震烈度划分为基本烈度、建筑场地烈度及设计烈度三种。

1. 基本烈度

地震基本烈度是指一个地区今后一定时期内，在一般场地条件下可能遭遇的最大地震烈度。地震基本烈度是为了对地震区的工程建设进行抗震设防，并研究预测某一地区在今后一定期限的烈度，作为抗震验算和采取抗震构造措施的依据。因此，基本烈度与抗震工作有着密切的关系。

2. 建筑场地烈度

建筑场地烈度也称小区域烈度，它是指建筑场地因地质条件、地形地貌条件和水文地质条件的不同而引起基本烈度的降低或提高的烈度，一般来说，建筑场地烈度比基本烈度提高或降低半度至 1 度。

3. 设计烈度

设计烈度是指抗震设计所采用的烈度，它是根据建筑物的重要性、永久性、抗震性以及工程的经济性等条件对基本烈度的调整。设计烈度一般可采用国家批准的基本烈度。但遇不良的地质条件或有特殊重要意义的建筑物，经主管部门批准，可将基本烈度提高 1 度作为设计烈度，如特大桥梁、长大隧道、高层建筑等；对于一般建筑物可将基本烈度降低 1 度作为设计烈度，如一般工业与民用建筑物。但是，为保证属于大量的 7 度地区的建筑物都有一定的抗震能力，基本烈度为 7 度或以上时，不再降低。对于临时建筑物，可不考虑设防。

5.4.2.3 地震震级和烈度的关系

从概念上讲，地震烈度同地震震级有严格的区别，不可互相混淆。震级代表地震本身的大小强弱，它由震源发出的地震波能量来决定，对于同一次地震只应有一个数值。烈度在同一次地震中是因地而异的，它受当地各种自然和人为条件的影响。对震级相同的地震来说，如果震源越浅，震中距越短，则烈度一般就越高。同样，当地的地质构造是否稳定，土壤结构是否坚实，房屋和其他构筑物是否坚固耐震，对当地的烈度高或低有着直接的关系（影响一地地震烈度的五要素：震级、震源深度、震中距、地质结构、建筑物）。一次地震中，人们往往强调震中（或称极震区）的烈度。

地震震级 M 与所释放的能量 E 的关系为

$$\lg E = 4.8 + 1.5M$$

M 为里氏震级的大小，E 为释放的能量，单位为焦耳(J)。

为了在实际工作中评定烈度的高低，有必要制定一个统一的评定标准。这个评定标准称为地震烈度表，在世界各国使用的有几种不同的烈度表。表 5-2 是中国地震烈度表。

5.4.3 地震对建筑物的影响

5.4.3.1 地表破坏造成的影响

地震对地表造成的破坏可归纳为地面断裂、地基效应和斜坡破坏三种基本类型。

1. 地面断裂

地震造成的地面断裂和错动，能引起断裂附近及跨越断裂的建筑物发生位移和破坏。

2. 地基效应

地震使建筑物地基的岩土体产生振动压密、下沉、振动液化及疏松地层发生塑性变形，从而导致地基失效、建筑物破坏。

3. 斜坡破坏

地震使斜坡失去稳定，发生崩塌、滑坡等各种变形和破坏，引起在斜坡上或坡脚附近建筑物位移或破坏。

如公元前 373 年，希腊亥利斯城由于地震滑坡而滑入海中，居民全部葬身大海。我国 1920 年宁夏海原 8.5 级大地震，死亡 20 余万人，其中大部分是因为黄土滑坡和窑洞坍塌。

5.4.3.2 地震力对建筑物的影响

地震力是由地震波直接产生的惯性力。它能使建筑物变形和破坏。地震力的大小取决于地震波在传播过程中质点简谐振动所引起的加速度。地震力对地表建筑物的作用可分为垂直方向和水平方向两个振动力。竖直力使建筑物上下颠簸；水平力使建筑物受到剪切作用，产生水平扭动或拉、挤，这两种力同时存在、共同作用，但水平力危害较大，地震对建筑物的破坏主要是由地面强烈的水平晃动造成的，垂直力破坏作用居次要地位，因此在工程设计中，通常只考虑水平方向地震力的作用。此外，如果建筑物的振动周期与地震振动周期相近，则引起共振，使建筑物更易破坏。

地震对自然界景观也有很大影响。最主要的后果是地面出现断层和地震裂缝。大地震的地表断层常绵延几十至几百千米，往往具有较明显的垂直错距和水平错距，能反映出震源处的构造变动特征(如浓尾大地震、旧金山大地震)。但并不是所有的地表断裂都直接与震源的运动相联系，它们也可能是由于地震波造成的次生影响。特别是地表沉积层较厚的地区，坡地边缘、河岸和道路两旁常出现地裂缝，这往往是由于地形因素，在一侧没有依托的条件下晃动使表土松垮和崩裂。地震的晃动使表土下沉，浅层的地下水受挤压会沿地裂缝上升至地表，形成喷沙冒水现象。大地震能使局部地形改观，或隆起，或沉降；使城乡道路坼裂、铁轨扭曲、桥梁折断。在现代化城市中，由于地下管道破裂和电缆被切断造成停水、停电和通信受阻。煤气、有毒气体和放射性物质泄漏可导致火灾和毒物、放射性污染等次生灾害(如日本东北部海域 2012 年 3 月 11 日发生里氏 9.0 级地震引起海啸、核污染)。在山区,地震还能引起山崩和滑坡,常造成掩埋村镇的惨剧。崩塌的山石堵塞江河,在上游形成地震湖(如2008年5·12汶川大地震形成堰塞湖)。

5.4.4 建筑物抗震措施

5.4.4.1 选择合适的建筑场地

在高烈度区内,建筑场地的选择是至关重要的。因此,必须在地震工程地质勘察的基础上进行综合分析研究,选择对抗震有利的建筑场地,这类建筑场地一般地形平坦开阔;若在基岩地区则岩性较均一坚硬或仅有较薄的覆盖层或覆盖层虽厚但较密实;无断裂或有断裂但其不活动且胶结较好;地下水埋藏较深;滑坡、崩塌、岩溶等不发育。在选择建筑场地时应注意以下几点:

(1)活动性断裂带是地震的危险区,地震时地面断裂错动会直接破坏建筑物;大断裂破碎带可能会使震害加剧,因此就要避开活动性断裂带和大断裂破碎带。

(2)应尽量避开具有强烈振动效应和地面效应的地段,如可能产生液化的饱水砂土层、压缩性很大的淤泥层。

(3)应尽量避开不稳定的斜坡或可能会产生斜坡效应的地段,如已有崩塌、滑坡分布的地段和陡峭的山坡地带等。

(4)避免以孤立突出的地形位置作为建筑场地。

(5)应尽量避开地下水埋深过浅的地段。

(6)在岩溶地区,若地下不深处有大溶洞,地震时可能会产生塌陷,故不宜作为建筑场地。

5.4.4.2 基础的抗震设计

在场地选定后,就应根据所查明的场区工程地质条件选择适宜的持力层和基础方案。基础的抗震设计需注意以下几点:

(1)基础要砌置于坚硬、密实的地基上,避免松软地基。

(2)基础埋深要大一些,以防止地震时建筑物的倾倒。

(3)同一建筑物尽量不要并用几种不同形式的基础。

(4)同一建筑物的基础,不要跨越在性质显著不同或厚度变化很大的地基土上。

(5)建筑物的基础要与刚性的联结梁连成一个整体。

5.4.4.3 上部结构的抗震设计

(1)对于工业与民用建筑物来说,在结构上应尽量做到减轻重量,降低重心,加强整体性,并使各部分、各构件之间有足够的刚度和强度。

(2)对于水工建筑物来说,应选择抗震性能良好的坝型。

小 结

本章主要介绍了常见地质灾害:滑坡、崩塌、泥石流、岩溶、地震的概念、分类方法、形成条件、勘察内容和常见预防措施,理解我国地质灾害的发育规律,掌握影响滑坡稳定性的因素、滑坡稳定性分析方法、泥石流勘察和评价方法;掌握滑坡的形成、岩溶分布规律及岩溶地区常见的工程地质问题。

复习思考题

一、单选题

1. 下面关于滑坡的特征表现说法正确的是(　　)

A. 发生变形破坏的岩土体以垂直位移为主

B. 滑坡体上各部分的相对位置在滑动前后变化较大

C. 岩土体中各种成因的结构面均有可能成为滑动面

D. 滑坡的滑动过程都是在瞬间完成的

2. 地面沉降往往发生在(　　)

A. 物质不均匀、孔隙率大、地下水丰富的地区

B. 物质均匀、孔隙率大、地下水丰富的地区

C. 物质不均匀、孔隙率小、地下水不丰富的地区

D. 物质均匀、孔隙率小、地下水不丰富的地区

3. 地震发生时人的感觉是(　　)

A. 先左右摇晃后上下颠簸　　B. 先上下颠簸后左右摇晃

C. 只有上下颠簸　　D. 只有左右摇晃

4. 下列不是泥石流特性的是(　　)

A. 固体含量高　　B. 能量大,突发性强

C. 历时长　　D. 对环境破坏严重,往往是不可逆的

5. 地震震级大小取决于(　　)

A. 震源深浅　　B. 释放能量多少

C. 破坏程度大小　　D. 震中距远近

6. 关于地震的叙述正确的是(　　)

A. 地震发生时,破坏最严重的地点为震源

B. 同一次地震不同地点测到的震级不同,说明一次地震有多个震级

C. 地震无论大小都有一定的破坏性

D. 大部分地震的发生与地质构造有关

7. 震级和烈度是衡量地震的两把尺子。震级指地震释放能量的大小,烈度指地震破坏的程度。一次地震有(　　)

A. 一个震级一个烈度　　B. 一个震级多个烈度

C. 多个震级一个烈度　　D. 多个震级多个烈度

8. 下列哪种因素常常是触发滑坡、崩塌、泥石流等地质灾害的首要因素?(　　)

A. 降雨　　B. 爆破振动　　C. 开挖切坡　　D. 堆渣弃土

9. 下列自然灾害中,可能由人为因素诱发的是(　　)

①滑坡、泥石流 ②洪涝 ③火山喷发 ④台风 ⑤地震 ⑥寒潮

A. ①④⑥　　B. ①②⑤　　C. ②④⑥　　D. ③④⑤

10. 我国地质灾害防治的方针是(　　)。

A. 谁引发、谁治理　　B. 指导与管理相结合

C. 法制建设与行政管理相配套　　D. 预防为主,避让与治理相结合

二、多选题

1. 世界上最主要的三大地震带是(　　)

A. 环太平洋地震带　B. 欧亚地震带　C. 海岭地震带　D. 台湾地震带

2. 可能诱发崩塌的因素有哪些?(　　)

A. 地震　B. 气候　C. 地表水　D. 地下水

3. 我国预防减轻地质灾害的基本方针应是(　　)

A. 以预防为主

B. 保护生态环境,预防新的灾害发生

C. 重点治理城镇地质灾害

D. 人为因素引发的地质灾害"谁引发,谁治理"

4. 露天边坡失稳破坏的预防措施(　　)

A. 边坡坡角的合理确定　　B. 边坡维护与加固

C. 滑坡防治　　D. 严禁车辆行人路过此地

5. 诱发地质灾害的因素主要有(　　)

A. 采掘矿产资源不规范,预留矿柱少,造成采空坍塌,山体开裂,继而发生滑坡

B. 开挖边坡:指修建公路、依山建房等建设中,形成人工高陡边坡,造成滑坡

C. 山区水库与渠道渗漏,增加了浸润和软化作用导致滑坡泥石流发生

D. 其他破坏土质环境的活动如采石放炮、堆填加载、乱砍滥伐,也是导致发生地质灾害的致灾作用

6. 泥石流的前兆有以下哪些?(　　)

A. 河流突然断流或水势突然加大,并夹杂着较多杂草、树枝

B. 深谷或沟内传来类似火车轰鸣或闷雷般的声音

C. 沟谷深处忽然变得昏暗,并伴随着轻微的震动感

D. 鱼跃水面、猪牛跳圈、鸡飞狗跳等异常现象

7. 怎样使房屋抗震?(　　)

A. 正确选择建筑场地　　B. 合理的结构选型

C. 可靠的建筑材料质量　　D. 保证施工质量

8. 我国自然灾害发生的主要特点是(　　)

A. 灾害种类多　　B. 发生频率高

C. 分布地域广　　D. 造成损失大

三、简答题

1. 试述滑坡的形成条件、防治原则及主要防治工程措施。

2. 试述泥石流的形成条件及主要防治措施。

3. 试述岩溶的形成条件及主要防治措施。

4. 简述地震的破坏作用。

5. 试述地震震级与地震烈度的联系和区别。

第 6 章　工程岩体的稳定性分析

【学习目标】 掌握岩体的结构特征及工程岩体稳定性分析的方法思路；熟悉坝基、边坡、地下隧洞工程岩体的工程地质问题及处理措施；了解影响工程岩体稳定性的因素及破坏机制。

【重点】 坝基、边坡、隧洞围岩稳定的影响因素及处理的工程措施。

【难点】 坝基、边坡、隧洞围岩稳定性分析的方法。

随着生产和科学技术的发展，修建在岩基上的工程日益增多，规模也愈来愈大，对岩基提出了严格的要求。岩石地基的好坏不仅取决于岩石本身的强度，还与岩石的完整性、地下水的作用等多种因素有关。在建筑工程中，通常把一定范围内与工程建筑有关的自然地质体称为工程岩体。工程岩体包括地下工程岩体、工业与民用建筑地基、边坡岩体等。一个工程岩体的规模大小，可视所研究的工程地质问题所涉及的范围和岩体的特点而定。

岩体和岩石的概念不同，岩石的特征可以用岩块来表征，是矿物的集合体。岩体由结构面和结构体组成。岩体在形成过程中，经受了构造变动、风化作用及卸荷作用等各种内外力地质作用的破坏与改造，因此岩体经常被节理、断层、层面及片理面等（结构面）所切割，使其成为具有一定结构的菱裂隙体（结构体）。岩体由两种岩石或多种岩石组成，甚至可以是不同成因岩石的组合体。

结构面及其组合关系是控制岩体变形与破坏特性的主要因素。影响岩体稳定的因素有地形地貌、地层岩性、地质构造、岩体的结构特征、地下水等地质因素，另外还与建筑物的规模、类型和施工方法等工程因素有关。

6.1　岩体的结构特征

6.1.1　岩体的结构特征

6.1.1.1　研究岩体结构特征的意义

结构面的自然特征是控制岩体工程的重要因素，工程地质之所以要将岩体的结构特征作为重要研究对象，有以下几点意义：

（1）岩体中的结构面是岩体中力学强度相对薄弱的部位，它导致岩体力学性能的不连续性、不均一性和各向异性。只有掌握岩体的结构特征，才有可能阐明岩体在不同荷载下内部的应力分布和应力状况。

（2）岩体的结构特征对岩体在一定荷载条件下的变形破坏方式和强度特征起着重要的控制作用。岩体中的软弱结构面，常常成为决定岩体稳定性的控制因素，各结构面分别为确定坝肩岩体抗滑稳定的分割面和滑移控制面。

（3）靠近地表的岩体，其结构特征在很大程度上决定了外应力对岩体的改造进程。

这是由于结构面往往是风化、地下水等各种外应力作用较活跃的部位,也常常是这些应力的改造作用能深入岩体内部的重要通道,所以结构面往往发展为重要的控制面。

总之,对岩体结构特征的研究是分析评价区域稳定性和岩体稳定性的重要依据。

6.1.1.2 岩体结构特征

岩体的结构特征主要从方位、间距、延展性、粗糙度、侧壁强度、张开度、充填物、渗流、节理组数、块体大小多个方面进行研究。

(1)结构面的产状及组合关系:结构面的产状可采用玫瑰花图和赤平投影图结合工程具体情况来分析,结构面的产状及组合关系控制着工程岩体的稳定性。

(2)间距:是指结构面间的垂直距离,通常节理裂隙发育程度的划分指一组结构面的平均间距。它是反映岩体的完整程度和岩块大小的重要指标。结构面的间距反映结构面的密集程度,若结构面平行密集或相互切割,则岩体稳定性降低许多,它直接控制着岩体的完整性和力学性质,也影响着岩体的渗透性。

(3)延展性:它是表征结构面延伸长度和展布范围的指标。有些结构面的延展性较好,在一定的工程范围内切割整个岩体,对岩体的稳定性影响较大,如较大的断层。而一些较小的结构面,沿结构面方向互不连通,岩体的稳定性较好,岩体强度有一部分仍受单块岩体强度的控制。我国水利水电工程地质测绘实践中将延伸长度(i)分为五级:很差($i<1$)、差($1\leq i<3$)、中等($3\leq i<10$)、好($10\leq i<30$)和很好($i\geq 30$)。在隧洞或地下硐室的围岩中,5~10 m 的延伸长度结构面,对于围岩稳定就有很大的影响。然而,这样规模的结构面,对于边坡或坝基的稳定则影响很小。所以,在实际工作中应注意结合工程类型判定结构面对工程岩体稳定性的影响。

(4)结构面的几何形态:包括结构面的起伏形态和粗糙程度。起伏程度用起伏差 h(mm)和起伏角 i(°)表示,结构面的起伏形态有平直状、台阶状、锯齿状、波浪状和不规则状五种(见图 6-1)。结构面的粗糙程度可用粗糙度(JRC)表示,结构面按表面粗糙状态可划分为明显台阶状、起伏粗糙、起伏光滑、平直粗糙和平直光滑五种。平整光滑程度不同,抗剪强度不同。

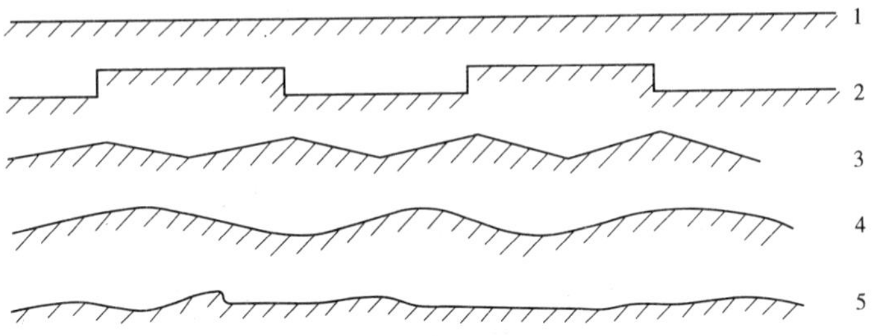

1—平直状;2—台阶状;3—锯齿状;4—波浪状;5—不规则状

图 6-1　结构面的几何形态

(5)结构面侧壁强度:它可以反映结构面经受风化的程度,可用施密特回弹仪或点荷载仪测定。

(6)结构面的张开度及充填物:指结构面两壁间的垂直距离。结构面的张开度通常不大,一般小于 1 mm。国际岩石力学学会按张开度分成闭合的、裂开的和张开的三类。

结构面内常见的充填物有砂、黏土、角砾、岩屑及硅质、钙质、石膏质沉淀物。结构面经胶结后强度会提高,其中以铁或硅质胶结者强度最高,泥质及易溶盐类胶结者强度低,抗水性差。未胶结的充填物强度低,充填物厚度不同时,结构面的变形与强度也不同。有些结构面上的物质软弱松散,含黏土矿物多,抗剪强度很低,遇水易软化或泥化,对岩体稳定影响很大,通常称之为软弱结构面,如泥岩或页岩夹层、板岩或片岩、断层夹泥、层间破碎夹层、风化夹层、泥化夹层及次生夹泥。

(7)渗流:结构面内有无渗流及流量的大小,对结构面的力学性质、有效应力的大小及施工的难易程度等均有重要的影响。

(8)节理组数:节理组数指交叉节理系统的节组数目。节理组数的多少,决定了岩石块体的大小及岩体的结构类型。

(9)块体大小:由数组结构面切割而成的岩石块体,一般称结构体。自然界中结构体的基本形状有块状、柱状、板状、楔形、菱形及锥形等六种(见图6-2)。有时由于岩体强烈变形和破坏,也可形成片状、碎块等形状。一般板状、柱状结构体的稳定性比块状结构体差,锥形、楔形结构体当具有临空条件时稳定性很差。根据体积节理数可对岩石块体进行分类(见表6-1)。

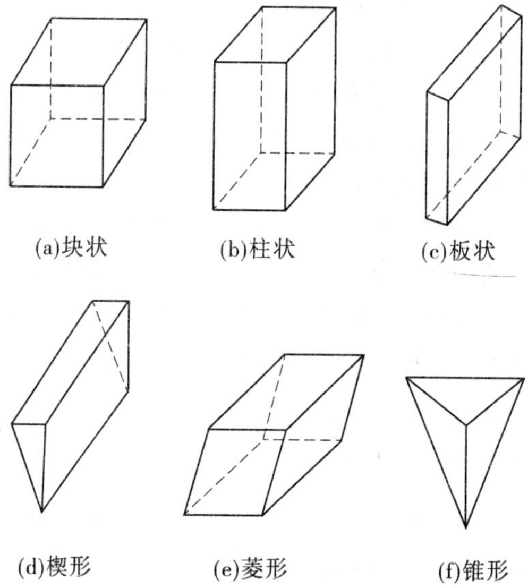

图6-2　结构体的形状

表6-1　据体积节理数对岩石块体进行分类

块体描述	很大的块体	大块体	中等块体	小块体	很小的块体
体积节理数	<1	1~3	3~10	10~30	>30

6.1.2　结构面的成因类型

由于岩体的成因、时代和形成以后所处的自然环境不同,结构面是在岩体形成过程中或生成以后漫长的地质历史时期中产生的。所以,结构面根据成因有原生结构面和次生结构面两大类,结构面的成因类型对岩体的变形、强度、渗透性、各向异性、力学连续性都有显著影响。结构面的基本类型有原生结构面和次生结构面,另外还有综合成因的结构面(泥化夹层)。结构面的成因类型见表 6-2,结构面的分级见表 6-3。

表 6-2 结构面的基本类型

成因类型	原生结构面			次生结构面	
	沉积结构面	火成结构面	变质结构面	内动力形成的结构面	外动力形成的结构面
地质类型	层理、层面、沉积间断面(不整合面、假整合面)、沉积软弱夹层	侵入体与围岩接触面、流面、流线、冷凝节理、多次喷出的岩浆岩体间的接触面	板理、片理、片岩软弱夹层	节理、断层、破劈理、层间错动面(剪切带)	风化裂隙、卸荷裂隙、爆破裂隙、次生充填软弱夹层、溶蚀面
产状	沉积结构面延展性强,产状随岩层变化而变化	岩脉受构造结构面控制,而原生节理受岩体接触面控制	产状与岩层或构造线方向一致	产状与构造线呈一定关系,层间错动带与岩层一致	受地形及原生结构面控制
分布	海相结构面分布稳定而清晰。陆相沉积结构面常发生尖灭或相互交错	侵入体与围岩的接触面,有时形成破碎带或围岩蚀变带。接触面延伸较远,原生节理短小而密集	片理短小,分布极密,片岩软夹层延展较远,较固定	张性断裂较短小,剪切断裂延伸远,压性断裂规模巨大,但常被横断层切断而不连续	分布上呈不连续状,透镜体,延展性差,主要在地表风化带发育
工程性质评价	结构面一般起伏不平,沉积岩中常夹有页岩、泥岩及泥灰岩等沉积软弱夹层,表现为强度低,遇水易软化	一般不造成大规模的岩体破坏,但与构造断裂配合,也可造成岩体滑移。冷凝节理一般具有张性特征,对岩体稳定和渗漏有重要影响	在变质较浅的沉积变质岩(千枚岩)的堑坡常见塌方,片岩中软弱夹层对稳定性影响较大	对岩体稳定性影响很大,在许多岩体破坏过程中大都有构造结构面作用	一般为泥质物充填,水理性很差。常在山坡及堑坡上造成崩塌、滑坡等危害

表 6-3 结构面的分级

级别	分级依据	力学效应	力学属性	地质构造特征
Ⅰ级	结构面延展长,延展几千米至几十千米以上,贯通岩体,破碎带宽度达数米至数十米	1. 形成岩体力学作用边界; 2. 岩体变形和破坏的控制条件; 3. 构成独立的力学介质单元	1. 属于软弱结构面; 2. 构成独立的力学模型——软弱夹层	较大的断层

续表 6-3

级别	分级依据	力学效应	力学属性	地质构造特征
Ⅱ级	延展规模与研究的岩体相似,破碎带宽度比较窄,几厘米至数米	1. 形成块裂岩体边界; 2. 控制岩体变形和破坏方式; 3. 构成次级地应力场边界	属于软弱结构面	小断层层间错动面
Ⅲ级	延展长度短,从十几米至几十米,无破碎带,面内不夹泥,有的具有泥膜	1. 参与块裂岩体切割; 2. 构成次级地应力场边界	少数属于软弱结构面	大节理或小断层不夹泥开裂的层面
Ⅳ级	延展短、未错动、不夹泥,有的呈弱结合状态	1. 是岩体力学性质、结构效应的基础; 2. 有的为次级地应力场边界		节理劈理层面次生裂隙
Ⅴ级	结构面小,且连续性差	1. 岩体内形成应力集中; 2. 岩体力学性质、结构效应的基础		不连续的小节理,隐节理层面、片理面

6.1.3 软弱夹层

在水利水电工程建设中,非常重视对软弱夹层的调查与研究。据不完全统计,在我国已建成或正在设计施工的90余座大坝中,由于软弱夹层而改变设计、降低坝高或在后期加固的共有30余座。软弱夹层,特别是其中的泥化夹层为非常软弱的结构面,它们是控制岩体稳定性的极端重要的因素,国内外一些工程的失事均与此有关。

6.1.3.1 软弱夹层

软弱夹层在工程界目前无确切的定义,一般认为,软弱夹层是指在坚硬的层状岩层中夹有硬度低、泥质或炭质含量高、遇水易软化、延伸较广和厚度较薄的软弱岩层。通过对大量实际工程资料的统计分析表明,软弱夹层自身的强度与夹持它的上、下坚硬岩层相比较,其强度和变形模量均低于上、下硬岩层的1/5~1/50。

软弱夹层的强度和变形参数如下:

(1)摩擦系数$f<0.5$。

(2)饱和抗压强度$R_b \leqslant 10$ MPa。

(3)变形模量$E_0 \leqslant 1\,000$ MPa。

1. 软弱夹层的分类

软弱夹层的成因类型一般有构造型、原生型和次生型三种。

(1)构造型:亦称综合型,多为层间破碎软弱夹层,如页岩、泥灰岩与板岩等层状地层中的层间错动夹泥,块状岩体中的破碎夹泥。这种夹层在自然界中占多数。这种软弱岩石或软弱面,经过地质构造的作用,岩石原始结构破坏并定向排列,经地下水活动和物理化学作用而形成软弱夹层或泥化夹层,这类软弱夹层分布面积大,连续性强,具有节理带、劈理带和光滑泥面等分带现象，各带的颗粒组成、结构与力学强度差别很大，其中以光滑泥面的强度最低。一般在陡倾角压性或压扭性结构面两侧，尤其是上盘部位多发育缓倾角断裂；在单斜、平缓褶曲或两个扭性断层间的地块部位，经常产生层间错动或反倾向、缓倾角断裂。

(2)原生型：这类软弱夹层在自然界中较多，这类软弱夹层包括沉积软弱夹层、岩浆软弱夹层和变质软弱夹层三类，软弱夹层与两侧非软弱夹层的物质组成在成岩过程中存在差异，表现在软弱夹层中的石英含量与起胶结作用的碳酸盐类含量少，黏土矿物总量与黏粒含量高，力学强度低，如沉积岩的沉积韵律层面上的泥化物质，侵入岩体两侧的蚀变带，不同时期喷发物质的接触面，变质岩中变质矿物富集带以及泻湖相、陆相、滨海相层间可溶盐类夹层等。

(3)次生型：是原生型的软弱夹层经水与风化作用的产物，或为地下水淋滤而充填于裂隙中的泥及碎屑。一般以铝硅酸盐为主的矿物，经过物理、化学风化作用后，产生含水铝硅酸盐的黏土类矿物，多分布在地表浅层地下水循环带内。

2. 软弱夹层的特性

软弱夹层的物理力学性质与夹层的物质组成、颗粒大小、含水率及起伏程度等多种因素有关。现按长江水利委员会划分的四类夹层，分别为软岩夹层、碎块夹层、碎屑夹层和泥化夹层。介绍其工程地质特性如下。

1)软岩夹层

软岩夹层常见的有黏土岩、疏松泥灰岩、石膏层、炭质条带、斑脱岩等。这类夹层易风化，浸水崩解、膨胀或溶解，其变形和强度的时间效应明显，单轴抗压强度通常小于 15 MPa，峰值摩擦系数为 0.40 ~ 0.60，变形模量小于 2×10^3 MPa。

2)碎块夹层

碎块夹层是由 80% 以上粒径大于 2 mm 的粗碎屑组成的。碎块间或上下界面有泥膜，黏粒含量少于 10%，其他为砂粒。夹层的剪切破坏一般不是平直的，其应力—位移关系曲线较复杂。根据一些工程现场试验资料，其峰值摩擦系数为 0.45 ~ 0.60，变形模量为 $(0.2 \sim 1.0) \times 10^3$ MPa。

3)碎屑夹层

碎屑夹层中粒径为 0.5 ~ 2 mm 的细碎屑含量约占 30%，大于 2 mm 的粗碎屑含量占 30%，大于 2 mm 的粗碎屑含量占 30% ~ 50%，黏粒含量占 10% ~ 30%。夹层的抗剪强度与碎屑的母岩性质、碎屑形状及泥质含量有关，一般峰值摩擦系数为 0.30 ~ 0.45，变形模量只有 $(0.05 \sim 0.2) \times 10^3$ MPa。

4)泥化夹层

黏土岩类岩石经一系列地质作用变成塑泥的过程称为泥化，泥化的标志是天然含水率等于或大于塑限。因此，泥化夹层具有结构松散、密度小、含水率大、黏粒含量高（一般大于 30%）、强度低、变形大等特点，其峰值摩擦系数为 0.15 ~ 0.30，多数为 0.20。变形模量一般大于 50 MPa。

6.1.3.2 泥化夹层

泥化夹层是软弱夹层中性质最坏的一类，对岩体的抗滑稳定往往起控制作用。泥化夹层通常都是综合成因的，一般认为泥化夹层的形成必须具备下述三个条件：

(1)物质基础。黏土岩类夹层是泥化夹层形成的物质基础，而且原岩中黏粒含量越高、蒙脱石组黏土矿物越多，越有利于泥化。

(2)构造作用。构造作用可以破坏原来黏土岩夹层的完整性，为地下水的渗入提供通道；同时，原岩的矿物颗粒联结也会受到严重的破坏，为泥化提供了重要的有利条件。

许多工程实例表明，由层间错动形成的层间剪切带是形成泥化夹层的重要条件。发育完善的层间剪切带，一般可分为泥化错动带、劈理带和节理带三个带。泥化错动带与层间错动的主滑动面相一致，由于主滑动面上下岩层错动时的研磨作用，使黏土矿物和水分沿错动面富集，因而形成泥膜或泥化带，并可见镜面及擦痕等剪切滑动的痕迹。劈理带由于片状黏土颗粒沿劈理面定向排列，水极易沿劈理面浸入，故劈理带也常易形成泥化。节理带岩石的结构基本未遭受破坏，因此一般不能形成泥化带。

(3)地下水的作用。黏土岩夹层经层间错动使原岩结构遭受强烈破坏后，水在黏粒周围形成结合水膜，使颗粒进一步分散，颗粒间联结力减弱，含水率增加，使岩石处于可塑状态甚至接近流动状态，即产生了泥化。水在泥化夹层形成过程中，还有溶解盐类、水化和水解某些矿物等复杂的物理化学作用。

6.2 工程岩体分类

6.2.1 岩体结构分类

虽然在岩体稳定分析中起控制作用的是结构面(尤其是软弱夹层)，但是结构体的作用在一定条件下也相当重要。工程实践表明，单个结构面不一定对工程岩体的稳定性构成威胁，只有几组结构面组合起来形成一定的结构体才会构成威胁。结构面与结构体的组合称为岩体结构。岩体结构特征实际上就是结构面和结构体的性状与组合特征的反映，它决定着岩体的物理力学性质和稳定性。综合考虑结构面和结构体的因素及对岩体不均匀性和不连续性的影响，《岩土工程勘察规范》(GB 50021—2001)一般将岩体结构划分为整体状结构、块状结构、层状结构、碎裂状结构、散体状结构五类(见表6-4)。根据岩体结构进行工程地质分类抓住问题的本质，因而在国内外颇受重视，但这种分类主要是对岩体的工程特性进行定性评价。

6.2.2 岩体的工程分类

岩体质量评价与岩体的工程分类是联系在一起的，一般认为，岩体的质量主要是指岩体的变形与强度特性。根据岩体质量的好坏划分岩体的类别是工程地质学中重要的理论问题，也是工程建设中重要的实践问题。自20世纪70年代以来，岩体工程分类取得了长足的进展，尤其重视岩体的质量，往往采用多种手段获得反映岩体工程力学性质的综合特征值，作为岩体工程分类的依据，对岩体的质量给予定性和定量的评价。目前主要考虑三方面因素的指标，即与岩石工程性质有关的指标(力学性质)，与岩体后期改造有关的指标(岩体的完整性、结构面的性状)和岩体赋存条件方面的指标(地下水和地应力)，除包括上述因素外，还有工程因素（如工程类型、断面形状及划分、轴线与结构面方位之间的关系等）、施工因素（开挖爆破方法等）及时间因素等。国内外对岩体的工程分类有几十种方法，从分类的目的和考虑的因素来看，分为一般性分类和专门性分类。这里介绍几种国内外应用比较广、影响较大的岩体分类方案，其主要特点是岩体工程分类的目标更明确，可操作性更强。

表 6-4　岩体结构分类

岩体结构类型	岩体地质类型	结构体形状	结构面发育情况	岩土工程特征	可能发生的岩土工程问题
整体状结构	巨块状岩浆岩和变质岩，巨厚层沉积岩	巨块状	以层面和原生、构造节理为主，多呈闭合型，间距大于 1.5 m，一般为 1 ~ 2 组，无危险结构	岩体稳定，可视为均质弹性各向同性体	局部滑动或坍塌，深埋硐室的岩爆
块状结构	厚层状沉积岩，块状岩浆岩和变质岩	块状、柱状	有少量贯穿性节理裂隙，结构面间距 0.7 ~ 1.5 m。一般为 2 ~ 3 组，有少量分离体	结构面互相牵制，岩体基本稳定，接近弹性各向同性体	
层状结构	多韵律薄层、中厚层状沉积岩，副变质岩	层状、板状	有层理、片理、节理，常有层间错动	变形和强度受层面控制，可视为各向异性弹塑性体，稳定性较差	可沿结构面滑塌，软岩可产生塑性变形
碎裂状结构	构造影响严重的破碎岩层	碎块状	断层、节理、片理、层理发育，结构面间距 0.25 ~ 0.50 m，一般 3 组以上，有许多分离体	整体强度很低，并受软弱结构面控制，呈弹塑性体，稳定性很差	易发生规模较大的岩体失稳，地下水加剧失稳
散体状结构	断层破碎带，强风化及全风化带	碎屑状	构造和风化裂隙密集，结构面错综复杂，多充填黏性土，形成无序小块和碎屑	完整性遭极大破坏，稳定性极差，接近松散体介质	易发生规模较大的岩体失稳，地下水加剧失稳

6.2.2.1　岩石的质量指标 *RQD*

评价岩石的质量参数很多，如单轴抗压强度、抗拉强度、渗透性、节理密度等。岩石的质量指标 *RQD*（Rock Quality Designation）是美国伊利诺斯大学迪尔（D. U. Deer）于 1964 年提出的。利用外径为 75 mm 的双层岩芯管金刚石钻机，提取直径为 54 mm 的岩芯。用长度大于 10 mm 的岩芯断块之和与钻孔进尺之比的百分数表示 *RQD*。

$$\text{岩石的质量指标}\ RQD = \frac{\text{长度大于 10 cm 的岩芯断块之和}}{\text{本回次岩芯进尺总长度}} \times 100\%$$

根据岩石的质量指标 *RQD* 值的高低，将岩体的质量分为表 6-5 所示的五级。

表 6-5　岩体的质量分级

等级	*RQD* 值	岩体质量
1	90 ~ 100	极好
2	75 ~ 90	好
3	50 ~ 75	中等
4	25 ~ 50	差
5	<25	极差

RQD 被广泛用来评价各种岩石的工程质量，尤其具有实际意义。*RQD* 不仅能反映岩体的完整性，而且能反映岩石的风化程度。*RQD* 值还与岩体的弹性波纵波速度及体积节理数有一定关系。但是 *RQD* 值不能反映岩体的结构面形态、充填及产状等因素，也不能反映对岩体影响重要的地下水。

6.2.2.2　工程岩体分类

从工程角度出发，根据岩体的内在特征，将其分为与工程地质类似的级别，并对各类岩体的质量予以定向和定量的分析。《工程岩体分级标准》（GB 50218—94）在总结分析现有岩体分级方法和大量工程实践的基础上，据影响岩体稳定性诸多因素的分析，认为岩体的坚硬程度和完整程度决定岩体的基本质量，并以此计算出岩体基本质量指标 *BQ*，然后结合工程特点，考虑地下水、初始应力场及软弱结构面与工程轴线的关系等因素对岩体的基本质量指标 *BQ* 加以修正，以修正后的基本质量指标划分工程岩体级别的依据。

1. 岩体基本质量分级

先按下式计算岩体的基本质量指标 *BQ*，然后按表 6-6 确定岩体基本质量分级（见表 6-6）。

表 6-6　岩体基本质量分级

基本质量级别	岩体基本质量的定性特征	岩体基本质量指标 *BQ*
Ⅰ	坚硬岩，岩体完整	>550
Ⅱ	坚硬岩，岩体较完整； 较坚硬岩，岩体完整	550 ~ 451
Ⅲ	坚硬岩，岩体较破碎； 较坚硬岩或软硬岩互层，岩体较完整； 较软岩，岩体完整	450 ~ 351
Ⅳ	坚硬岩，岩体破碎； 较坚硬岩，岩体较破碎—破碎； 较软岩或软硬互层，且以软岩为主，岩体较完整—较破碎； 软岩，岩体完整、较完整	350 ~ 251
Ⅴ	较软岩，岩体破碎； 软岩，岩体较破碎—破碎； 全部极软岩及全部极破碎岩	≤250

岩体基本质量指标 BQ 用下式表示

$$BQ = 90 + 3R_c + 250K_v \tag{6-1}$$

式中 BQ——岩体基本质量指标；

R_c——抗压强度，MPa；

K_v——岩体的完整性系数，即岩体声波纵波速度 v_{pm} 与岩石纵波速度 v_p 之比的平方。

在应用式(6-1)时，当 $R_c > 90K_v + 30$ 时，取 $R_c = 90K_v + 30$ 代入式(6-1)计算。当 $K_v > 0.04R_c + 0.4$ 时，取 $K_v = 0.04R_c + 0.4$ 代入。

表中所描述的岩石强度和岩体完整性分级见表 6-7 和表 6-8。

表 6-7 岩石坚硬程度分级

岩石饱和单轴抗压强度 R_c(MPa)	>60	60~30	30~15	15~5	<5
坚硬程度	坚硬岩	较坚硬岩	较软岩	软岩	极软岩

表 6-8 岩体完整程度分级

岩体完整性系数 K	>0.75	0.75~0.55	0.55~0.35	0.35~0.15	<0.15
完整程度	完整	较完整	较破碎	破碎	极破碎

2. 地下工程岩体级别的确定

考虑地下水状态、工程轴线方位与软弱结构面产状的组合关系及初始应力状态，对基本质量级别进行修正[BQ]（见式(6-2)），当确定了之后，综合定性的分级仍根据表 6-8 确定最终工程岩体的级别。

$$[BQ] = BQ - 100(K_1 + K_2 + K_3) \tag{6-2}$$

式中 $[BQ]$——岩体基本质量指标修正值；

BQ——岩体基本质量指标值；

K_1——地下水影响修正系数，如表 6-9 所示；

K_2——主要软弱结构面产状影响修正系数，如表 6-10 所示；

K_3——初始应力状态影响修正系数，如表 6-11 所示。

对大型的或特殊的地下工程岩体，除应按本标准确定基本质量级别外，详细定级时，尚可采用有关标准的方法进行对比分析，综合确定岩体级别。

表 6-9 地下水影响修正系数 K_1

地下水出水状态	$BQ>450$	$BQ=450\sim351$	$BQ=350\sim251$	$BQ\leq250$
潮湿或点滴状出水	0	0.1	0.2~0.3	0.4~0.6
淋雨状或涌流状出水，水压不大于 0.1 MPa 或单位出水量不大于 10 L/(min·m)	0.1	0.2~0.3	0.4~0.6	0.7~0.9
淋雨状或涌流状出水，水压大于 0.1 MPa 或单位出水量大于 10 L/(min·m)	0.2	0.4~0.6	0.7~0.9	1.0

表 6-10　主要软弱结构面产状影响修正系数 K_2

结构面产状及其与洞轴线的组合关系	结构面走向与洞轴线夹角 <30°,结构面倾角 30°~75°	结构面走向与洞轴线夹角 >60°,结构面倾角 >75°	其他组合
K_2	0.4~0.6	0~0.2	0.2~0.4

表 6-11　初始应力状态影响修正系数 K_3

初始应力状态	$BQ>550$	$BQ=550\sim451$	$BQ=450\sim351$	$BQ=350\sim251$	$BQ\leqslant250$
极高应力区	1.0	1.0	1.0~1.5	1.0~1.5	1.0
高应力区	0.5	0.5	0.5	0.5~1.0	0.5~1.0

各级围岩的自稳能力见表 6-12。对跨度小于 20 m 的地下工程,当已确定级别的岩体,其实际的自稳能力与表 6-12 的相应级别不相符时,应对岩体作相应的调整。

表 6-12　地下工程岩体自稳能力

岩体级别	自稳能力
Ⅰ	跨度不大于 20 m,可长期稳定,偶有掉块,无塌方
Ⅱ	跨度 10~20 m,可基本稳定,局部可发生掉块或小塌方; 跨度小于 10 m,可长期稳定,偶有掉块
Ⅲ	跨度 10~20 m,可稳定数日至 1 个月,可发生小—中塌方; 跨度 5~10 m,可稳定数月,可发生局部块体位移及小—中塌方; 跨度 <5 m,可基本稳定
Ⅳ	跨度 >5 m,一般无自稳能力,数日至数月内可发生松动变形、小塌方,进而发展为中—大塌方,埋深小时,以拱部松动破坏为主,埋深大时,有明显的塑性流动变形和挤压破坏; 跨度≤5 m,可稳定数日至 1 个月
Ⅴ	无自稳能力

注:小塌方:塌方高度 <3 m,或塌方体积 <30 m^3;
中塌方:塌方高度 3~6 m,或塌方体积为 30~100 m^3;
大塌方:塌方高度 >6 m,或塌方体积 >100 m^3。

3. 各级岩体的物理力学参数

各级岩体的物理力学参数可按表 6-13 选用。

表 6-13　岩体物理力学参数

岩体基本质量级别	重度 γ (kN/m^3)	抗剪断峰值强度		变形模量 E (GPa)	泊松比 μ
		内摩擦角 φ(°)	黏聚力 C(MPa)		
Ⅰ	>26.5	>60	>2.1	>33	<0.2
Ⅱ	>26.5	60~50	2.1~1.5	33~20	0.2~0.25
Ⅲ	26.5~24.5	50~39	1.5~0.7	20~6	0.25~0.3
Ⅳ	24.5~22.5	39~27	0.7~0.2	6~1.3	0.3~0.35
Ⅴ	<22.5	<27	<0.2	<1.3	>0.35

6.2.2.3 其他工程岩体分级代表性方案

20 世纪 70 年代以来，国内外提出了许多工程岩体的分级方法，其中影响较大的为 RMR 系统和 Q 系统。

1. RMR 系统

RMR 系统见表 6-14。

表 6-14 RMR 系统

分级方案	计算公式	参数	等级划分
RMR	$RMR = A + B + C + D + E + F$ (T. Bieniawski, 1973)	A——岩石强度，分数 0 ~ 15； B——RQD(岩石质量指标)，分数 3 ~ 20； C——不连续面间距(2 ~ 0.06 m)，分数 5 ~ 20； D——不连续面性状(粗糙到夹泥)，分数 0 ~ 30； E——地下水(干燥到流动)，分数 0 ~ 15； F——不连续面产状条件(很好到很差)，分数 0 ~ －12	Ⅰ——很好，$RMR = 81 \sim 100$； Ⅱ——好，$RMR = 61 \sim 80$； Ⅲ——中等，$RMR = 41 \sim 60$； Ⅳ——差，$RMR = 21 \sim 40$； Ⅴ——很差，$RMR \leq 20$

2. Q 系统(巴顿岩体分类)

这是挪威学者巴顿(N. Baiton)等于 1974 年为隧道支护设计提出的岩体工程分类。该分类考虑了岩石质量指标 RQD、节理组数 J_n、节理面粗糙度 J_x、节理面蚀变程度 J_a、裂隙水的折减系数 J_w、地应力的影响 SRF 等六个因素，并采用式(6-3)计算围岩岩体质量 Q。这种分类方法，考虑的地质因素较全面，可用定性分析、定量计算对岩体的工程特性进行综合评价，因而引起了国内外工程地质界的普遍注意。

$$Q = \left(\frac{RQD}{J_n}\right)\left(\frac{J_x}{J_a}\right)\left(\frac{J_w}{SRF}\right) \tag{6-3}$$

上述六个因素的具体数值可查表求得(略)，所计算的岩体质量 Q 的经验数值一般为 0.01 ~ 1 000，它相当于从非常破碎(糜棱化)的岩体一直到完整坚硬的岩体。

6.3 坝基岩体稳定性分析

坝区岩体由于存在某些缺陷，可能产生的工程地质问题是坝基稳定问题(包括沉降稳定、抗滑稳定和渗透稳定)和坝区渗透问题(包括坝基渗透和绕坝渗透)。

坝(闸)基的沉降稳定问题是指坝(闸)基岩体在建筑物自重及其他荷载的作用下，所产生的垂直方向的压缩变形(沉降量)及不均匀变形(沉降差)的问题。一般均匀的小量沉降变形，不致对坝体的安全稳定构成威胁，但当地基沉降量特别是不均匀沉降量超过容许限度时，将影响建筑物的正常运用，甚至发生倾斜，但当地基沉降量特别是不均匀沉降量超过容许限度时,将影响建筑物的正常运用,甚至发生倾斜、开裂或破坏。

6.3.1 影响坝基岩体压缩变形的地质因素

坝基岩体的压缩变形量除与建筑类型和规模有关外,还受坝基地质条件影响,如坝基岩体性质、构造条件及它们的产状和分布位置等。

由坚硬岩体组成的坝基,因本身强度高,压缩性小,往往沉降量很小。而由软弱岩体(如黏土岩等)组成的坝基,则可产生较大的沉降变形。

当坝基或两岸岩体的岩性软硬不一且弹性模量值相差悬殊时,往往产生不均匀变形(见图6-3、图6-4)。

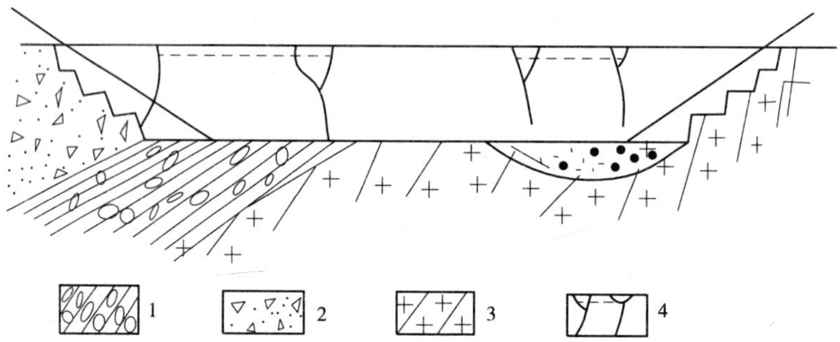

1—含砾石黏土;2—砂砾石;3—花岗片麻岩;4—沉降与裂缝

图6-3 岩性不均的坝基纵剖面

当坝基或两岸岩体存在有软弱夹层、强风化层、断层破碎带等软弱结构面时,尤其当张开裂隙发育且裂隙面大致垂直于压力方向时,易产生较大的压缩变形或不均匀变形。

上述软弱岩层和软弱结构面的产状及在坝基下的分布位置对岩体变形也有显著影响,当软弱岩层产状平缓且位于坝基表层时,就易产生较大的沉降变形(见图6-5(a))。若软弱夹层位于坝趾附近,受压易引起坝趾产生沉降变形,并导致坝身向下游倾斜(见图6-5(b))。当夹层位于坝踵附近时,主要受拉应力作用,可导致岩体被拉裂(见图6-5(c))。

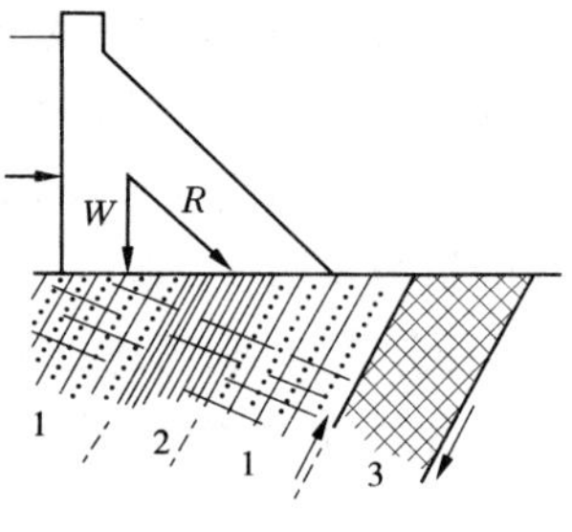

1—砂岩;2—页岩;3—断层带

图6-4 岩性不均的坝基横剖面

6.3.2 坝基岩体承载力

为了保证建筑物的安全和正常运用,应将地基沉降变形量限制在一定容许范围内,所谓坝基承载力,是指在保证建筑物安全稳定和正常运用的前提下,单位面积上所承受最大荷载,即容许坝基岩体的承载力,坝基岩体承载力是一个综合指标,它既包括不允许产生过大的沉陷变形,也包括不允许地基岩体产生破裂或滑移而导致的破坏。

其确定方法应视工程类型、规模和运用等要求作具体考虑。一般有现场荷载试验法、经验类比法及岩石抗压强度折减法。

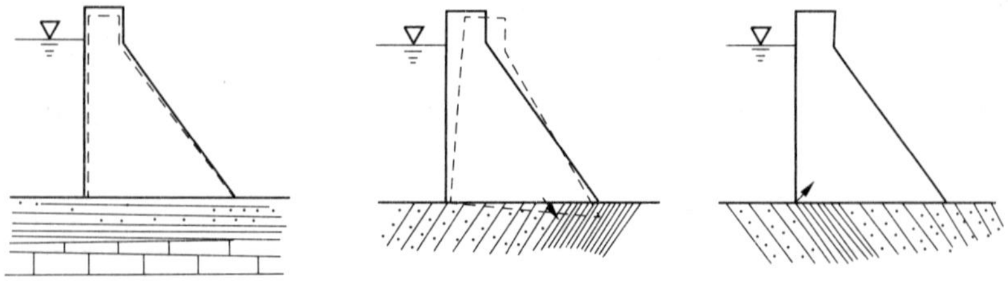

(a)表层滑动　　(b)浅层滑动　　(c)深层滑动

图 6-5　软弱夹层的产状和分布位置与地基沉降稳定示意图

岩基的承载力一般较高，大多可满足筑坝的要求，故坝基岩体承载力往往不是设计中的控制指标，对于建筑在较软弱、破碎的大型重要建筑物，应在现场进行载荷试验。抗压强度折减系数法，仅适用于初期设计阶段或中小型的水利工程，以折减系数确定的承载力较为保守，如满足不了设计要求，则可按现场载荷试验或现场三轴压缩试验计算确定。

6.3.2.1　折减系数法

以岩石饱和抗压强度 R_b 乘以折减系数 K 求承载力是目前最广泛的应用方法。

$$f = KR_b \tag{6-4}$$

采用折减系数 K 的含义，反映了岩块的抗压强度远高于岩体的，所以在评价岩体的抗压强度时要用折减系数，折减系数的取值大小，要根据岩石的坚硬程度、完整程度、风化程度及基岩形态、产状等因素确定。对于微风化的岩石，承载力的折减系数为 0.2～0.3；对于中等风化岩石，承载力的折减系数为 0.17～0.25。承载力的折减系数可根据表 6-15 确定。

表 6-15　承载力的折减系数

岩石种类	折减系数 K
特别坚硬的岩石（细粒花岗岩、石英岩、致密玄武岩等）	1/20～1/25
一般坚硬的岩石（石灰岩、砂岩、砾岩等）	1/10～1/20
软弱的岩石（黏土岩、黏土质粉砂岩等）	1/5～1/10
风化的岩石	参照上述标准相应地降低 25%～50%

《岩石坝基工程地质》一书中介绍了在水电工程中常用的折减系数取值方法，见表 6-16。

表 6-16　确定坝基容许承载力的经验方法

岩石名称	节理不发育（间距 >1.0 m）	节理较发育（间距 1.0～0.3 m）	节理发育（间距 0.3～0.1 m）	节理极发育（间距 <0.1 m）
坚硬和半坚硬岩石（R_b >30 MPa）	$R_b/7$	$(1/7 \sim 1/10)R_b$	$(1/10 \sim 1/16)R_b$	$(1/16 \sim 1/20)R_b$
软弱岩石（R_b <30 MPa）	$R_b/5$	$(1/5 \sim 1/7)R_b$	$(1/7 \sim 1/10)R_b$	$(1/10 \sim 1/15)R_b$

6.3.2.2 经验类比法

这是据已建成的工程经验数据、工程特征和地质条件进行比较选取的。《工程岩体分级标准》(GB 50218—94)及《港口工程地基规范》(JTS 147 - 1—2010)中列有经验数值,见表6-17和表6-18。

表6-17 基岩承载力基本值f_0 (单位:MPa)

岩体级别	Ⅰ	Ⅱ	Ⅲ	Ⅳ	Ⅴ
承载力基本值f_0	>7.0	7.0~4.0	4.0~2.0	2.0~0.5	<0.5

表6-18 风化岩石容许承载力表 (单位:kPa)

岩石类别	微风化	中等风化	强风化	全风化
硬质岩石	2 500~4 000	1 000~2 500	500~1 000	200~500
软质岩石	1 000~1 500	500~1 000	200~500	

6.3.2.3 现场载荷试验法

这是按岩体实际承受工程作用力的大小和方向进行的原位测试。它较符合实际情况,试验可测出岩体的弹性模量、变形模量等指标,用于计算坝或闸基沉陷量。这种方法准确可靠,但试验较复杂、费用较高,多在大中型工程中采用。

6.3.3 坝基岩体抗滑稳定性分析

坝基岩体受力状态是复杂的,既承受垂直方向的作用力,又承受各种侧向力及渗透力。坝基岩体的稳定性,除受上述工程作用制约外,主要取决于坝基岩体的地质条件。这就要求坝基岩体应有足够的抗剪强度以满足抗滑稳定要求。

6.3.3.1 坝基岩体滑动破坏的类型

按滑动面发生位置的不同,坝基岩体滑动的形式可分为三种类型(见图6-6)。

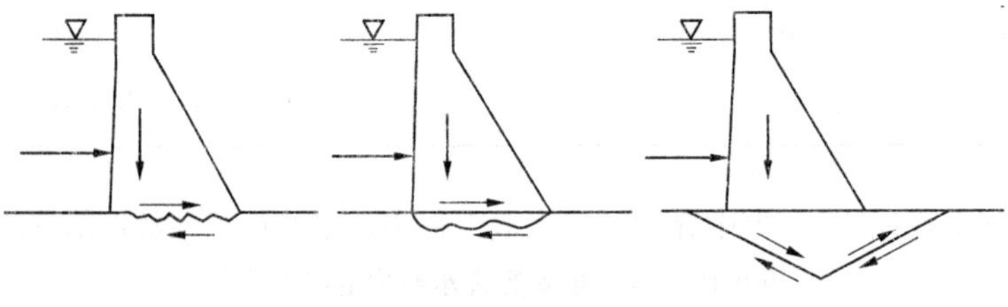

(a)表层滑动 (b)浅层滑动 (c)深层滑动

图6-6 坝基滑动破坏的形式

1. *表层滑动*

表层滑动指坝体沿坝底与坝基岩体的接触面滑移,如图6-6(a)所示。当坝基岩体坚硬完整、无控制滑移的软弱结构面,而同时工程施工质量较差,或坝体混凝土强度远低于岩体强度时,可能发生这种类型的滑动,但这种情况少见。它的抗剪强度计算指标应采用混凝土与岩石接触面处的C、φ值。

2. 浅层滑动

浅层滑动是指发生在浅层坝基的滑移，见图 6-6(b)，当坝基岩体软弱或岩体虽坚硬但施工时对浅部风化破碎层清基不彻底，以致岩体的强度低于坝体混凝土强度时可能沿坝基岩体浅部发生，滑动面往往参差不齐。国内较大的混凝土坝对地基处理较为严格，所以很少发生这种滑动，但中小型的工程因清基不彻底，容易发生这种情况。计算浅层的抗剪强度值时应采用软弱或破碎岩体的抗剪强度指标值 C、φ。

3. 深层滑动

深层滑动是指发生在坝基岩体较深部位的滑动，见图 6-6(c)。滑动面受岩体中的软弱结构面控制，它常由两组或几组软弱结构面组合而成。在高坝工程中常发生这种滑动，也是研究的重点。

6.3.3.2 坝基岩体产生滑动的边界条件

坝基岩体产生滑动除必须存在可能产生滑动的软弱结构面(滑动面)外，还必须具备将岩体分离成为不稳定滑移体的其他结构面(切割面)，同时下游有可供滑出的自由空间(临空面)，如图 6-7 所示，坝基下的岩体被三组结构面所切割，形成不稳定的楔形岩体 *ABCDEF*。在坝基传来的推力作用下，此楔形体将沿 *ABCD* 面向下游滑动，并顺两侧陡立的 *ADE* 面和 *BCF* 面，由 *HDCG* 面滑出。*ABFE* 面是被拉开的张裂面。*ABCD* 面称作滑动面，*ADE* 面、*BCF* 面和 *ABFE* 面称作切割面，*HDCG* 称作临空面。它们是根据受力条件区分的，这三种特性条件的界面构成了滑移岩体的边界条件。具体工程实例见图 6-8。

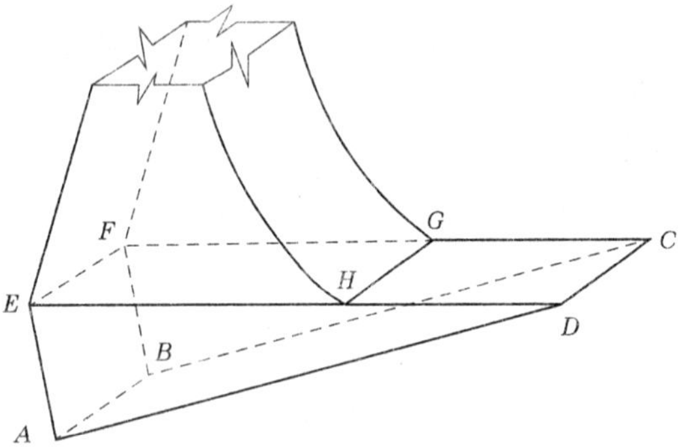

滑动面—*ABCD*；切割面—*ADE*、*BCF*、*ABFE*；临空面—*HDCG*

图 6-7 坝基滑动边界条件示意图

滑动面常由平缓的软弱结构面构成，例如缓倾的页岩夹层、泥化夹层、节理、卸荷裂隙、断层破碎带等。它们的抗滑能力显著低于坝基底面与基岩接触面的抗剪强度，也低于岩体中其他界面或部位的抗剪强度(在大致平行于岩体中最大剪应力方向的范围内)。滑动面可以是单一的，也可以是由两组或更多组的结构面组成的楔形、棱状形、锥状或是板状的滑移体(见图 6-9)。

临空面是滑移体与变形空间相临的面，变形空间是指滑移岩体可向之滑动而不受阻碍或阻力很小的自由空间，当坝趾附近河床中有深潭、深槽、溶洞或是溢流冲刷坑等时，则可形成陡立的临空面，另外，若在滑动岩体的下方存在有可压缩的大破碎带、节理密集带、

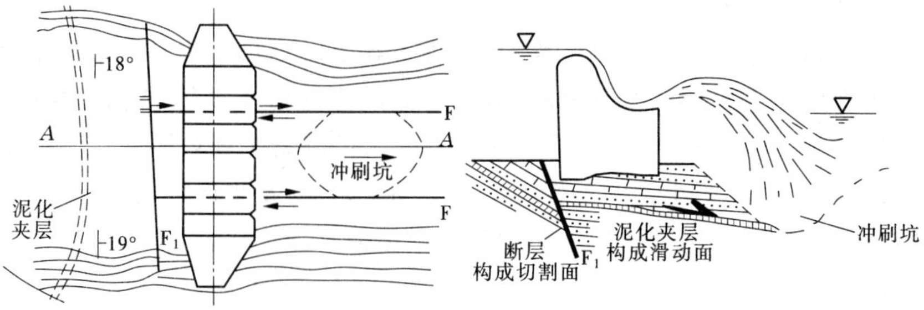

(a)平面图　　(b)剖面图

图 6-8　坝基滑动边界条件工程实例

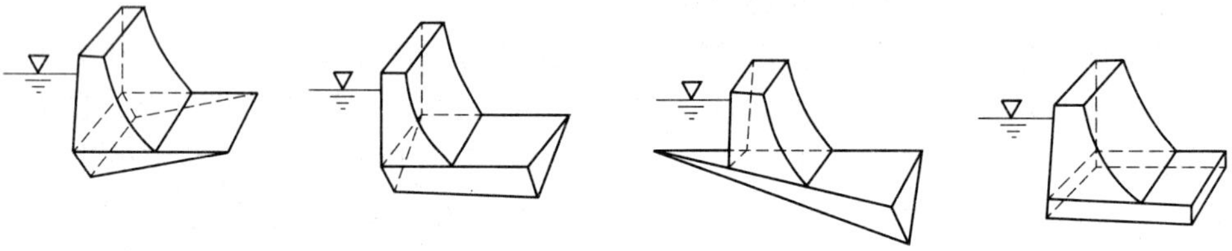

(a)楔形体　　(b)棱状形体　　(c)锥状体　　(d)板状体

图 6-9　坝体滑移体形状示意图

软弱岩层时，也可因发生较大的压缩变形而起到临空面的作用。

切割面通常是陡倾的断层、裂隙、走向垂直于坝轴的陡倾结构面，这些结构面将岩体切割开来，形成不连续切割体。

6.3.3.3　几种常见的滑移破坏形式

滑动面的产状对稳定性的影响很大，根据其产状与切割面和临空面的组合关系有以下几种滑移破坏形式。

1. 岩层产状平缓

当坝基岩性软弱或软弱夹层埋藏较浅时，在水平推力作用下，下游岩层容易穹起弯曲，形成浅层滑动，如图 6-10 所示。当坝下游有倾向上游的断裂面时，更易滑出。

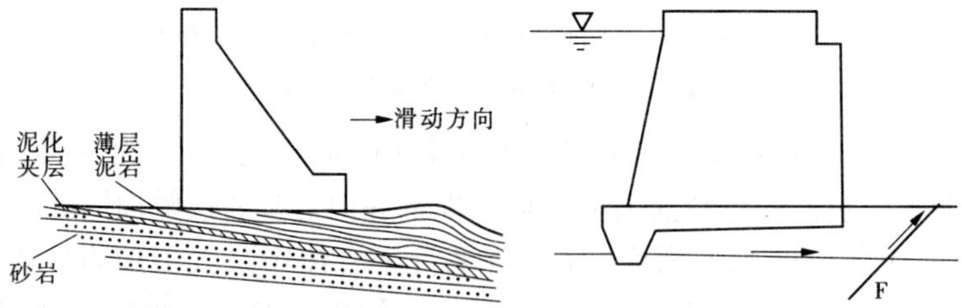

(a)　　(b)

图 6-10　水平岩层的滑动

2. 软弱结构面倾向上游(倾角小于 30°)

坝基下软弱结构面的产状越缓，由坝体自重力 W 和水平推力 H 组成的合力 R，作用在其上向下游的滑动力越大，抗滑力越小，对稳定越不利。所以，在进行坝基抗滑稳定分析时,应特别注意对缓倾角结构面的分析。当坝基下游有贯通的倾向上游的缓倾角结构面时,最易与坝踵附近的横向切割面组合成楔形体,直接由河床滑出(见图6-11)。

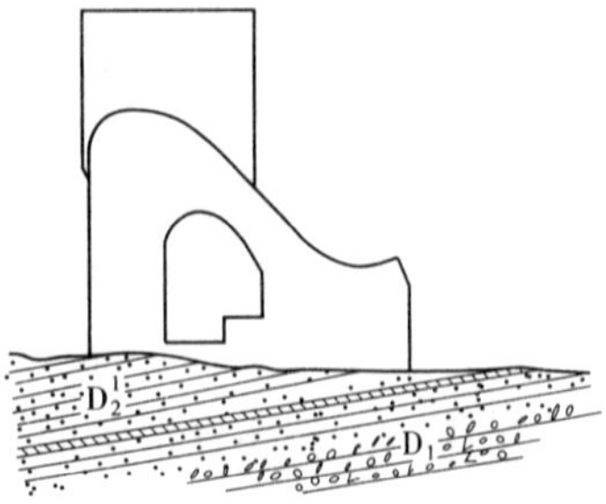

图6-11　软弱结构面倾向

3. 软弱结构面倾向下游(倾角小于30°)

在这种情况下,坝基最大剪应力方向常与软弱面近于平行,所以是最危险的。当坝趾附近有深槽、洞穴或冲刷坑时,滑体可沿滑动面直接滑出。当坝趾下游有倾向上游的软弱面时,则可组成楔形的滑移体,自河床面滑出(见图6-12)。当存在有较厚的软弱岩层或构造破碎带时,可因产生较大的压缩变形而起到临空面的作用,导致坝基滑动。

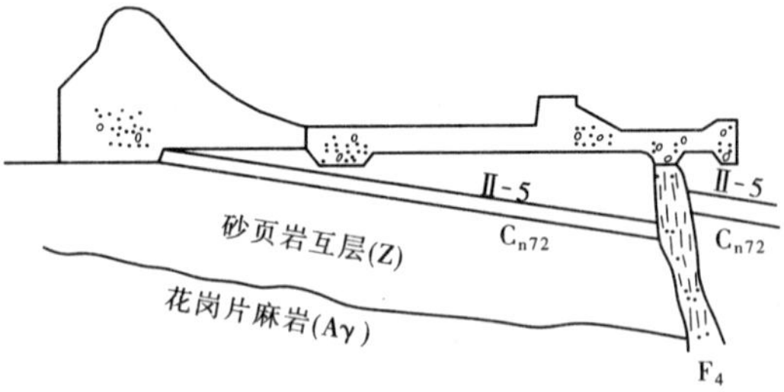

图6-12　软弱结构面倾向下游

4. 陡倾层状岩体

坝基岩体倾角较陡或软弱结构面陡倾时,一般不利于形成单一的滑动面,但可与层间法向裂隙或延续性差的缓倾裂隙组成阶梯状,或近似弧形的滑动面。由于滑动面起伏不平,其抗剪强度较平滑面高(见图6-13)。

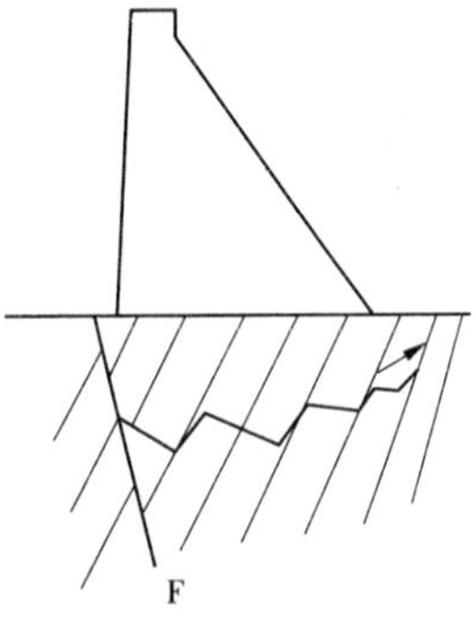

图6-13　陡倾层状岩体的滑移破坏

6.3.4　坝基岩体抗滑稳定性计算

在通过岩体结构分析确定了可能的滑移体及其边界条件的基础上,还必须正确地选定设计中所需的计算参数(主要是滑动面上的摩擦系数 f 和黏聚力 C 值)及分析滑移体的受力条件,才能进行稳定计算。岩体抗滑稳定分析通常采用静力平衡原理。

6.3.4.1　表层滑动稳定计算

当坝基岩体与坝基岩体接触面(可能滑动面)为水平或近于水平面时,在抗滑稳定计算中,通常采用下列两种类型的公式进行计算(假设滑动面水平)

$$K = \frac{\text{阻滑力}}{\text{滑动力}} = \frac{f(\sum V - U)}{\sum H} \tag{6-5}$$

$$K' = \frac{\text{阻滑力}}{\text{滑动力}} = \frac{f'(\sum V - U) + CA}{\sum H} \tag{6-6}$$

式中 K、K'——按摩擦强度和抗剪断强度计算的抗滑稳定安全系数，K 取值一般为 1.0～1.1，K'取值一般为 2.3～3.0；

f、f'——混凝土与坝基岩体接触面的抗剪摩擦系数和抗剪断摩擦系数；

$\sum V$——作用在滑动面上的铅直力之和，kN；

U——孔隙水压力，kN，$U = U_1 + U_2$；

$\sum H$——作用在滑动面上的水平力之和，kN；

C——混凝土与坝基接触面上的黏聚力，kPa；

A——滑动面面积，m^2。

表层滑动稳定性计算示意图如图 6-14 所示。

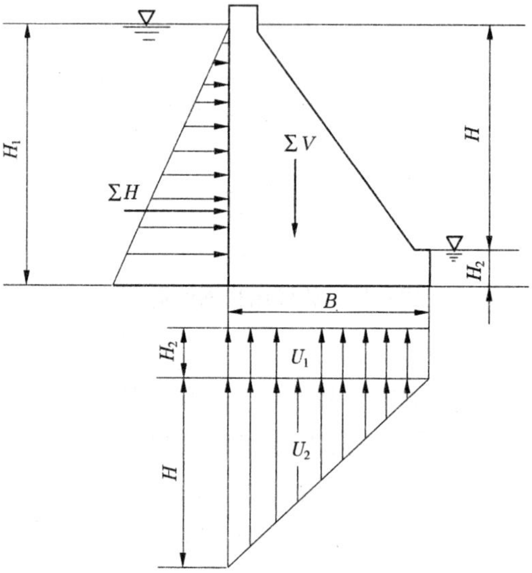

图 6-14　表层滑动稳定性计算示意图

6.3.4.2　浅层滑动稳定性计算

浅层滑动因其滑动面往往分布于坝体底面与岩体接触面以下不深的风化或软弱破碎岩体中，故可将滑动面简化为一水平面，用式(6-5)或式(6-6)计算。但应注意，计算时采用的抗剪强度指标，应为坝基浅部风化岩体或软弱破碎岩体的 f、C 值。

6.3.4.3　深层滑动稳定性计算

深层滑动抗滑稳定性计算，随岩体滑动边界条件而异，主要受滑动面产状和结构面组合形式控制。以下介绍两种简单情况的计算公式。

(1)单斜滑动面倾向上游时(见图 6-15(b))

$$K = \frac{f(G\cos\alpha - U + H\sin\alpha) + CL}{H\cos\alpha - G\sin\alpha} \tag{6-7}$$

式中　G——单宽剖面内各种铅直力之和，kN；

H——单宽剖面内各种水平力之和,kN;

L——滑动面在滑移方向上的长度,m;

α——滑动面倾角,(°);

其他符号意义同前。

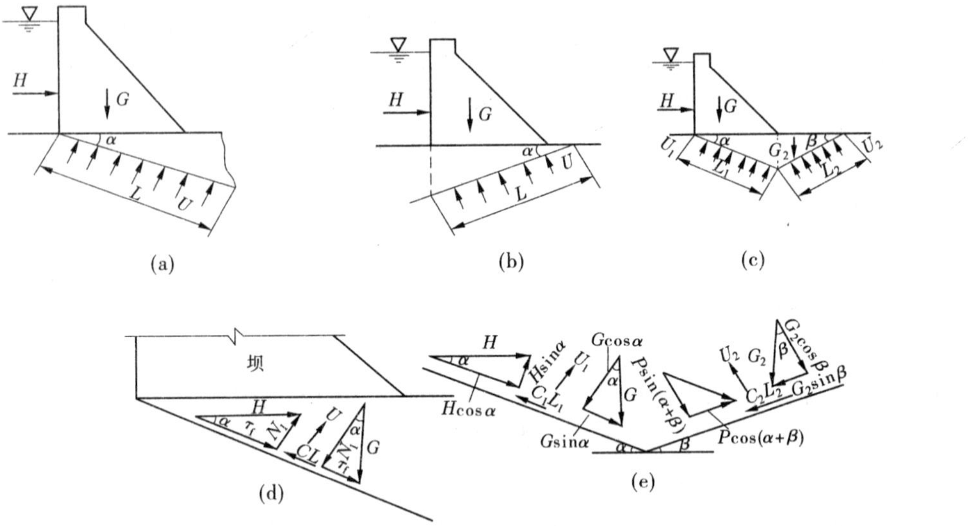

(a)、(d)单斜滑动面倾向下游;(b)单斜滑动面倾向上游;(c)、(e)双斜滑动面

图 6-15　坝基深层滑动稳定性计算示意图

(2)单斜滑动面倾向下游时(见图 6-15(a))

$$K = \frac{f(G\cos\alpha - U - H\sin\alpha) + CL}{H\cos\alpha + G\sin\alpha} \tag{6-8}$$

(3)双斜滑动面(见图 6-15(c))。

双斜滑动面构成的滑移体较为复杂,常用的计算方法有剩余推力法、极限平衡法、等安全系数法。

坝基滑移体在倾向下游的滑动面上的下滑力 P 为该段滑动力与抗滑力之差,即

$$P = K(H\cos\alpha + G\sin\alpha) - f_1(G\cos\alpha - U_1 - H\sin\alpha) + C_1L_1 \tag{6-9}$$

下游岩体(抗滑体)稳定系数为

$$K_O = \frac{f_2[P\sin(\alpha + \beta) - U_2 + G_2\cos\beta] + C_2L_2}{P\cos(\alpha + \beta) - G_2\sin\beta} \tag{6-10}$$

式中　f_1、f_2——倾向下游(上游)滑动面上的摩擦系数;

C_1、C_2——倾向下游(上游)滑动面上的黏聚力,kPa;

U_1、U_2——作用于下游(上游)滑动面上的扬压力,kN;

L_1、L_2——倾向下游(上游)滑动面的长度,m;

α、β——倾向下游(上游)滑动面上的倾角,(°)。

6.3.5　坝基处理措施

坝基处理措施主要有清基、软弱带处理、岩体加固、降低扬压力及改善建筑物本身结

构等。

6.3.5.1 清基

清基就是把地基表部强烈风化、破碎松动的岩体以及浅部的软弱夹层等，彻底开挖清除，使工程位于比较完整、新鲜的岩体上。

对于混凝土高坝或重要工程，清基除要求达到坚硬、完整、新鲜、透水性小的基岩外，还应造成地基表面一定糙度（齿槽），以提高抗滑能力；对于混凝土中的高坝或低坝，只要地基各种力学性质指标能够满足强度要求，有时只清基到微风化带便可；对于地基中的个别或局部风化裂隙带，可采取局部挖除并回填混凝土的办法处理。

清基深度必须根据地基地质条件、岩石物理力学性质以及建筑物的规模与设计意图等，从安全与经济两方面综合分析确定。过深造成浪费，过浅留下后患。

用爆破方法开挖清基时，应防止振动对岩体的不良影响。可先爆破开挖到离设计高程1 m处，在浇筑混凝土之前，再由人工撬挖清除余下部分，这样也可减轻风化。

6.3.5.2 软弱带处理

软弱带处理的目的是提高其承载能力，以适应地基应力要求；改善其弹性性能，使其与两侧岩体弹性相近，以防止过大的应力集中或过多的不均匀变形；提高其抗剪强度，以增强地基的抗滑能力；增大其抗渗性能，以避免大量渗漏、渗透破坏或扬压力过大。

1. 陡倾角（>60°）软弱带的处理

常用混凝土塞、混凝土梁和混凝土拱等方法。混凝土塞一般适用于软弱带宽度小于3 m的情况下，沿软弱带挖一定深度的槽子，削坡为45°~60°，两侧至新鲜完整岩体，然后回填混凝土（见图6-16(a)）。软弱带较宽，混凝土塞中部应力一般集中，沉降量过大，则多采用混凝土梁或拱的方法处理，使上部荷载由两侧完整岩体承受（见图6-16(b)、(c)）。

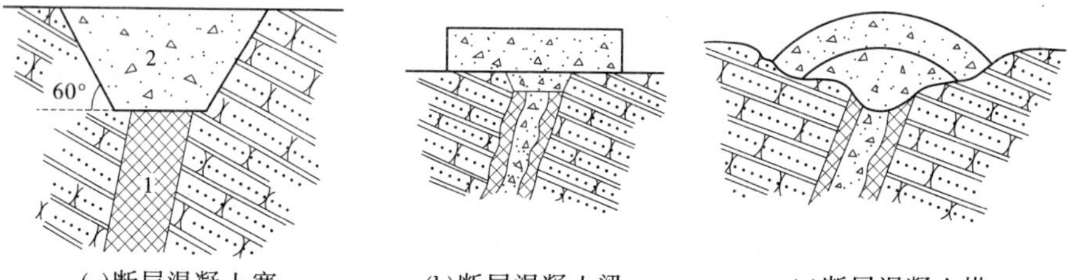

(a)断层混凝土塞　　(b)断层混凝土梁　　(c)断层混凝土拱

1—软弱层；2—基础

图6-16　陡倾角（>60°）软弱带的处理

2. 缓倾角（<30°）软弱带的处理

缓倾角（<30°）软弱带的处理多采用清除软弱带后回填混凝土的方法（见图6-17）。如果软弱带较深，方量较大，还可用竖井和平硐相结合的办法开挖清除。回填混凝土后，应进行混凝土与岩石间的回填灌浆和固结灌浆。

3. 厚度较薄的软弱夹层的处理

厚度较薄的软弱夹层在水工建筑中经常见到，一般用全部开挖清除、截封、混凝土键和防沉井等方法处理。

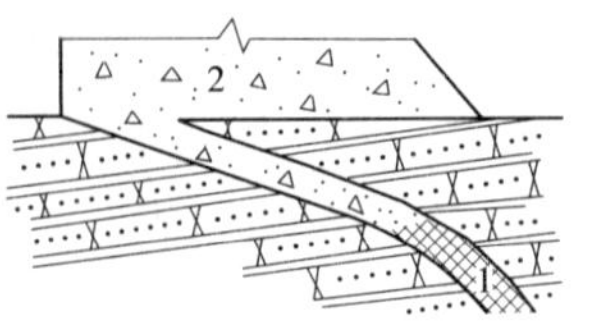

(a)开挖清除、回填混凝土

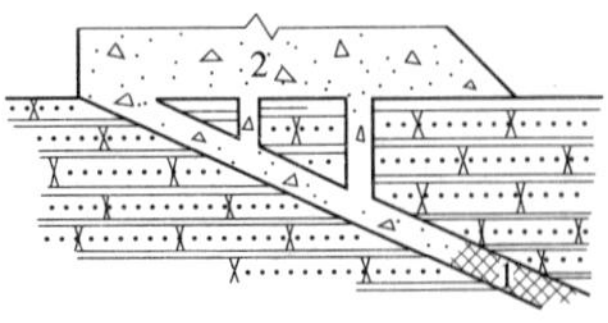

(b)结合竖井开挖清除、回填混凝土

1—软弱层;2—基础

图 6-17 缓倾角软弱带清除、回填混凝土示意图

在坝基附加应力影响下,对可能变形范围内的软弱夹层,有条件的应尽量全部开挖清除。否则可采取截封措施,即局部开挖清除,设齿墙或截水墙截断软弱夹层,以使其封闭;既增加抗滑稳定性,又防止夹层不断恶化。

衡阳某坝基夹泥,采用上下游两齿墙截断封闭夹泥层。大坝建成后,坝基稳定,夹泥未恶化。软弱夹层较深,可采用混凝土键办法处理。按一定间距沿软弱夹层打平硐,洞高大于夹层厚度,使洞顶和底切入坚硬完整岩层,然后回填混凝土,筑成混凝土键(见图 6-18),提高抗滑稳定性。

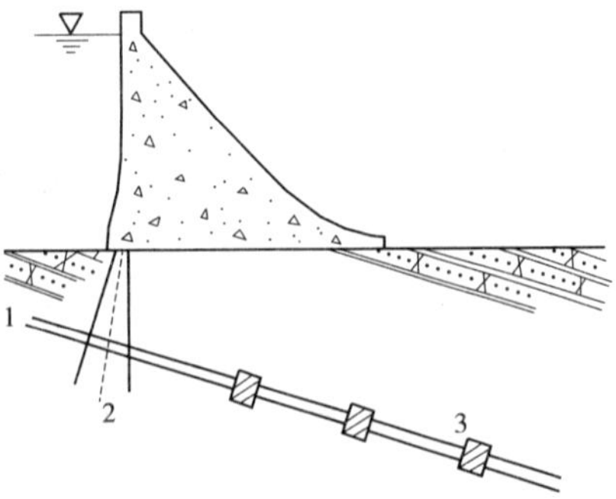

1—软弱夹层;2—灌浆孔;3—混凝土键

图 6-18 软弱夹层混凝土键处理示意图

6.3.5.3 岩体加固

固结灌浆是加固岩体的通用措施,它是通过钻孔将胶结材料(水泥浆等)压入岩层中,使破碎岩体和裂隙发育的岩体胶结成整体,以增大岩体强度,提高岩体的稳定性。灌浆设计要根据地基的地质条件进行,事先应在有代表性的地段进行灌浆试验,以确定灌浆的施工工艺和各种技术参数。灌浆孔一般按梅花形布置;孔距视浆液的有效扩散范围而定,通常为 2 ~3 m;孔深根据加固岩体的要求而定,浅孔深度一般不大于 15 m,深孔深度可达 60 ~70 m 以上。

锚固也是加固岩体的常用方法。当地基岩体中发育有控制岩体滑移的软弱结构面时,可采用预应力锚筋(杆)或锚索加固处理。先用小口径钻孔穿过软弱结构面,并深入完整岩体一定深度,再插入预应力钢筋或钢索,并用水泥砂浆灌满,将岩体与其上下层或基础连在一起。也可采用大孔径管柱,将软弱结构面或软弱夹层上下岩体连接起来,以增强其抗滑能力(见图 6-19)。

6.3.5.4 降低扬压力

降低扬压力(或渗透压力),对提高坝基抗滑稳定性至关重要,其主要措施是灌浆帷幕和排水孔。灌浆帷幕一般设置在靠近坝踵处,需根据具体地质情况,结合坝高考虑灌浆孔的排数、排距和孔距,灌浆深度至少应为库水头的 4/5。排水孔位于帷幕下游不远的地方。二者常联合使用。通过上述措施,一般可削减水头的 60% ~80%。

6.3.5.5 改善建筑物本身结构

为保证地基稳定性,还可以改善建筑物的结构,使之适应地基地质条件。例如,增大

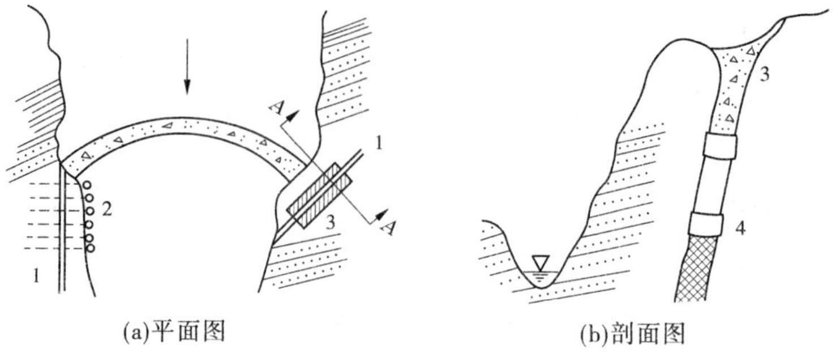

1—断层;2—预应力钢筋锚固;3—开挖回填混凝土;4—工作洞

图 6-19　某坝断面加固示意图

坝体断面以加大铅直荷载,加深齿墙以增大坝基抗滑稳定,延长上下游防冲板或护坦以防止坝基稳定性恶化并提高抗滑稳定,以及预留沉降缝以消除不均匀沉降的影响等。

6.4　边坡岩体稳定性分析

在山区进行的各种工程建筑常常是在天然斜坡岩体上兴建的,或是在兴建中需要开挖出高陡的边坡。我国水电工程建设中,经常遇到边坡的稳定问题,如大坝坝肩山坡、水库岸坡、输水渠道等边坡稳定问题,边坡岩体中往往存在成因不同、规模不等、性质各异的结构面,它们在岩体重力和各种自然营力的长期作用下或人为的影响下,常常会发生变形破坏,使岩体突然崩倒或下滑,大量土石岩块涌向坡脚或河谷,冲垮道路、桥梁,掩埋厂矿房屋以及破坏施工现场,从而造成中断施工、延长工期、改变设计、增加投资等。大规模的边坡破坏事故甚至可堵塞江河,中断航运,毁坏大坝、水电站,并危及下游人民生命财产的安全。因此,建筑工程地段的斜坡要有足够的稳定性。斜坡稳定性分析,在于阐明工程建筑地段天然斜坡是否可能产生危害和变形与破坏,论证其变形与破坏的形式、规模、方向,从而设计稳定而又经济合理的人工边坡。就组成物质而言,边坡可分为岩质边坡和土体边坡两种类型,本章主要讨论岩质边坡稳定性的工程地质条件分析。

6.4.1　边坡岩体应力分布特征

斜坡的变形与破坏,取决于坡体中的应力分布和岩土体的强度特点,了解坡体中应力分布特征,对认识斜坡体变形与破坏机制很必要,对正确评价斜坡的稳定性、制订切合实际的设计和整治方案有指导意义。

6.4.1.1　边坡岩体应力状态变化

由于边坡岩体通常是由非均质的各向异性不连续的介质组成的,加上原始地应力各不相同,因而边坡上的应力分布和变化极其复杂。现只考虑岩体自重应力和假定边坡岩体为均质连续弹性介质,并根据光弹试验及有限元法计算结果来说明边坡应力的分布特征。

在边坡形成之前,岩体中的自重应力如下所示

$$\sigma_z = \gamma H, \qquad \sigma_x = \sigma_y = \lambda\gamma H \tag{6-11}$$

在边坡形成过程中,由于上部岩体被侵蚀或挖除而形成卸荷作用,岩体中的自重应力分布随着发生以下变化:

(1)斜坡岩体的主应力迹线发生明显的偏转,总的特征为:愈接近边坡,原来为铅直方向的最大主应力 σ_1,愈接近平行于斜坡临空面,而原来为水平方向的最小主应力 σ_3,则愈与坡面近正交(见图6-20)。在水平构造应力较大的地区,最大主应力的方向也会发生同样偏转。

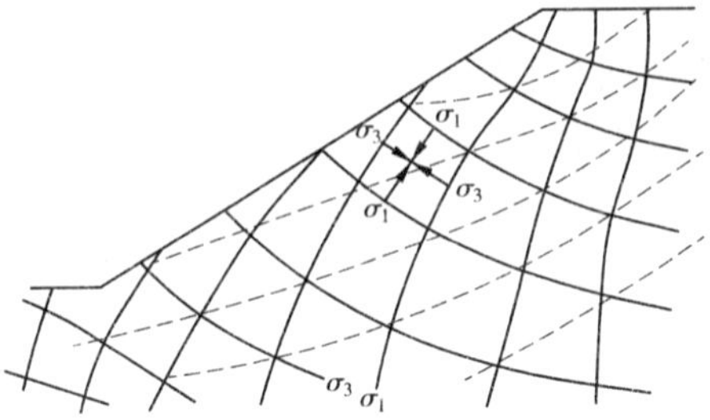

图6-20　斜坡中最大剪应力迹线(虚线)与主应力迹线(实线)示意图

(2)在坡脚与河谷底部形成应力集中带。随着河谷下切,坡面附近的最大主应力(近平行于谷坡倾斜方向)显著增高。边坡愈陡,应力集中也愈严重。

(3)与主应力偏转相联系,最大剪应力迹线也发生偏转,呈凹向临空面的弧线(见图6-20)。在最大、最小主应力差值最大的部位(一般在坡脚附近),相应形成一个最大剪应力区,因而在这里容易产生剪切变形破坏。

(4)在坡顶和坡面的靠近表面部位,由于垂直于河谷的水平应力 σ_3 显著减小,甚至可出现拉应力,因而可形成一个拉应力带(见图6-21中的阴影部分)。其范围随坡角 α 和平行于河谷的水平应力 σ_2 的增加而增大。因而,在这里容易产生拉张裂隙。

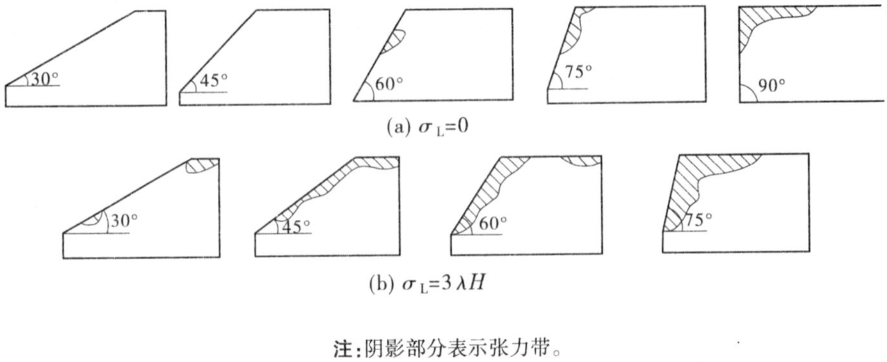

注:阴影部分表示张力带。

图6-21　斜坡张力带分布示意图

6.4.1.2　影响边坡岩体应力分布的主要因素

边坡形成之后,其应力分布主要影响因素有原始应力状态、坡形和岩体结构。

1. 原始应力状态的影响

一定历史条件下的地应力环境中,特别在新的构造运动强烈的地区,往往存在较大的水平构造残余应力 σ_r。因而,这些地区斜坡岩体的临空面附近常常形成应力集中,主要表现为加剧应力分异现象。这在坡脚、坡面及坡顶张力带表现得最明显(见图6-21(b))。研究表明,水平构造残余应力愈大,其影响愈大,二者呈正比关系。与自重应力状态下相比,斜坡变形与破坏的范围增大,程度加剧。

2. 坡形的影响

坡面几何状态是影响坡体应力分布的主要因素。反映坡面几何状态的主要要素是坡角。坡角增加时,坡顶及坡面张力带的范围扩大;坡脚应力集中带的最大剪应力也随之增高(见图6-21)。

坡底宽度 W 对坡脚应力状态的影响见图6-22。在深切陡倾的V形峡谷中,特别是当有垂直于河谷走向的水平应力时,坡脚和谷底一带可形成极高的应力集中带。当 $W<0.8H$ 时,坡脚最大剪应力随底宽缩小而急剧增高,当 $W \geq 0.8H$ 时,则保持一常值。

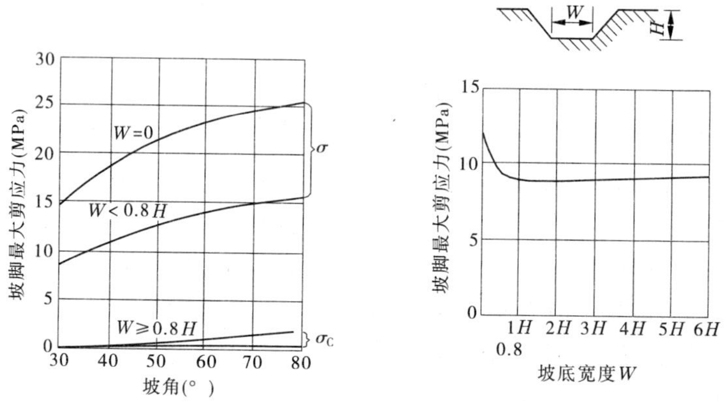

图6-22　坡脚最大剪应力与坡角和坡底宽的关系曲线

边坡的平面形态对应力也有明显影响,凹形坡有利于坡体稳定,而凸形坡则相反。凹形边坡,由于沿斜坡走向方向受到支撑,应力集中程度明显减弱。圆形和椭圆形矿坑边坡,坡脚最大剪应力仅有一般斜坡的一半左右。

3. 岩体结构的影响

岩体结构特征对边坡应力分布的影响是很大、很复杂的,主要表现在因岩体的不均一性和不连续性,使其沿软弱面的周边出现应力集中或应力阻滞现象,如图6-23所示。

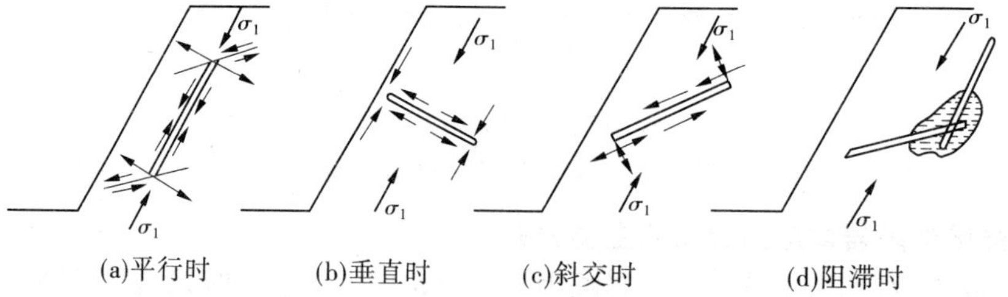

图6-23　坡体内结构面上应力分布示意图

(1)软弱面与坡体主压应力轴平行时,将在软弱面的端点部位或应力阻滞部位出现拉应力集中和剪应力集中,使之出现软弱面两侧的张裂和剪切破裂(见图6-23(a))。

(2)软弱面与坡体主压应力垂直时,将发生平行于软弱面的拉应力或于端点部位出现垂直软弱面的压应力,这将有利于软弱面的压密或稳定(见图6-23(b))。

(3)软弱面与坡体主压应力轴斜交时,沿软弱面主要为剪应力集中,并于端点部位或应力阻滞部位出现拉应力,致使斜坡极易沿结构面发生剪切滑动(见图6-23(c))。

(4)在软弱面交会处,应力受到阻滞,压应力和拉应力强烈集中,容易发生变形和破坏。在一定条件下,可逐步扩展为滑动面,使斜面破坏(见图6-23(d))。

6.4.2 边坡岩体变形破坏的类型

边坡形成后在各种地质营力作用下,不断地遭受风化、侵蚀、剥落等;严重者会发生蠕动变形或崩塌、滑动破坏等。在野外边坡岩体变形破坏的类型常见的主要有卸荷变形、蠕动变形、崩塌和滑坡四种。

6.4.2.1 卸荷变形

在边坡形成过程中,由于在河谷部位的岩体被冲刷侵蚀掉或人工开挖,使边坡岩体失去约束,应力重新调整分布,从而使岸坡岩体发生向临空面方向的回弹变形,产生近平行于边坡的拉张裂隙,一般称作边坡移带卸荷裂隙(见图6-24)。

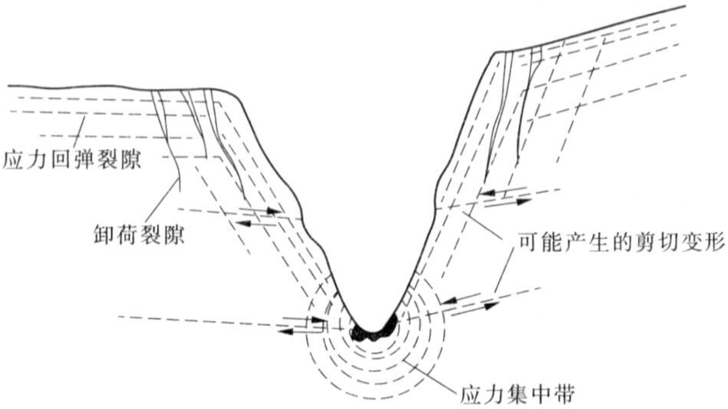

图6-24 峡谷地区卸荷裂隙

这种裂隙多呈层状向坡体内发育,形成松弛张裂带(或称卸荷带),其宽度和深度均可达100 m以上,它主要取决于河谷下切深度、地应力及岩体结构等。在河谷底部也可出现卸荷裂隙,形成大致平行于谷底的松弛张裂带,深也可达数十米。边坡卸荷裂隙可以是新生的,但大多数是沿原有的陡倾角裂隙发育而成的,多平直延伸,也有的略呈弧形弯曲,一般被拉开而无明显错动。张开度及分布密度由坡面向深处逐渐减弱。裂隙向下延伸一般在谷底附近即渐消失。

边坡卸荷裂隙使岩体强度降低,渗透性增大,并使各种风化因素侵入坡体,裂隙中还常有充填夹泥,对岩体稳定和渗漏都有不良影响,因而常会导致边坡发生更大的破坏。卸荷回弹还可引起基坑发生变形和松弛。在大型水利工程中应注意查明和研究松弛张裂带的范围与特征,对评价边坡稳定和确定坝肩开挖深度及灌浆范围等,都有重要意义。

6.4.2.2 蠕动变形

蠕动变形是指边坡岩体主要在重力作用下向临空方向发生长期缓慢的塑性变形的现象,有表层蠕动和深层蠕动两种类型。

1. *表层蠕动*

表层蠕动主要表现为边坡表部岩体发生弯曲变形，多发生在塑性较强的岩层中，如页岩、板岩、千枚岩、片岩等。据岩体结构面产状及表现特征的不同，又可分为倾倒和溃屈两种类型。倾倒是指层状反倾向结构及部分陡倾角顺层的边坡，表部岩层因蠕动变形而向临空面一侧发生弯曲、折裂、倾倒的现象（见图 6-25（a）），多发生在塑性较强的薄层岩层或软弱相间的岩层中，如页岩、板岩、千枚岩、片岩、砂岩页岩互层、灰岩页岩互层等，倾倒变形岩体的顶部因变形增大、弯折，常发生岩块坠落或倾倒破坏。溃屈也称挠曲，是指层状结构顺层边坡，岩层倾角与坡角大致相似，上部岩体沿软弱面向下蠕滑，由于下部受阻而发生岩层鼓起、弯曲、脱开和表层拉裂的现象（见图 6-25（b）），在塑性较强的岩层中，多表现为连续的弯曲变形，在弯曲的过程中被拉断，形成切层的张裂，使岩层弯折、松动并产生架空现象，但层序不乱。当变形增大时，顶部岩层可发生坠落甚至倾倒破坏。

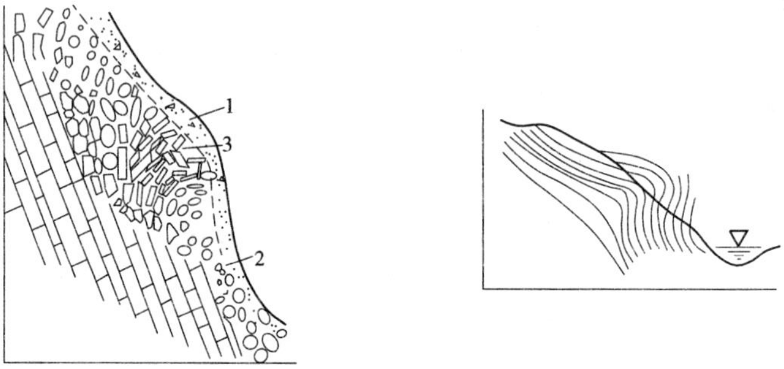

(a)倾倒变形　　(b)溃屈变形

1—残坡积物；2—坍塌堆积物；3—蠕动变形岩体

图 6-25　表层蠕动变形示意剖面图

2. *深层蠕动*

深层蠕动也称侧向张裂或扩离。它是发生在产状较平缓的软、硬双层结构的边坡中，由于下部软弱岩层发生长期缓慢的塑性变形，导致上部较坚硬的岩层发生张裂，向临空面扩展、移动、挤出的现象，见图 6-26。当软岩较厚，上部被近直立裂隙切割成块体时，可参差不齐地陷入下部泥化的软岩中，有时呈阶梯状下陷。

发生深层蠕动的软弱岩层常是泥化的页岩、黏土岩、泥灰岩、凝灰岩及煤系地层等，而上部脆性岩层则多为石灰岩、白云岩、砂岩、玄武岩、流纹岩等。

发生蠕动变形的边坡，岩体松动破碎、强度降低、透水性增大，其范围可达数十米。

1—灰岩；2—泥化的页岩

图 6-26　边坡深层蠕动变形剖面图

6.4.2.3 **崩塌**

高陡的边坡岩体突然发生倾倒崩落,岩块翻滚撞击而下,堆积于坡脚的现象,称崩塌。崩塌规模大小悬殊,大的体积可达上千甚至数亿立方米,小的仅数立方米或数十立方米。崩塌下来的岩块、碎石,堆积于坡脚或山麓,大小混杂。一般有以下几种情况:边坡被陡倾裂隙深切,在自重及外力作用下逐渐向外倾斜、弯曲,裂隙被拉开,岩体下部被拉裂、折断进而崩塌倾倒;或在坚硬的岩层下存在软弱岩层,当它发生塑性蠕变时可导致上部岩层深陷、下滑、拉裂以至倾倒崩塌;下部有洞穴或采空,岩体沉陷、陷落,将边部岩体挤出,倾倒崩塌(见图6-27)。

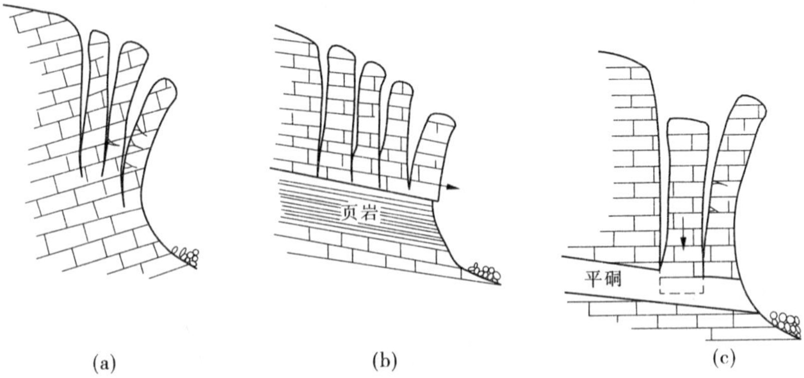

图6-27 崩塌机制

6.4.2.4 **滑坡**

滑坡具体内容见5.2.1。

6.4.3 影响边坡稳定性的因素

影响边坡稳定性的内在因素主要表现在地貌条件、地层岩性、地质构造与岩体结构等几方面。外在因素有地表水和地下水的作用、地震、风化作用、人工挖掘、爆破以及工程荷载等。其中地表水和地下水是影响边坡稳定最重要、最活跃的外在因素,其他大多起着触发作用。查明和掌握这些影响因素对了解边坡失稳的发生发展规律,以及制订防治措施是非常必要的。

6.4.3.1 **影响边坡稳定性的内在因素**

深切峡谷地区,陡峭的岸坡是容易发生边坡变形和破坏的地形条件;地层和岩性对边坡稳定性的影响很大,软硬相间,并有软化、泥化或易风化的夹层时,最易造成边坡失稳;地质构造因素包括褶皱、断裂、区域新构造运动及地应力等,这些对岩质边坡的稳定也是主要因素。褶皱、断裂发育地区,岩层倾角大,甚至陡立,断层、节理纵横切割,构成岩体中的切割面和滑动面,形成有利于崩塌、滑动的条件,并直接控制着边坡破坏的形成和规模。在新构造运动表现为强烈上升的地区,往往形成深切的沟谷地形,坡体内地应力较高,卸荷裂隙也常较发育,往往较广泛地发生着各种变形和破坏现象。

结构面的各种特性(发育程度、规模大小、充填、胶结、产状等)对岩体的稳定性有很大影响,对边坡而言,结构面的产状和岩体结构类型有更明显的影响。

结构面的产状与斜坡临空面的关系，可分为以下几种基本情况。

1. 只有一组结构面

（1）顺向坡：指软弱结构面的走向、倾向与边坡面的走向、倾向大致平行，或比较接近。按结构面倾角 α 与坡角 β 的大小关系又可分为两种情况，见图 6-28 中的（a）、（b）。

图 6-28（a）表示 $\alpha<\beta$，这时极易形成有临空面的滑体，产生顺层滑动。这种边坡稳定性最差，也最为常见。

图 6-28（b）表示 $\alpha>\beta$，这时软弱结构面延伸至坡脚以下，不能形成滑出的临空面，所以比较稳定。

（2）逆向坡：指软弱结构面与边坡面的走向大致相同，但倾向相反，即结构面倾向坡内，如图 6-28（c）所示。这种情况的结构面是稳定的，一般不会形成滑坡，仅在同时有切层的结构面发育时，才有可能形成折线破裂滑动面（见图 6-28（d））或崩塌倾倒破坏。

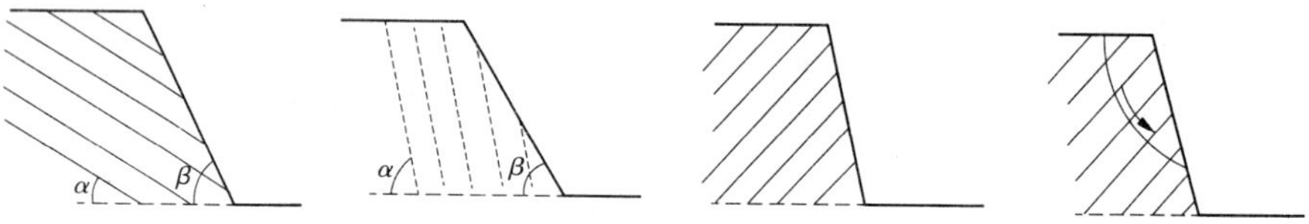

(a)顺向坡 $\alpha<\beta$　(b)顺向坡 $\alpha>\beta$　(c)逆向坡一　(d)逆向坡二

图 6-28　一组结构面发育的边坡稳定情况

（3）斜交坡：软弱结构面与边坡面走向呈斜交关系时，一般情况下交角越小对边坡稳定的影响越明显。当交角小于 40°时可按平行于边坡走向考虑，大于 40°时稳定性较好。当近于 90°直交时，称横向坡，对稳定最有利。

2. 有两组结构面

边坡岩体上发育有两组或更多的软弱结构面时，它们互相交错切割，可形成各种形状的滑移体，如图 6-29 所示。通常两组结构面的交线，即为滑体的滑动方向。但若一组结构面产状陡倾，则只起切割作用，而由较平缓的结构面构成滑动面。若两组结构面都陡倾，则往往由另一组顺坡向产状平缓的结构面构成滑动面，形成槽形体、菱形体状的滑动破坏。

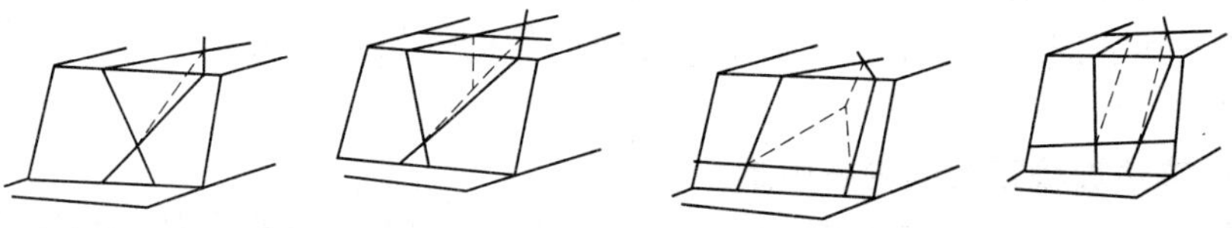

(a)锥形体　(b)楔形体　(c)菱形体　(d)槽形体

图 6-29　多组结构面发育的边坡滑移体类型

6.4.3.2　影响边坡稳定性的外部因素

地下水、风化作用、暴雨、水流冲刷坡脚及人工挖掘、采空、振动促使岩体破坏，这些因素成为影响边坡稳定性的外部因素。

地下水对边坡稳定的影响关系极大，绝大多数滑坡都与地下水的活动有关。许多滑坡、崩塌均发生在降雨之后，就是因降水渗入岩土体后，产生不良影响所致。地下水的作用是很复杂的，主要表现为下列几个方面：

(1)使岩石软化或溶蚀。地下水的活动可使黏土质夹层软化、泥化,形成最危险的滑动面;也可使厚层的黏土岩产生塑性蠕动,导致上覆岩体滑动解体。

当岩层中含有易溶成分时,如石膏等盐类物质,可被地下水溶蚀,形成裂隙和洞穴,导致上覆岩体塌陷并可导致发生崩塌或滑坡。

(2)产生静水压力或动水压力。渗入坡体中的水,对滑体可产生静水压力或动水压力,促使岩体下滑或崩塌(见图6-30)。许多河岸、库岸边坡坍塌破坏都发生在河水位骤降以后,就是与坡体内的水压力增高并向河谷渗流有关。

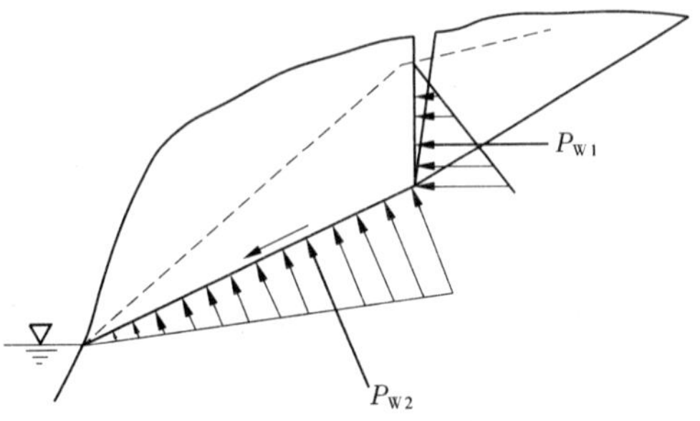

图6-30　边坡岩体受静水压力示意图

(3)增加岩体重量。当水渗入边坡岩体中时,增加了岩体重量,可使下滑力增大。

(4)冻胀作用。在寒冷地区,渗入裂隙中的水结冰,产生膨胀压力,促使岩体破坏倾倒。

(5)浮托力。处于水下的透水边坡,受浮托力的作用,使坡体有效重量减轻,稳定性下降。许多水库塌岸均与此有关。

6.4.4　岩质边坡稳定性分析方法

岩质边坡的稳定计算,主要是滑动破坏(即滑坡)的计算。计算时必须与工程地质分析结合起来,这样才能正确地确定边界条件和计算参数,使计算成果具有实际意义。目前,常用的有极限平衡理论计算法、工程地质类比法、赤平极射投影法。除此之外,还有有限元法、边界单元法及离散单元法等。

6.4.4.1　极限平衡理论计算法

1. 滑动面为一平面时的计算

滑动面为一平面时是最简单的情况,在由软弱面控制的顺层滑坡中常可见到。假定只考虑岩体自重,不考虑侧向切割面的摩擦阻力,垂直于滑动方向取一个单位宽度计算。沿滑动方向的剖面如图6-31所示。安全系数K可按下式计算

$$K = \frac{G\cos\alpha\tan\varphi + CL}{G\sin\alpha} = \frac{\tan\varphi}{\tan\alpha} + \frac{CL}{G\sin\alpha} \tag{6-12}$$

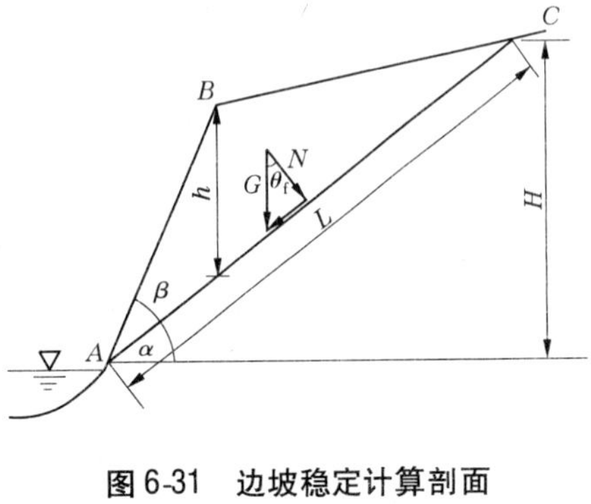

图6-31　边坡稳定计算剖面

假如滑体断面为三角形 ABC,将 $G = \frac{1}{2}\gamma HL\cos\alpha$ 代入式(6-12),则

$$K = \frac{\tan\varphi}{\tan\alpha} + \frac{4C}{\gamma H\sin 2\alpha} \tag{6-13}$$

式中 K——安全系数,一般取 1.05 ~ 1.25;

G——三角形 ABC 的重量;

C——土的黏聚力;

φ——土的内摩擦角;

α——坡角;

L——滑动面 AC 的长度;

H——坡高;

γ——土的重度。

从式(6-13)可以看出,边坡的稳定安全系数随着坡角 α 和滑体高度 H 的增加而降低;随着 C、φ 值的增加而增大。

大多数边坡发生破坏时,均是在有水渗入岩体后发生的。因此,一般计算时应考虑水压力的作用。此外,尚应考虑其他作用在斜坡上的荷载以及地震力等。

2. 滑动面为折线时的计算

岩体中发生滑坡时,滑动面有时由几组软弱结构面组成。在这种情况下,取一沿滑动方向的剖面来看,其滑动面为一折线(见图 6-32),此时可按推力计算法来计算其稳定性,即按折线的形状将滑坡体分成若干段,自上而下逐段计算,下滑力也逐段向下传递,算至末段即可判断其整体的稳定性。其计算步骤如下:

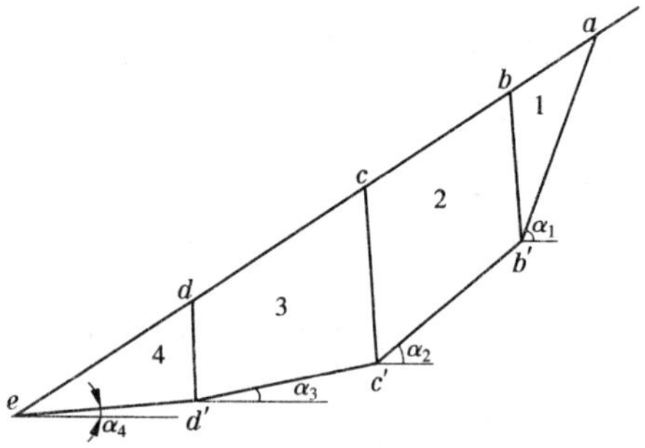

图 6-32 滑动面为折线的滑坡剖面

取平行于河谷方向一个单位宽度,将滑动面按形状分为 4 段,每段滑动面均为直线。

第一段滑体 abb' 的静力平衡计算(见图 6-33(a))。

$$E_1 + G_1\cos\alpha_1\tan\varphi_1 + C_1L_1 - KG_1\sin\alpha_1 = 0 \tag{6-14}$$

$$E_1 = KG_1\sin\alpha_1 - G_1\cos\alpha_1\tan\varphi_1 - C_1L_1 = 0 \tag{6-15}$$

第二段滑体 $bcc'b'$ 的静力平衡计算(见图 6-33(b))。

第三段滑体对第二段滑体的推力为 E_2。

$$E_2 = KG_2\sin\alpha_2 - G_2\cos\alpha_2\tan\varphi_2 - C_2L_2 + E'_1\cos(\alpha_1 - \alpha_2) - E'_1\cos(\alpha_1 - \alpha_2)\tan\varphi_2$$

同理,可列出任何一段的平衡式(见图 6-33(c))。

$$E_n = KG_n\sin\alpha_n - G_n\cos\alpha_n\tan\varphi_n - C_nL_n + \psi E'_{n-1} \tag{6-16}$$

其中 $\psi = \cos(\alpha_{n-1} - \alpha_n) - \sin(\alpha_{n-1} - \alpha_n)\tan\varphi_n$。

式中 ψ——传力系数。

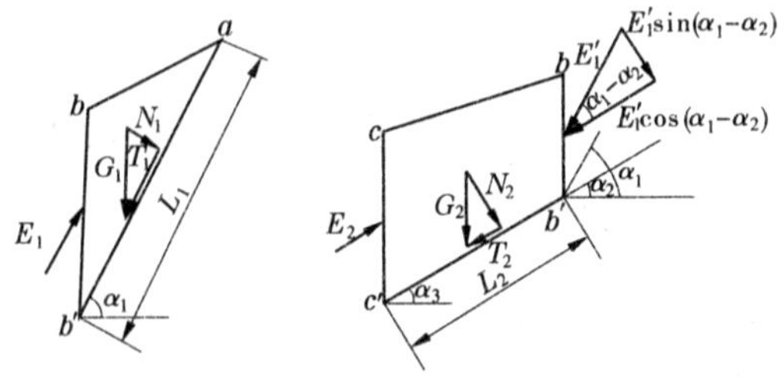

(a) abb'段滑体　　(b) $bcc'b'$段滑体　　(c)任意一段滑体剖面

图 6-33　滑体分段计算示意图

按上述步骤依次计算至最后一段(m 段),若 $E_m \leqslant 0$,斜坡是稳定的;若 $E_m > 0$,斜坡是不稳定的,此时斜坡需要有一个 E_m 的推力才能保持稳定。

通过计算可知推力 E_n 在各段分布的情况,但在计算中,如果 E_n 出现负值,则不再向下一段传递,即计算下一段时为 0,这是因为滑坡岩体不能传递拉力,同时这样处理也是安全的。

6.4.4.2　**工程地质类比法**

工程地质类比法是在对已有边坡破坏现象进行仔细调查研究的基础上,了解其形成原因、影响因素、发展规律等。然后和需要进行稳定分析的边坡进行对比,从而进行稳定性分析和评价。进行类比时,必须全面分析研究工程地质因素的相似性和差异性,同时分清主要因素和次要因素。

6.4.5　不稳定边坡的处理措施

对于不稳定的边坡,为了确保工程的安全,必须采取一些有效的防治措施。在查明不稳定边质、类型和规模,以及引起变形、滑动或崩塌的因素之后,采取针对性的措施,才能取得经济而有效的效果。目前,国内外常用的方法有:防止地表水向岩体中渗透,排除不稳定岩体中的地下水,削缓斜坡、上部减重,修建支挡建筑,锚固等。另外,还可采取混凝土护面、抗剪洞、锚固洞、灌浆及改善滑动带土石的力学性质等措施。

6.5　地下硐室围岩稳定性分析

地下工程是指建筑在地面以下及山体内部的各类建(构)筑物,也称为地下硐室,如铁路隧道、公路隧道、地下铁道、水下隧道、地下电站和仓库等,它具有隔热、恒温、密闭、防震、隐蔽、不占地面土地等诸多优点,因而自古以来被广为采用。

地下工程按其成因可分为人工硐室和天然硐室两大类。人工硐室是指由人工开挖、支护形成的地下工程;天然硐室一般指碳酸盐类岩层在水的长期作用下自然形成的地下空硐。本节仅介绍人工硐室。

地下工程的主要地质问题有:①硐室位置的选择;②围岩稳定问题。

6.5.1 地下硐室位置的选择

硐室位置的选择，除取决于工程目的要求外，还需要考虑区域稳定、山体稳定及地形地貌、岩性、地质构造、地下水及地应力等因素的影响。

6.5.1.1 区域稳定

硐室要选择在区域稳定性较好的地段。这指的是：

(1)地质构造较简单的地段。要避开复杂构造线或不同构造体系交错、重叠等应力集中及变形强烈的复合部位。

(2)地震活动相对稳定的地段。要避开地震活动带或活动性断裂带，尽量避开地震基本烈度8度以上的地区。

6.5.1.2 山体稳定

理想的建硐山体应具备以下条件：

(1)岩体坚硬完整。

(2)建硐区地质构造简单，岩层厚、节理组数少，间距大，无影响整个山体稳定的断裂带。

(3)地形完整，没有滑坡、塌方等早期埋藏和近期破坏的地形，无岩溶或岩溶很不发育。

(4)地下水影响小。

(5)无有害气体和异常地热。

6.5.1.3 地形地貌

地形上要求山体完整，硐室周围(包括硐顶及傍山侧)应有足够的山体厚度。硐室进出口宜选在新鲜岩石直接出露，山坡下陡上缓，无滑坡、无崩塌等不良地质作用的反向坡上，硐口标高根据地形、地质和使用要求而定，应有利于硐内外交通运输、硐内排水和防洪需要。

6.5.1.4 岩性

岩性是影响围岩稳定的基本因素之一。硐室位置应尽量选在均一且坚硬完整的岩体中。一般岩浆岩、厚层坚硬的沉积岩及变质岩，围岩的稳定性好，适于修建大型的地下工程；凝灰岩、黏土岩、页岩、胶结不好的砂砾岩、千枚岩及某些片岩，稳定性较差，不宜建大型地下硐室；松散及破碎岩石稳定性极差，选址时应尽量避开；当为黄土时，最好选 Q_2 老黄土。

此外，岩层的组合特征对围岩稳定也有重要影响。一般软硬互层或含软弱夹层的岩体稳定性差，层状岩体的层次愈多，单层厚度愈薄，稳定性愈差；均质厚层及块状岩体稳定性好。

6.5.1.5 地质构造

地质构造是控制岩体完整性及渗透性的重要因素。选址时应尽量避开地质构造复杂的地段，否则会给施工带来困难。

1. 褶皱的影响

褶皱剧烈地区，一般断裂也很发育，特别是褶皱核部岩层完整性最差(见图6-34)，向斜核部岩层呈倒拱形，顶部被张裂隙切割的岩块上窄下宽易于坍落。另外，向斜核部还经常有地下水,对围岩稳定与施工不利。背斜核部比向斜核部稍好,背斜核部岩层呈上拱形,虽岩石破碎,但其切割的岩块上宽下窄犹如石砌的拱形结构,能将上覆岩层的荷重传递至两侧岩体中去,所以有利于硐顶的稳定。但应注意,挤压强烈的褶皱,不论背斜或向斜,核部岩石均较破碎,稳定性差。因此,地下硐室不要沿褶皱核部布置,应选择在褶皱翼部。

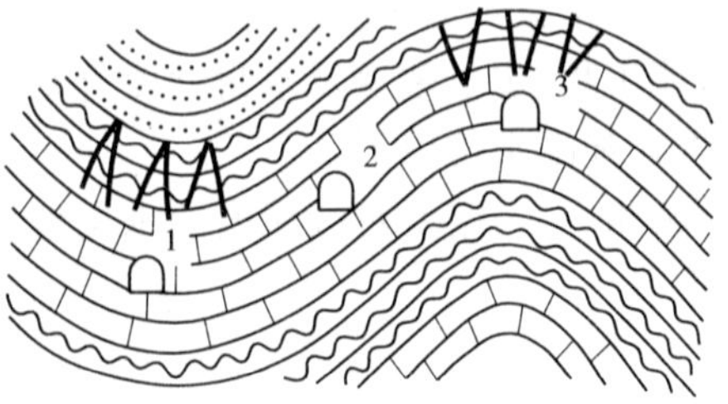

1—不利;2—次之;3—较好

图 6-34　褶皱构造与硐室位置选择

2. 断裂的影响

断层破碎带及断层交会区,岩体稳定性极差。地下掘进如遇较大规模的断层,几乎都要产生塌方甚至冒顶(硐顶大规模突然坍塌破坏)或大量地下水涌入。所以,在选址时应尽量避开。若不能避开,硐室轴线应垂直或近于垂直断裂带,以最短的距离通过。

3. 岩层产状的影响

(1)硐室轴线与岩层走向垂直。这种情况,围岩的稳定性较好,特别是对边墙稳定有利。当岩层较陡时,稳定性最好;当岩层倾角较平缓且节理发育时,在硐顶易发生局部岩块坍落现象。

(2)硐室轴线与岩层走向平行。在水平或缓倾岩层中(倾角小于10°),应尽量使硐室位于厚层均质坚硬岩层中(见图 6-35 中的 a);若切穿不同岩性,应选择坚硬岩层作为顶板,不能使软弱岩层或软弱夹层置于顶部,因为这样易于造成顶板悬垂或坍塌(见图 6-35 中的 b);软弱岩层位于硐室两侧或底部(见图 6-35 中的 c)也不利,它容易引起边墙或底板鼓胀变形或被挤出。

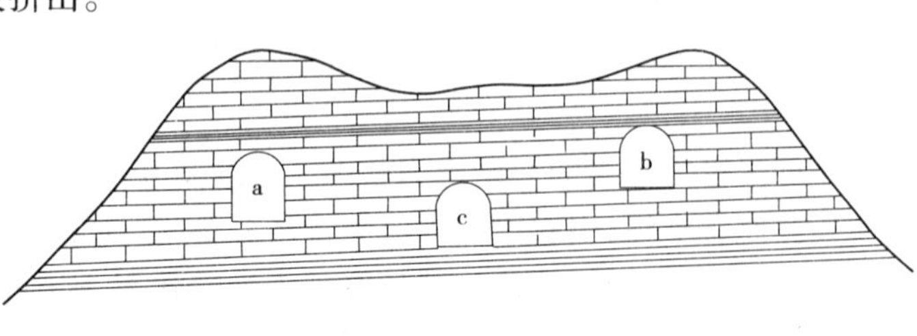

a—位于坚硬岩层中;b—顶部有软弱岩层;c—底部为软弱岩层

图 6-35　布置在水平岩层中的硐室

在倾斜岩层中布置硐室一般是不利的。当硐身通过软硬相间或破碎的倾斜岩层时,顺倾向一侧的围岩易于变形或滑动,造成很大的偏压;逆倾向一侧的围岩侧压力小,有利于稳定。因此,在倾斜岩层中最好将硐室选在均一、完整、坚硬的岩石中。

此外,岩层的倾角对稳定性也有影响,选址时应结合其他因素综合考虑。

6.5.1.6 地下水

地下工程施工中的塌方或冒顶事故，常常和地下水的活动有关。地下水对岩体的不良影响主要是对围岩或衬砌产生静水压力、动水压力及溶解软化作用，这不仅降低了围岩的稳定性，甚至还会引发突水突泥，给施工造成很大困难。因此，在选址时最好选在地下水位以上的干燥岩体内，或地下水量不大、无高压含水层的岩体中。当然还要考虑地下工程的不同用途，如对抽水蓄能工程、水下隧道及水封油库等则应布置在地下水位以下，有时水电站地下厂房也要布置在地下水位以下。

总之，在硐室工程地质勘测中，一定要对区域内的水文地质条件做认真调查，尤其要将能否出现突水问题作为重点。

6.5.1.7 地应力

当水平主应力较大时，硐室的轴线方向最好与之平行，否则边墙将产生严重的变形和破坏；当最大主应力不太大时，最好与之垂直，以改善周边应力状态。

最后需要说明的是，地下硐室围岩的稳定性，除受到上述自然因素的影响外，人为因素也是不可忽视的，比如开挖方法、开挖强度、支护方法和时间等。所以，在硐室位置的选择上，应多方兼顾、综合考虑。

6.5.2 围岩稳定工程地质分析

围岩是指隧洞开挖后，硐周边出现了临空面，原来处于天然应力状态的岩石，因解除了约束可向硐内产生松胀变形，应力发生重新分布，应力重新分布的范围是隧洞半径的5 ~6倍。围岩应力重新分布与岩体的初始应力状态及硐室断面等因素有关。此范围外的岩体仍处于原始应力状态。

在围岩范围内，当应力超过岩石本身的强度时，围岩就会发生破坏。隧洞围岩变形和破坏的形式主要有硐顶坍塌和侧壁滑塌（即塌方，严重的塌方可影响至地面，形成冒顶）以及硐底鼓胀隆起等。由于围岩的变形和破坏直接威胁隧洞的安全与正常运用，所以围岩稳定问题是地下硐室最主要的工程地质问题。

影响围岩变形破坏的因素很多，除地质条件外，还有工程因素、施工因素和时间因素等。起控制作用的主要是围岩应力、岩石特性、岩体结构特征及地下水的活动等。

6.5.2.1 围岩应力

隧洞开挖前，岩体处于受力平衡的初始应力状态。当隧洞开挖后，此种平衡状态遭到破坏，硐室周围岩体失去原有支撑，引起围岩内应力重新分布，直到建立新的平衡。

隧洞开挖后，如果岩体坚硬完整，硐周岩体始终处于弹性状态，则围岩稳定，不会出现松动圈。若岩体软弱或处于塑性状态，则松动圈不断扩大，自然承载圈很难形成，岩体处于不稳定状态。松动圈和承载圈随地质条件而变化，同时还与施工方法和施工进度密切相关。

6.5.2.2 岩石特性

一般说来，坚硬完整的硬质岩，围岩的稳定性较好，而软质岩其强度低、抗水性差，围岩往往是不稳定的。

6.5.2.3 岩体结构特征

岩体结构特征主要指结构面的特性及结构体的形状、规模及其组合关系。整体状结构的围岩稳定性好，而碎裂结构、散体结构的围岩稳定性差。结构面的性质和状态影响着岩体的力学强度，结构面光滑、平整、延展性较好，且有夹泥存在时，围岩稳定性就差。此外，岩体中被各种结构面组合而分割成不同类型的分离体（结构体），如锥形、楔形、柱形等，由于它们所处硐身围岩中的部位和存摆方式的不同，其稳定性也各不相同。

6.5.2.4 地下水的活动

由于地下水的存在，对围岩或衬砌将产生静水压力、动水压力及溶解、软化作用，降低了围岩的稳定性，还可能给施工造成很大困难。事实证明，不良地质现象的产生多与水的活动有关。地下水对软弱岩石的影响更为显著。

此外，工程因素中如隧洞轴线、断面形状及工程规模等也对围岩的稳定性有一定的影响。

在水利水电工程中，常以控制围岩稳定的岩石强度、岩体完整程度、结构面状态、地下水和主要结构面产状五项因素之和的总评分为基本判据，以围岩强度应力比为限定判据，来对围岩进行工程地质分类，并应符合表6-19的规定。

表6-19 围岩工程地质分类

围岩类别	围岩稳定性	围岩总评分 T	围岩强度应力比 S	支护类型
Ⅰ	稳定，围岩可长期稳定，一般无不稳定块体	$T>85$	>4	不支护或局部锚杆或喷薄层混凝土。大跨度时，喷混凝土、系统锚杆加钢筋网
Ⅱ	基本稳定，围岩整体稳定，不会产生塑性变形，局部可产生掉块	$65<T\leqslant85$	>4	
Ⅲ	局部稳定性差，围岩强度不足，局部会产生塑性变形，不支护可能产生塌方或变形破坏，完整的较软岩可能暂时稳定	$45<T\leqslant65$	>2	喷混凝土、系统锚杆加钢筋网。跨度为20～25 m时，浇筑混凝土衬砌
Ⅳ	不稳定，围岩自稳时间很短，规模较大的各种变形和破坏都可能发生	$25<T\leqslant45$	>2	喷混凝土、系统锚杆加钢筋网，并浇筑混凝土衬砌
Ⅴ	极不稳定，围岩不能自稳，变形破坏严重	$T\leqslant25$		

注：Ⅱ、Ⅲ、Ⅳ类围岩，当其强度应力比小于本表规定时，围岩类别宜相应降低一级。

围岩强度应力比 S 可根据式(6-17)求得

$$S=\frac{R_b K_V}{\sigma_m} \tag{6-17}$$

式中 R_b——岩石饱和单轴抗压强度，MPa；

K_V——岩体完整性系数；

σ_m——围岩的最大主应力，MPa。

围岩工程地质分类中五项因素的评分应符合下列标准：

(1)岩石强度的评分应符合表6-20的规定。

表 6-20　岩石强度评分

岩质类型	硬质岩		软质岩	
	坚硬岩	中硬岩	较软岩	软岩
饱和单轴抗压强度 R_b(MPa)	$R_b>60$	$60\geq R_b>30$	$30\geq R_b>15$	$15\geq R_b>5$
岩石强度评分 A	20~30	10~20	5~10	0~5

注:1. 岩石饱和单轴抗压强度大于 100 MPa 时,岩石强度的评分为 30。

2. 当岩体完整程度与结构面状态评分之和小于 5 时,岩石强度评分大于 20 的,按 20 评分。

(2)岩体完整程度的评分应符合表 6-21 的规定。

表 6-21　岩石完整程度评分

岩体完整程度		完整	较完整	完整性差	较破碎	破碎
岩体完整性系数 K_V		$K_V>0.75$	$0.75\geq K_V>0.55$	$0.55\geq K_V>0.35$	$0.35\geq K_V>0.15$	$K_V\leq 0.15$
岩体完整性评分 B	硬质岩	30~40	22~30	14~22	6~14	<6
	软质岩	19~25	14~19	9~14	4~9	<4

注:1. 当 60 MPa≥R_b>30 MPa,岩体完整性程度与结构面状态评分之和>65 时,按 65 评分。

2. 当 30 MPa≥R_b>15 MPa,岩体完整性程度与结构面状态评分之和>55 时,按 55 评分。

3. 当 15 MPa≥R_b>5 MPa,岩体完整性程度与结构面状态评分之和>40 时,按 40 评分。

4. 当 R_b≤5 MPa 时,属特软岩,岩体完整性程度与结构面状态不参加评分。

(3)结构面状态的评分应符合表 6-22 的规定。

表 6-22　结构面状态评分

结构面状态	张开度 W(mm)	闭合 $W<0.5$		微张 $0.5\leq W<5.0$									张开 $W\geq 5.0$	
	充填物	—		无充填			岩屑			泥屑			岩屑	泥质
	起伏粗糙状况	起伏粗糙	平直光滑	起伏粗糙	起伏光滑或平直粗糙	平直光滑	起伏粗糙	起伏光滑或平直粗糙	平直光滑	起伏粗糙	起伏光滑或平直粗糙	平直光滑	—	—
结构面状态评分 C	硬质岩	27	21	24	21	15	21	17	12	15	12	9	12	6
	较软岩	27	21	24	21	15	21	17	12	15	12	9	12	6
	软岩	18	14	17	14	8	14	11	8	10	8	6	8	4

注:1. 结构面的延伸长度小于 3 m 时,硬质岩、较软岩的结构面状态评分另加 3 分,软岩加 2 分;结构面延伸长度大于 10 m 时,硬质岩、较软岩减 3 分,软岩减 2 分。

2. 当结构面张开度大于 10 mm,无充填时,结构面状态的评分为零。

(4)地下水状态的评分应符合表 6-23 的规定。

(5)主要结构面产状的评分应符合表 6-24 的规定。

上述对围岩工程地质分类不适用于埋深小于 2 倍硐径或跨度的地下硐室和特殊土、喀斯特硐穴发育地段的地下硐室。大跨度地下硐室围岩的分类除采用本分类外,尚应采用其他有关国家标准综合评定。

表 6-23　地下水状态的评分

活动状态			干燥到渗水滴水	线状流水	涌水
水量 q(L/(min · 10 m 洞长))或压力水头 H(m)			$q \leqslant 25$ 或 $H \leqslant 10$	$25 < q \leqslant 125$ 或 $10 < H \leqslant 100$	$q > 125$ 或 $H > 100$
基本因素评分 T'	$T' > 85$	地下水评分 D	0	0 ~ −2	−2 ~ −6
	$85 \geqslant T' > 65$		0 ~ −2	−2 ~ −6	−6 ~ −10
	$65 \geqslant T' > 45$		−2 ~ −6	−6 ~ −10	−10 ~ −14
	$45 \geqslant T' > 25$		−6 ~ −10	−10 ~ −14	−14 ~ −18
	$T' \leqslant 25$		−10 ~ −14	−14 ~ −18	−18 ~ −20

注:基本因素评分 T' 是前述岩石强度评分 A、岩体完整性评分 B 和结构面状态评分 C 的和。

表 6-24　主要结构面产状评分

结构面走向与洞轴线夹角		90° ~60°				60° ~30°				<30°			
结构面倾角		>70°	70° ~ 45°	45° ~ 20°	<20°	>70°	70° ~ 45°	45° ~ 20°	<20°	>70°	70° ~ 45°	45° ~ 20°	<20°
结构面产状评分 E	洞顶	0	−2	−5	−10	−2	−5	−10	−12	−5	−10	−12	−12
	边墙	−2	−5	−2	0	−5	−10	−2	0	−10	−12	−5	0

注:按岩体完整程度分级为完整性差、较破碎和破碎的围岩不进行主要结构面产状评分的修正。

6.5.3　围岩稳定的工程措施

根据围岩的分类,分别采取不同的工程措施来确保其稳定。常用的方法有支撑、衬砌和喷锚支护。

(1)支撑:在硐室开挖过程中,用以稳定围岩用的临时性措施,常用的有木支撑、钢支撑及混凝土支撑等。

(2)衬砌:是加固围岩的永久性工程措施。衬砌材料有混凝土、钢筋混凝土、浆砌条石等。在坚硬完整的岩体中,若围岩的自稳能力高,也可不衬砌。

(3)喷锚支护:是在硐室开挖后,及时地向围岩表面喷一薄层混凝土(一般厚度为 5 ~ 20 cm),有时再增加一些锚杆,以达到支护的目的。

另外,还可以通过选择合理的施工方法(如新奥法、盾构法和掘进法等)来保护围岩的稳定。

小　结

本章通过介绍岩体的结构特征,对软弱夹层及泥化夹层的特征及工程危害性引起重视,并对三大工程岩体(坝基岩体、边坡岩体、硐室围岩体)的稳定性从定性到定量两方面加以分析,并指出具体的处理岩体稳定性的合理工程措施及解决方案。

复习思考题

一、单选题

1. 风化裂隙属于岩体中的(　　)

A. 原生结构面　　B. 外动力形成的次生结构面　　C. 构造结构面

2. 下列对 *RQD* 描述错误是(　　)

A. *RQD*(Rock Quality Designation)是指岩石质量指标

B. *RQD* 是指钻探时岩芯的复原率,或称岩芯采取率

C. *RQD* 定义为单位长度的钻孔中 15 cm 以上的岩芯占有的比例

D. *RQD* 定义为单位长度的钻孔中 10 cm 以上的岩芯占有的比例

3. 岩体在重力作用下,突然脱离母体向下坠落或滚出的现象称为(　　)

A. 错落　　B. 崩塌　　C. 滑坡　　D. 塌陷

4. 岩体和岩块的工程性质(　　)

A. 完全相同　　B. 有明显不同　　C. 差不多

5. 力学强度低,遇水易软化、泥化的岩石是(　　)

A. 黏土页岩　　B. 大理岩　　C. 石英砂岩

二、多选题

1. 影响岩体工程性质的主要因素是(　　)

A. 岩石强度　　B. 岩体完整性　　C. 风化程度　　D. 矿物强度　　E. 水的影响

2. 下列结构面中属于原生结构面的有(　　)

A. 沉积结构面　　B. 外动力形成的结构面

C. 火成结构面　　D. 板理、片理

3. 影响岩体质量的地质因素主要有(　　)

A. 岩性　　B. 岩体的完整性　　C. 地下水　　D. 工程类型、断面形状

4. 风化裂隙属于下列哪类结构面?(　　)

A. 沉积结构面　　B. 火成结构面　　C. 外动力形成的结构面　　D. 变质结构面

三、简答题

1. 什么是工程岩体?工程岩体主要包括哪些方面?

2. 从哪些方面描述岩体的结构特征?

3. 试述软弱夹层的特征及类型。

4. 什么是泥化夹层?形成泥化夹层的条件是什么?

5. 岩体的结构和工程分类有哪些?

6. 试述坝基岩体及边坡岩体稳定的处理措施。

7. 如何对围岩进行工程地质分类?

第 7 章　常见工程地质问题

【学习目标】 掌握常见工程地质问题的预防和处理措施，熟悉工程地质问题出现的原因，了解不同行业常见的工程地质问题。

【重点】 解决工程问题常采取的措施及处理方案。

【难点】 工程地质问题的主要影响因素及原因分析。

任何工程建筑物的修建都是在各种地质环境中进行的，工程建筑物与地质环境之间必然会相互影响和制约。在自然界中，由于各处地质条件的差异，很难找到完全适合工程建筑要求的地质环境，总会或多或少存在影响建筑物安全稳定和正常运用的地质问题。

所谓工程地质问题，是指建筑区的工程地质条件在某些方面不能满足工程建筑物的要求而存在的地质缺陷和问题。本章主要讲述工业及民用建筑工程、道路工程、桥梁工程、地下工程及水利工程的地质问题。

7.1　工业与民用建筑工程地质问题

工业与民用建筑是城市建设的主体，不同类型的建筑，由于其性质、规模、结构以及荷载的大小不同，对工程地质条件的要求也就有所不同。

工业建筑主要包括专供生产用的各种厂房和车间，其特点是：跨度大、基础荷载大，承重墙、框架墙、柱和地面的静荷载与动荷载都很大，基础埋置较深，以深基础为主。

民用建筑按其用途可分为住宅建筑和公共事业建筑，按其高度分为多层建筑和高层建筑。多层建筑的特点是：跨度不大而结构简单，基础的荷载量较小，且以静荷载为主，基础埋深不大，以浅基础为主；高层建筑的特点是：除要考虑很大的竖向荷载外，还要考虑风力和地震力等水平荷载的作用，基础埋置深，常设地下室，多用桩基、箱基等深基础。

基础是建筑物的下部结构（见图 7-1），一般是埋于地面以下。建筑物的自重以及作用其上的所有荷载通过基础传给地基，它起着承上启下的作用。基础按埋置深度（室外设计地面至基础底面的距离）可分为浅基础和深基础两类。一般认为，埋深小于 5 m 者为浅基础，大于 5 m 者为深基础。基础底面以下因修建工程建筑物而引起的应力增加值所不可忽略的那部分岩土体叫作地基。直接与基础底面接触的土（岩）层称为持力层，其下各土（岩）层均称为下卧层。

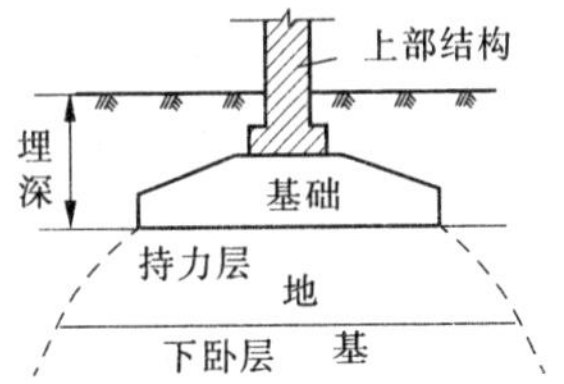

图 7-1　地基与基础示意图

由此可见，地基岩土体工程性质的好坏，直接关系着上部建筑物的安危。

工业与民用建筑的主要工程地质问题是：①地基稳定性问题；②基础的施工条件问题；③地下水的侵蚀性问题。

7.1.1 地基稳定性问题

地基稳定性是工业与民用建筑工程地质评价中最主要的问题，它包括地基强度和地基变形两部分。若建筑物荷载超过地基的强度，将可能造成建筑物地基发生滑动破坏；若地基变形过大超过规范允许值，则可能影响建筑物的正常使用或产生倾斜甚至倒塌。所以，地基的稳定性必须同时满足强度和变形两方面的要求。

7.1.1.1 **地基的强度**

地基的强度通常以地基承载力来表示，是指地基承受荷载的能力，设计时要求基础底面压力小于地基承载力。

岩石和土都可以作为建筑物的地基，但工业与民用建筑中更多的是用土来作为建筑物的地基。

1. 土层承载力

影响地基承载力的因素有两个方面：一是地基土的成因类型、形成年代、结构特征、物理力学性质及水文地质条件；二是基础的类型、尺寸、形状、埋置深度和上部结构的特点等。因此，必须综合考虑上述两个方面的具体条件，反复分析和对比，最终确定地基土的承载力。确定地基承载力的方法请参阅《地基与基础》或《土力学》等教材。

2. 岩(石)体地基承载力

岩(石)体地基承载力一般较土基高。其确定方法参见6.3.2。

7.1.1.2 **地基的变形**

地基在上部荷载的作用下，土体被压缩而产生相应的变形，若地基的变形量过大，则会影响建筑物的正常使用，甚至危及建筑物的安全。地基的变形特征包括建筑物的沉降量、沉降差、倾斜和局部倾斜等，它们都不应大于地基的容许变形值。不同类型的建筑物对地基变形的要求不一样，对于砌体承重结构，应由局部倾斜控制；对于框架结构和单层排架结构，应由相邻柱基的沉降差控制；对于多层或高层建筑和高耸构筑物，应由倾斜控制。地基土的变形量计算及建筑物地基变形允许值请参阅《建筑地基基础设计规范》(GB 50007—2011)。

自然状态下即可满足承担基础全部荷载要求，不需要人工处理的地基称为天然地基，经过人工处理后的地基称为人工地基。常见的地基处理方法有换填法、碾压法、排水预压法、挤密法和振冲法、化学加固法。

1. 换填法

换填法是将天然软弱土层挖去或部分挖去，分层回填强度较高、压缩性较低且无腐蚀性的材料，压实或夯实后作为地基持力层，故也称为换土垫层法或开挖置换法。

2. 碾压法

碾压法包括夯实碾压法和机械碾压法。

夯实法又分为重锤夯实法和强夯法。①重锤夯实法是把重锤(重15~30 kN)升至一定高度(4 m左右)后自由下落，反复夯打，使地基形成一个较密实的表层。夯实有效深度为1.2 m左右，地基承载力可达100~150 kPa。②强夯法是将很重的锤(一般重100~400 kN)从高处(6~40 m)自由下落，给地基以冲击和振动。巨大的冲击能量在土中产生很大的冲击波和动应力，致使地基压缩和振密，从而提高地基土的强度并降低其压缩性。经强夯法处理的地基，其承载力可提高 2 ~ 5 倍，压缩性可降低 2 ~ 10 倍，加固影响深度可达 10 m 以上。

机械碾压法采用压路机、推土机、羊足碾或其他压实机械来压实松散土层。它常用于大面积填土和杂填土地基的处理。

3. 排水预压法

建筑物建造之前对其场地进行预压，使地基在逐渐预压过程中排水固结，沉降基本完成，以提高地基土的强度，待地基固结后，卸去荷载，这样可以消除或大大减小建筑物建成后的沉降，达到提高地基承载力的目的。

4. 挤密法和振冲法

挤密法主要是先将套管打入或振入桩管成孔，然后将砂、碎石、石灰或土等材料灌入孔中而形成挤密桩，并挤密周围软弱松散土层，从而使土的压缩性减小、抗剪强度提高。

振冲法与挤密法的作用相同，只是成桩工艺上存在差别。振冲法是利用振冲器边振动边水冲，使松砂地基密实，或在黏性土地基中成孔，填入碎石形成复合地基。前者称为振冲密实，后者称为振冲置换。

5. 化学加固法

化学加固法是利用化学浆液或胶结剂，通过压力灌注、喷射和拌和，使浆液与土粒胶结，改善地基土的物理力学性质，从而加固地基的一种方法。目前常采用的化学浆液有水泥浆、硅酸钠（水玻璃）等。

7.1.2 基础的施工条件问题

修建工业与民用建筑物基础时，一般都需要进行基坑开挖工作，基坑开挖带来的工程地质问题主要有基坑边坡的稳定及支护问题、地下水的控制问题和地下水的侵蚀性问题等。

7.1.2.1 基坑边坡的稳定及支护问题

基坑开挖时，首先遇到的是坑壁应采用多大的坡角才能稳定，是否需要支护，采取何种支护方式。一般来说，对于不太深的基坑，岩土性质较好，基坑周围场地允许，邻近基坑边缘无重要建筑物或地下管线，可用合理的边坡坡度放坡开挖。但在高楼林立、建筑密集的城市中，由于场地的局限性，基坑侧壁常要求垂直开挖，而且基坑的开挖深度往往较大。如果不采取合理有效的支护措施，基坑侧壁土体有可能失稳坍塌，不仅影响周围建筑物的安全，而且会威胁施工人员的生命。

目前在工程中常用的支护结构类型有排桩、地下连续墙、水泥土墙、逆作拱墙、土钉墙支护等（参见《建筑基坑支护技术规程》（JGJ 120—99））。

7.1.2.2 地下水的控制问题

基坑施工过程中的另一个问题就是地下水的控制问题。基坑施工过程中，若地下水位高于基坑开挖底部高程，含水层被揭穿，地下水必然会渗入基坑，造成基坑浸水，使现场施工条件变差，地基承载力下降；当开挖深度更大时，在水压力作用下，将可能引起流砂、管涌和边坡失稳等现象；另外，当基坑下部存在承压含水层时，若不降低压力水头，极易引起基坑底部发生突涌破坏。基坑施工过程中，在使用挖掘机、铲运机、推土机等机械挖方时，应使地下水位经常低于开挖底面大于0.5 m处。这都要求采取基坑降排水措施，确保基坑施工过程中的安全。

地下水处理一般有三种途径：明排法、人工降水法、设置防渗帷幕法。明排法（见图7-2）是在基坑开挖至地下水位时，在基坑范围内建筑（构）物的基础外开挖排水沟，在一定距离设集水井，然后用水泵将水抽走，是一种边挖边排的降水措施。对于黏土层浅挖边坡较为有效，但对流砂和管涌现象无能为力。人工降水法（见图7-3）是在基坑开挖前预先在基坑四周埋设一定数量的滤水管或滤水井，使用抽水设备抽排水，使地下水位下降到坑底以下，同时在基坑开挖过程中仍连续不断抽水，始终保证基坑土体处于干燥状态下的施工。设置防渗帷幕法（见图7-4）是采用人工冻土帷幕、打设板桩或地下连续墙、打设搅拌桩或者设置其他防水介质等方法来防止地下水渗入基坑，对于此法的基坑内降水，仍需辅助人工降水法。

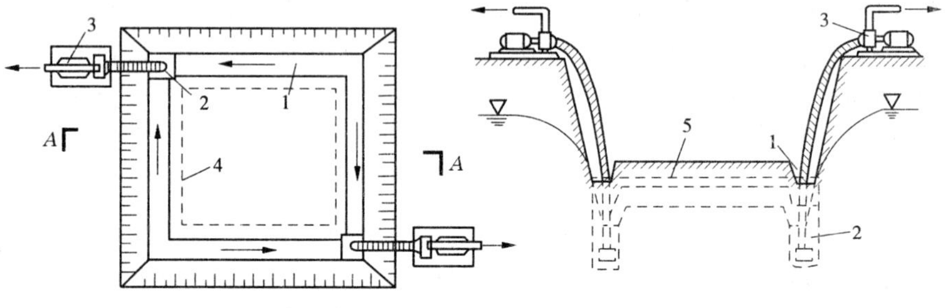

(a)平面图　　(b)A—A剖面图

1—排水沟；2—集水井；3—水泵；4—基础外缘线；5—地下水位线

图7-2　明排法示意图

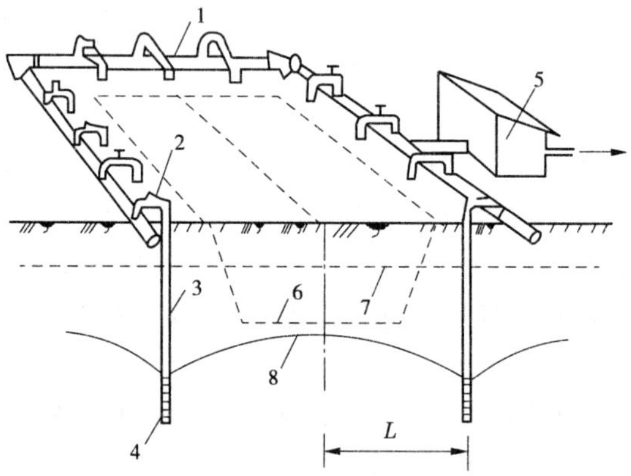

1—集水总管；2—连接管；3—井点管；4—滤管；5—水泵房；
6—基坑；7—原地下水位线；8—降水后地下水位线

图7-3　人工（轻型井点）降水法布置图

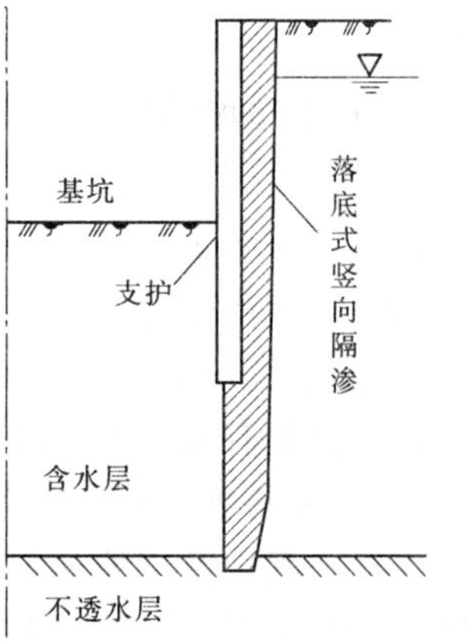

图7-4　防渗帷幕（落底式）法示意图

7.1.2.3　地下水的侵蚀性问题

地下水的侵蚀性是指地下水对混凝土及钢筋构件的侵蚀破坏能力，主要有硫酸盐侵蚀和碳酸盐侵蚀两种形式。

(1)硫酸盐侵蚀(结晶型侵蚀):若水中 SO_4^{2-} 含量大,那么 SO_4^{2-} 与混凝土中水泥作用,生成含水硫酸盐结晶(例如生成 $CaSO_4 \cdot 2H_2O$),这时体积膨胀,使混凝土遭到破坏。

(2)碳酸盐侵蚀:主要指水中 H^+ 浓度(pH 值)、重碳酸离子(HCO_3^-)及游离 CO_2 等对混凝土中碳酸钙成分的溶解、分解作用,使混凝土遭到破坏。

防治措施:通过水质分析,按《岩土工程勘察规范》(GB 50021—2001)分别进行侵蚀性评价和论证,并提出适宜于采用的水泥种类。

7.2 道路工程地质问题

道路是陆地交通运输的干线,由公路和铁路共同组成。这两种线路由三类建筑物组成:第一类为路基工程,它是线路的主体建筑物(包括路堤和路堑);第二类为桥隧工程(如桥梁、隧道、涵洞等),它们是为了使线路跨越河流、深谷、不良的地质和水文地质地段,穿越高山峻岭或使线路从河、湖、海底以下通过;第三类是防护建筑物(如明硐、挡土墙、护坡、排水盲沟等)。本节仅重点介绍路基的地质问题。

当然,道路修建之初,首先要进行道路选线。下面先简要介绍选线的工程地质问题。

7.2.1 道路选线问题

7.2.1.1 山岭区选线中的工程地质问题

1. 沿河线工程地质问题

沿河线的坡度缓,线路顺直,工程简易,挖方少,有丰富的筑路材料和水源可供施工、养护使用,在路线标准、使用质量、工程造价等方面往往优于其他线路。因此,沿河线是山区选线优先考虑的方案。但在深切的峡谷区,则应慎重考虑。

选择沿河线时应重点考虑:河岸的选择及路线高程和跨河桥位的确定。

(1)河岸的选择。宜充分比较两岸的地形、地貌条件、地层岩性、水文地质条件和不良地质现象等因素,选择有利的一岸。路线布局时应考虑以下因素:①地形、地貌条件。应选择地形开阔平坦、阶地多而低,水文地质条件较好的一岸。②地层岩性特征。应选择岩性较好、裂隙不发育和岩层倾向背向山坡的一岸。③不良地质现象。当河流两岸皆有时,应通过详细调查分析,选择比较有利的一岸,当规模大、危害重且不易防治时,应考虑避让。④积雪和严寒地区。路线应尽量选择在阳坡一岸,以减少积雪、翻浆等危害。

(2)路线高程的确定。应根据河岸的地质地貌条件及河流的水流情况综合考虑。

①有河流阶地可利用时,利用一级阶地定线是最合适的,既可保证路线高出设计洪水位,又可减少工程量;②无河流阶地可利用时,应保证沿河堤线高出洪水位,勘察时应将调查沿线洪水位作为控制设计的依据,同时应采取切实有效的防护措施,确保路基的稳定性;③在强震区,应考虑河流被不良地质现象堵塞所造成的淹没以及溃决时的影响范围,合理确定线位和标高。

(3)跨河桥位的选择。参阅 7.3。

2. 越岭线的工程地质问题

越岭线是公路工程中最困难的，常需开挖路堑和隧道越岭。越岭线布局的主要问题是垭口的选择、过岭标高的选择及展线山坡的选择，这三者相互联系、相互影响，应综合考虑。

(1)垭口的选择和过岭标高的选择。垭口是越岭线的控制点，在符合路线基本走向的前提下，应综合考虑垭口的标高、地形地质条件和展线条件来选择。通常应选择标高较低的垭口。对宽厚的垭口，只宜采用浅挖低填方案，过岭标高基本就是垭口标高；对瘠薄的垭口，可采用深挖方式，以降低过岭标高，缩短展线长度，此时应特别注意垭口的地质条件；对断层破碎带型垭口，不能深挖。

(2)展线山坡的选择。山坡线是越岭线的主要组成部分，在选择垭口的同时，应对两侧山坡的展线条件进行评价，主要是对山坡的坡度、断面形式和地质构造、山坡地切割情况、不良地质现象等进行评价。展线山坡通常选用坡度平缓且又少切割、不易发生不良地质灾害的山坡。同时，山坡岩层的岩性和地质构造对路基稳定具有极大的影响，岩层是否倾斜、倾斜的角度和倾斜的方向及岩性特征，都直接影响到展线的选择。

7.2.1.2 平原区选线中的工程地质问题

平原区选线中应考虑的重要因素是水文地质条件，包括地表水和地下水的特征，应尽可能选择在地势较高和地下水位较深处布线，并注意保证必要的路基高度和地下水的变化幅度。在北方冰冻地区，更应注意选择地面水排泄条件较好、地下水位较深、土质条件较好的地带，防止冻胀与翻浆。在有风沙流、风吹雪的地区，应注意路线走向与风向的关系，并尽量减少弯道。

7.2.2 路基工程地质问题

下面来介绍路基的工程地质问题。

路基包括路堤(见图7-5)、路堑(见图7-6)和半路堤半路堑(见图7-7)等。在平原区修建路基比较简单，工程地质问题较少；但在丘陵区，尤其是在地形起伏较大的山区修建道路时，路基工程量较大，往往需要通过高填或深挖才能满足要求。因此，路基的主要工程地质问题是：

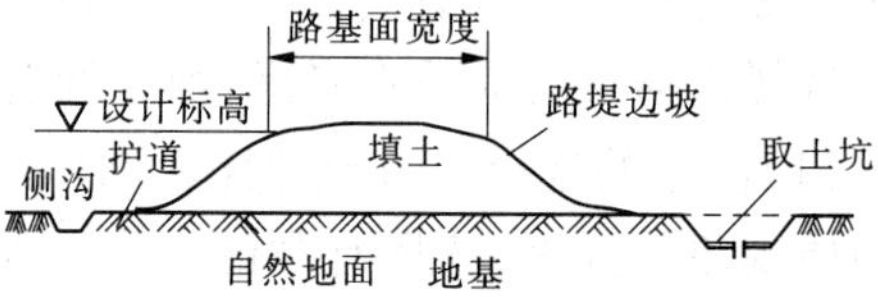

图7-5 路堤示意图

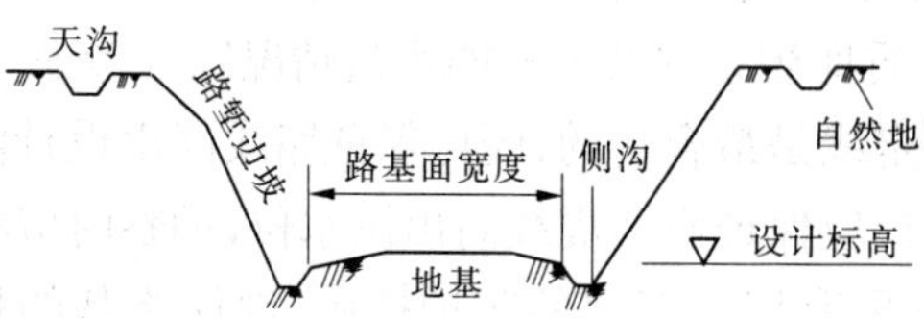

图7-6 路堑示意图

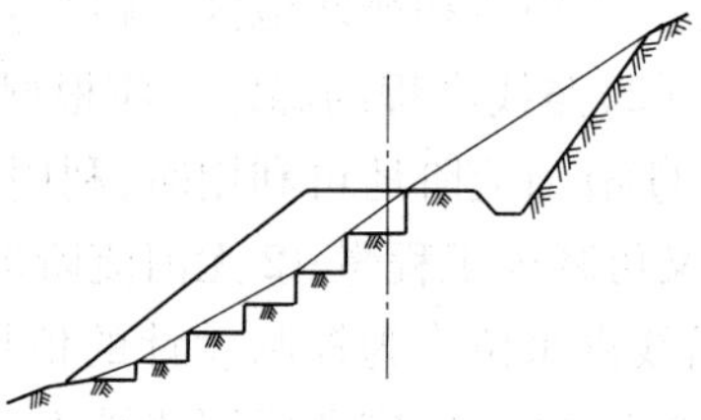

图7-7 半路堤半路堑示意图

(1)路基基底稳定性问题。

(2)路基边坡稳定性问题。

(3)公路冻害问题。

(4)天然建筑材料问题。

7.2.2.1 路基基底稳定性问题

路基基底稳定性问题多发生在填方路堤地段,其主要表现形式为塌陷、滑移和挤出。基底土的变形性质和变形量的大小主要取决于基底土的力学性质、基底面的倾斜程度、软弱结构面或软弱夹层的性质与产状等。此外,水文地质条件也是促使基底不稳定的因素,它往往使基底发生巨大的塑性变形而造成路基的破坏。路基基底若为软土、湿陷性黄土、多年冻土、岩溶空洞和地下矿山采空区,常会出现路基沉陷变形,而在盐渍土和膨胀土分布地区的路基则出现不均匀膨胀变形。

常用的治理措施有:①放缓路堤边坡,扩大基底面积;②在通过淤泥软土地区时路堤两侧修筑反压护道;③用换土垫层法替换基底软弱土层;④采用砂井预压法排除软土中水分;⑤架桥通过或改线绕避等。

7.2.2.2 路基边坡稳定性问题

路基边坡包括天然边坡、傍山线路的半填半挖路基边坡以及深路堑的人工边坡等。

有关路基边坡稳定性问题的分析参见第6章。

7.2.2.3 公路冻害问题

公路冻害包括冬季路基土体因冻结作用而引起路面冻胀和春季因融化作用而使路基翻浆,结果使路基产生变形破坏,甚至形成显著的不均匀冻胀和路基土强度发生极大改变,危害公路的安全和正常使用。影响公路冻胀的主要因素是:气温的高低、冻结期的长短、路基土层性质和含水情况、土体的成因类型及其层状结构、水文地质条件、地形特征和植被情况等。一般来讲,气温、地温愈低,地表植被愈好,冻土稳定性愈好。

防治公路冻害的措施有:①铺设毛细隔断层,以断绝补给水源;②将粉粒、黏粒含量较高的冻胀土置换成抗冻胀的砂砾土;③采用纵横盲沟和竖井排除地表水,降低地下水位,减小路基土的含水率;④提高路基标高;⑤修筑隔热层,防止冻结向路基深处发展等。

7.2.2.4 天然建筑材料问题

路基工程需要天然建筑材料的种类较多,包括道渣、土料、片石、砂和碎石等,它不仅在数量上需求大,而且要求各种建筑材料产地沿线两侧零星分布。这些建筑材料品质的好坏和运输距离的远近,直接影响工程的质量和造价,有时还会影响路线的布局。

7.2.3 桥梁工程地质问题

桥梁是道路工程建筑的重要组成部分。路线跨越河流、沟谷或道路,需要架设桥梁,桥梁也是路线通过地质灾害频繁发生地区的主要工程。桥梁建设中所涉及的工程地质问题主要有:①桥址选择;②桥墩台地基稳定与冲刷。

7.2.3.1 桥址选择

桥址选择应综合考虑以下几个方面:

(1)桥址选择应选在河床较窄、河道顺直、河槽变迁不大、水流平稳、两岸地势较高且稳定、施工方便的地方。避免选在迁移性(强烈冲刷的、淤积的、经常改道的)河床、活动性大河弯、大沙洲或大支流汇合处。

(2)选择覆盖层薄、河床基底为坚硬完整的岩体。若覆盖层太厚,应选在无漫滩相和牛轭湖相淤泥或泥炭的地段,避免选在尖灭层发育和非均质土层地区。

(3)选择在区域稳定性条件较好、地质构造简单、断裂不发育的地段,桥线方向应与主要构造线垂直或大交角通过。桥墩和桥台尽量不置于断层破碎带和褶皱轴线上,特别在高地震基本烈度区,必须远离活动断裂和主断裂带。

(4)尽可能避开滑坡、岩溶、可液化土层等发育的地段。

(5)在山区峡谷河流选择桥址时,力争采用单孔跨越。在较宽的深切河谷,应选择两岸较低的地方通过,要求两岸岩质坚硬完整,地形稍宽一些,适当降低桥台的高度,降低造价,减少施工的困难。

7.2.3.2 桥墩台地基稳定与冲刷问题

1. 桥墩台地基稳定问题

桥墩台地基的稳定性主要取决于墩台地基中岩土体容许承载力的大小。桥墩台地基若为土基,其容许承载力的确定参见《地基与基础》教材;若为岩质地基,其容许承载力主要取决于岩体的结构特征及力学性质,参见第6章内容。

另外,虽然桥墩台的基底面积不大,但经常遇到地基强度不一、软弱或软硬不均等现象,这都严重影响桥基的稳定性。在溪谷沟床、河流阶地、古河道及古老洪积扇等处修建桥墩台时,往往会遇到强度很低的饱水淤泥和淤泥质软土层,有时也会遇到较大的断层破碎带,或基岩面高低不平、风化深槽、软弱夹层、软硬悬殊的界面,这些不良的地质条件均能使桥墩台基础产生过大沉降或不均匀下沉,甚至造成整体滑动。

2. 桥墩台的冲刷问题

桥墩台的修建,使原来的河槽过水断面减小,局部增大了河水流速,改变了流态,对桥基产生强烈冲刷,有时可把河床中的松散沉积物局部或全部冲走,使桥墩台基础直接受到流水冲刷,威胁桥墩台的安全。因此,桥墩台基础的埋深,除取决于持力层的部位外,还应满足下列要求:

(1)在无冲刷处,除坚硬岩石地基外,应埋置在地面以下不小于1 m。

(2)在有冲刷处,应埋置在墩台附近最大冲刷线以下。

(3)当基础建于抗冲刷较差的岩石上时,应适当加大埋深。

对桥墩台地基基础的处理,常采用桩基、沉井和灌注桩等方法。

7.3 水利工程地质问题

在水利水电工程建设中,常遇到的工程地质问题主要有:

(1)坝的工程地质问题,主要包括坝基的沉降稳定、坝基的抗滑稳定(参见6.3)、坝区渗漏及坝基渗透稳定等。

(2)库区的工程地质问题,主要包括水库的渗漏、浸没、塌岸和淤积等问题。

(3)输(泄)水建筑物的工程地质问题,主要包括渠道的选线、渗漏,以及隧洞的围岩稳定性等问题(参见6.5)。

7.3.1 坝的工程地质问题

拦河大坝是水利水电工程中最重要的挡水建筑物，它拦蓄水流，抬高水位，承受着巨大的水平推力和其他各种荷载。为了维持平衡稳定，坝体又将水压力和其他荷载以及本身的重量传递到地基或两岸的岩体上，因而岩体所承受的压力是巨大的。另外，水还可渗入岩体，使某些岩体产生溶解、软化、泥化。因此，大坝建筑对地基岩体的稳定条件有着很高的要求。若坝区岩体中存在某些地质缺陷，就有可能导致产生一系列工程地质问题，如坝基稳定问题（包括沉降稳定、抗滑稳定和渗透稳定）和坝区渗漏问题（包括坝基渗漏和绕坝渗漏）等。所以，在大坝的设计和施工中，对坝基或坝肩的岩体进行工程地质条件的分析研究是非常重要的。

7.3.1.1 坝区渗漏

水库蓄水后，由于坝上、下游水位相差很大，当坝基（肩）岩体中有透水通道，如连通的孔隙、裂隙、断层、溶洞等时，库水将通过坝基岩体向下游渗漏，称坝基渗漏；当坝肩岩体中有透水通道时，库水通过坝肩岩体向下游渗漏，称绕坝渗漏，二者统称坝区渗漏。坝区渗漏不但减少水库蓄水量，影响工程的效益，而且因强大的渗透水流作用，还会降低坝基（肩）岩体的稳定性，使坝基产生渗透变形，危及大坝安全。

1. 松散岩层的渗漏分析

坝区内常见的松散岩层有冲积层、洪积层及坡积层等，其厚度可达几米到几十米，甚至更厚，多由砂、砾石等组成，具有较强的透水性，可产生大量渗漏。分布在古河道、河床和阶地的砂卵砾石层，颗粒粗细变化较大，出露条件也各式各样，这些都会影响渗漏量的大小。如果砂砾石层上有足够厚度、分布稳定的黏土隔水层，就等于天然铺盖，可起到防渗作用。因此，在研究松散层坝区渗漏问题时，应查清土层在垂直方向和水平方向的变化规律。

2. 坚硬岩体的渗漏分析

在基岩坝址区，主要是查清透水层和透水带的分布、产状及出露情况等。在岩浆岩和由岩浆岩变质而成的变质岩分布区，坝区渗漏的主要通道是断层破碎带、连通的节理密集带及表层风化带等。喷出岩中串通的气孔、原生节理、间歇面等也都是漏水通道。沉积岩和由其变质而成的变质岩分布区，除断层破碎带、节理密集带外，尤其要注意透水层（如砂砾岩层、古风化壳等）的岩性及产状。在岩溶地区，一定要查清岩溶的发育程度及分布规律，因为岩溶区一旦发生渗漏，就会影响水库蓄水，严重时水库完全不能蓄水。

7.3.1.2 坝基的渗透稳定

坝基渗漏不仅漏失库水，而且渗透水流还可能对坝基岩体造成渗透破坏。通常渗透变形破坏主要发生在松散土层中，但在软弱岩层（如页岩、泥岩、风化带、软弱夹层及断层破碎带等）中也易发生。严重的渗透变形不仅影响工程效益，而且危及大坝的稳定。

渗透变形破坏的基本形式分为流土和管涌两种类型。

（1）流土：在渗透水流作用下，在坝下游松散土基表层产生的成片土体浮动，甚至被冲走的现象。

（2）管涌：在渗透水流作用下，坝基岩土体中的细小土粒，通过大土粒间的孔隙，发生移动或被水流携带走的现象。

7.3.2 库区的工程地质问题

水库蓄水后,库区及邻近地区的水文条件和地质环境都发生了改变,如果库区存在某些不利的地质因素,就会产生各种工程地质问题。水库的工程地质问题主要有水库渗漏、库区浸没、水库塌岸和水库淤积等。

7.3.2.1 水库渗漏问题

水库渗漏主要指库水通过渗漏通道向库外邻谷或洼地的渗漏。这种渗漏直接导致库水量的损失,影响水库的效益。

1. 水库渗漏方式

水库渗漏按其性质可分为暂时性渗漏和永久性渗漏两种。

1)暂时性渗漏

暂时性渗漏是指水库蓄水过程中,因饱和库水位以下的岩石孔隙和裂隙而暂时损失的水。这部分损失水量一般不会流出库外,仅在一定程度上延缓了水库蓄满的时间,不影响水库的总库容,更不影响工程效益。

2)永久性渗漏

库水通过渗漏通道向库外邻谷或洼地的渗漏称为永久性渗漏。永久性渗漏直接导致库水量的损失。永久性渗漏量的大小关系着水库能否正常运行,严重者使水库只能起滞洪作用。工程地质工作的任务在于查清库区周围一切可能的渗漏通道,并估算其渗漏量。

2. 水库渗漏的工程地质条件

1)地形地貌

山区水库,若四周山体单薄,邻近有低谷或洼地,且其底面高程低于水库正常水位(见图7-8),则库水有可能渗漏;当水库位于河弯处时,库水有可能通过河弯间的单薄山体向下游河谷渗漏(见图7-9)。

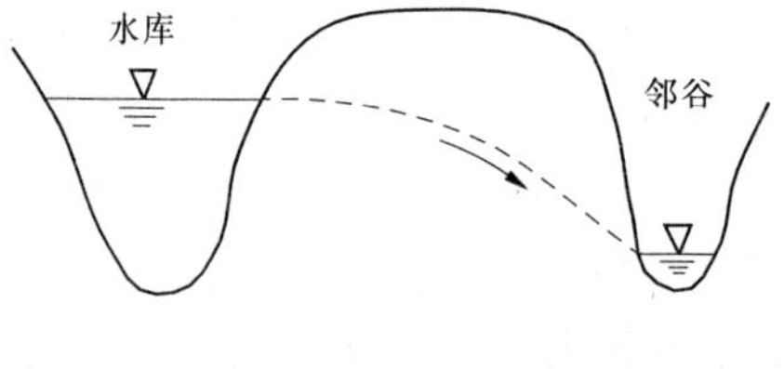

图7-8 邻谷高程与水库渗漏的关系

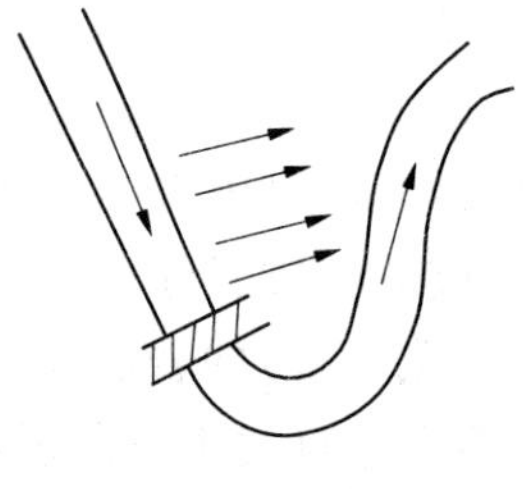

图7-9 河弯间渗漏途径示意图

2)岩土性质

造成水库渗漏的岩土主要有两类:其一是松散沉积物,特别是河流沉积物中的卵砾石和砂土层,它们常以古河道形式埋藏或隐伏,并沟通库内外;其二是岩层中的破碎带、裂隙或岩溶发育的岩层。

3)地质构造

地质构造对水库渗漏有较大的影响。如背斜谷有向两侧产生渗漏的可能(见图7-10);向斜谷封闭条件较好,不利于库水渗漏(见图7-11);单斜谷有向水库一侧邻谷或向下游渗漏的可能(见图7-12);断层若与邻谷相连且导水,也可造成水库渗漏(见图7-13)。

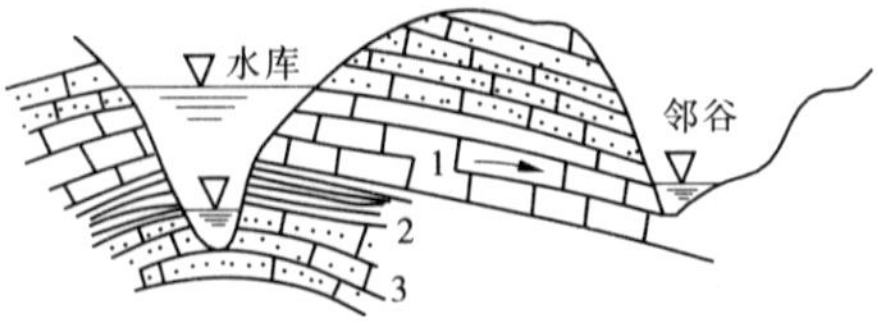

1—透水石灰岩;2—隔水页岩;3—透水性小的砂岩

图7-10 背斜谷可能导致库水渗漏

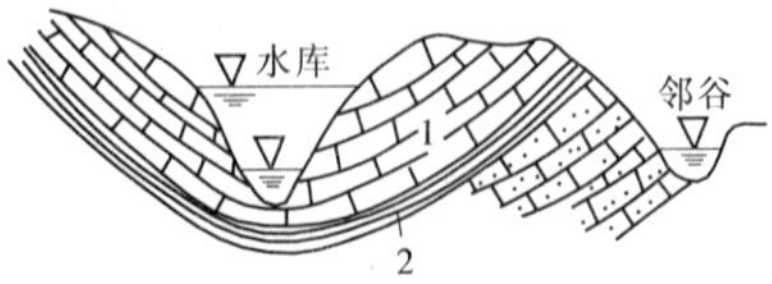

1—透水石灰岩;2—隔水页岩

图7-11 向斜谷不利于库水渗漏

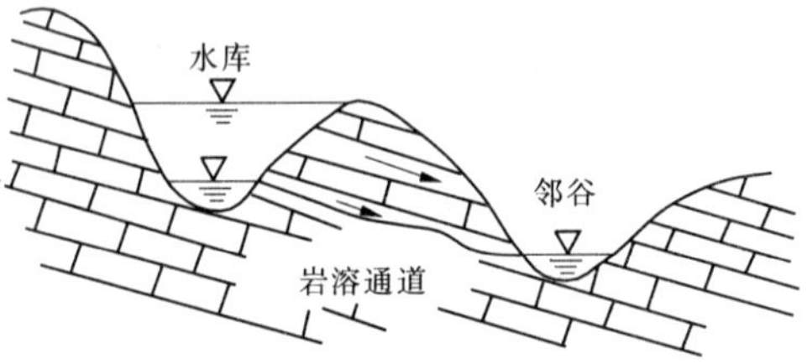

图7-12 单斜谷可能导致库水渗漏

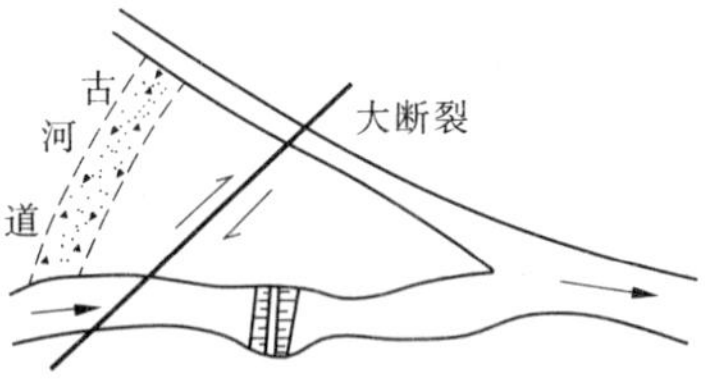

图7-13 断层导致的库水渗漏

4)水文地质条件

库区地下水的埋藏与运动特点,是判断库水是否外渗的重要标志。如水库蓄水后,河间地块存在地下水分水岭,而且分水岭处地下水位高于水库正常高水位时,则不会产生渗漏(见图7-14);若水库蓄水后,河间地块没有地下水分水岭存在,而且水库水位高于邻谷水位,库水将产生渗漏(见图7-15)。

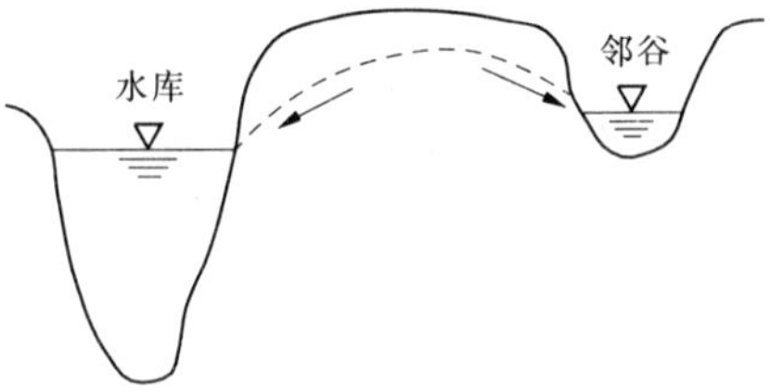

图7-14 地下水分水岭高于水库正常水位不利渗漏

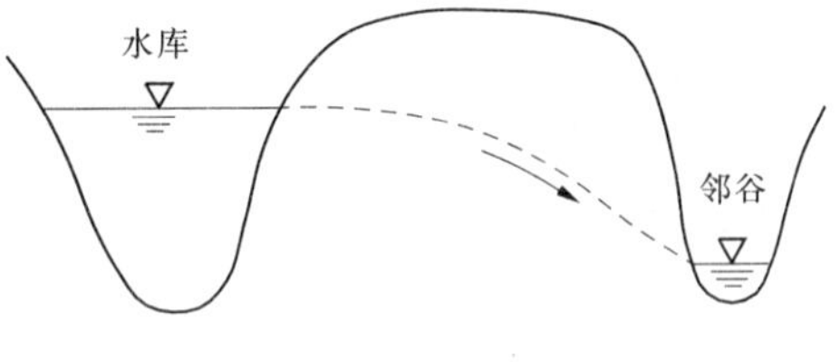

图7-15 地下水分水岭低于水库正常水位(或消失)造成渗漏

上述4个条件是库水向邻谷或洼地渗漏的必要条件。实际应用时,应把它们联系起来,综合分析,才能得出正确的结论。

实际上完全不漏水的水库是没有的。一般情况下,只要渗漏总量(包括坝区渗漏)不超过该河流多年平均流量的5%,则是允许的。对于渗漏量超标的,则需进行工程处理。

3. 防渗措施

对松散岩土体,可采用不同材料铺盖、截水墙或灌浆帷幕;对裂隙发育的岩体可采用灌浆帷幕;对岩溶渗漏地带,在查明确切渗漏部位后,可采用封堵进、出口或主要通道的方法,也可采用灌浆帷幕。

7.3.2.2　**库区浸没问题**

随着库水位的抬升，库区周围一定范围内的地下水位也随之上升，地下水位若接近或高出地表，会导致库岸农田沼泽化、土地盐碱化、建筑物地基饱水恶化等不良后果，这种现象称为浸没（见图7-16）。

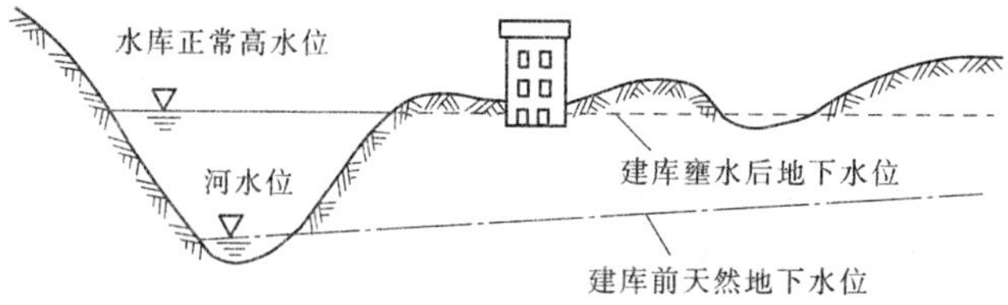

图7-16　水库边岸地带浸没示意图

由于浸没可能造成地下建筑物的破坏，公路、铁路的翻浆和冻胀（在气候较冷地区），房屋倒塌及农田土壤盐渍化，所以浸没问题往往影响正常高水位的选择，甚至影响坝址的选择。

浸没现象主要发生在山间盆地或平原区水库，原因是其库岸较平坦且多为松散的土层组成。山区水库一般不易造成浸没。

浸没的防治措施有两个：一是降低浸没库岸段的地下水位，如布设排渗和疏干工程、对重要建筑物设置防渗体等；二是采取工程措施与农业措施相结合，如改变农作物种类和耕作方法等。

7.3.2.3　**水库塌岸问题**

水库在蓄水过程中或蓄水后，引起库岸工程地质条件发生变化，破坏了河谷岸坡的自然平衡，导致库岸发生坍塌后退的现象，称为水库塌岸。

水库塌岸不仅对岸边的农田和建筑物等造成威胁与破坏，而且坍塌物淤积于库中将减小库容；规模大的塌岸（如崩塌和滑坡），不仅会危及大坝和水库的安全，而且有可能造成人员伤亡。如意大利的瓦依昂特水库，坝高266 m，库容1.65亿m^3，1962年建成并开始蓄水，1963年10月水库左岸山体发生滑坡，滑坡体体积达2.4亿m^3，不仅填满了水库，而且造成下游2 400多人死亡。

影响塌岸的因素是多方面的。一般岸坡越陡越高，越易坍塌；松散岩层构成的岸坡，塌岸最严重，而由岩层构成的边坡，当其中存在不利结构面时，易发生滑坡或崩塌。

防治措施：其一是在塌岸段修造防护体，以减缓或阻止库水对岸坡的侵蚀，如采用抛石、草皮护坡、修建护岸墙等；其二是采取相应工程措施防止滑坡及崩塌的发生。

7.3.2.4　**水库淤积问题**

水库建成后，上游河水携带的大量泥沙及其他松散物沉积在水库中，这种现象称为水库淤积。它既减小了水库库容，又缩短了水库寿命。黄河上的水库，淤积问题尤为突出。

淤积产生的原因主要是河流携带的泥沙入库，其次是库岸的坍塌。

防治措施有：其一是开展水土保持工作，如植树造林、种草、修建梯田及拦沙坝等；其二是在水利工程建设中，增设清淤排沙工程等，如小浪底水库大坝上的排沙洞。

7.3.3 输(泄)水建筑物的工程地质问题

输(泄)水建筑物一般由渠道、输水隧洞、闸及渡槽等组成。下面主要介绍渠道的工程地质问题和输水隧洞的工程地质问题。

7.3.3.1 渠道的工程地质问题

渠道是水利工程中一种常见的输水建筑物,如河南林州红旗渠工程、湖南韶山灌溉工程、天津引滦入津引水工程、南水北调中线工程等就是为各种不同目的而兴建的大型渠系工程。

渠道的线路往往很长,沿线可能跨越不同的地貌单元,当通过山谷、河流及交通线路时,还需修建各种交叉建筑物(如渡槽、倒虹吸、涵洞等)。因此,涉及的工程地质问题较多。本节仅介绍渠道选线、渠道渗漏的问题。

1. 渠道选线

渠道选线应根据以下工程地质条件综合考虑。

1)地形地貌

一般来说,渠线应尽量避开高山深谷及地形切割强烈的丘陵地带,应充分利用较平坦的浅谷阶地、开阔的斜坡、宽缓的山梁、低平分水岭等地段。根据渠道线路所通过的地貌单元不同,渠线可分为如下五类:

(1)岭脊线:沿山顶或分水脊选线,一般适用于山脊地形起伏不大的丘陵地区,对于高山峡谷地区则不适用。这种线路控制面积最大,配水方便;交叉建筑物最少,容易维护;土石方最少,节省工料。

(2)山腹线:在半山坡且平行山坡的盘山渠道,多为岩质边坡。线路根据控制面积的大小,选择不同的高程布置。这种线路的土石方量,特别是石方开挖量及填方量较大,而且易产生塌方、漏水、暴雨冲刷、流土淤塞等地质问题。为防止这些不良地质现象,常需修建挡土墙、高架渡槽、隧洞、过水涵洞等附属建筑物,因此往往费工费料,还要经常维修养护。

(3)谷底线或坡麓线:在山谷底部或山麓上开渠,一侧为土坡,另一侧可能为岩质边坡。这种线路因高程低,控制面积小,一般容易施工,多为土方工程,土石方开挖量较少,但过沟谷建筑物如渡槽、倒虹吸管、涵洞等往往增多,故工程造价相应提高。

(4)横切岭谷线:在高山峡谷区,为了缩短渠道线路,常采用直接切穿山脊分水岭和沟谷的布置方案。这种线路虽然可以节省大量的盘山绕行渠道,但往往需要开凿较深的地堑或陡坡明渠以及隧洞。在岩石条件较好的情况下,这种方案一般比山腹线及谷底线节省工料。

(5)平原线:这是适宜地势平坦的山前平原及平原区的线路,一般位于松散堆积层上。这种线路多为土方工程,而石方工程很少或没有,故施工容易并便于机械化施工。线路选择时应注意微地形变化,尽量选在地势最高处,而且要有适当纵坡降(0.5%左右),以控制自流灌溉面积。此外,在地势低洼处,应注意尽量减少填方工程并与排水系统配合使用。

2)岩土类型

在基岩山区选线应注意岩石的类型、风化程度及水理性质。坚硬及半坚硬岩石一般均适于修建渠道;但对裂隙发育的石英岩、玄武岩等,则施工困难且易漏水;岩溶发育地区及风化很深的花岗岩、片麻岩等也易形成渗漏段;软弱的岩石,如黏土岩、页岩、千枚岩、板岩及凝灰岩等,一般透水性小,是良好的隔水层,但有的易软化、泥化、膨胀或崩解,直接影响渠道边坡的稳定性,故应注意它们的水理性质和力学性质的变化。

松散沉积物地区的选线,要查明沉积物的成因类型、埋藏深度和分布规律,对渗透性大的厚层砂砾石、卵石层等应尽量避开。对于某些特殊类型的土层(湿陷性黄土、含石膏土层等),因其可能导致渠道失稳和破坏,应作特殊的处理。

3)地质构造

山区渠道,特别是山腹线路,应注意地质构造对渠道及其附属建筑物的稳定性影响。一般水平或近于水平的岩层,对渠道线路是有利的,缓倾角及顺坡向的地质构造是不利的。大断层破碎带、强烈褶皱带可能引起渠道的失稳和大量渗漏,切忌沿其走向平行布置,如必须通过,则应尽量垂直走向布置,以减小施工处理段长度。

4)水文地质条件

渠道选线时应查明地下水的埋藏条件,应尽量避开强透水层分布区,否则可能造成渠道大量渗漏。由于渗漏又会使地下水位抬高,当地下水接近地面高程时,就可能形成土壤盐碱化,在低洼地区就将形成沼泽化。

对于灌溉渠道沿线,渠道选线还应考虑当地的灌溉和排水相结合的情况。对于以排水为主的渠道,沿地下水等水位线或垂直地下水流向布置效果最好。

5)物理地质现象

渠道选线时对于诸如岩溶(尤其是落水洞、溶洞)、崩塌、滑坡、泥石流、岩堆等发育地段,应尽量避开(同时应尽量避开强地震区)。在不能避开的情况下,首先应注意它们在沿线的分布及发育程度,并提出治理措施,以保证渠系建筑物的畅通无阻,长期使用。其次,也可通过技术经济比较,选用隧洞和暗渠等形式通过。

6)天然建筑材料

选线时还应注意沿线各种天然建筑材料的分布和数量以及开采运输条件,以便最大限度地充分利用当地材料修建渠系工程。此外,还应反复测绘及计算土石方的开挖量和填方量,尽量使其取得平衡,以减少天然建筑材料的使用量。

总之,渠系工程路线长、项目多,工程地质条件又往往复杂多变,在实际工作中,应通过对渠道多条线路的工程地质条件全面调查和综合分析比较,从中选出工程地质条件好、工程造价较低的最优引水线路方案。

2. 渠道渗漏

渗漏问题是渠道设计的关键问题,渠道渗漏不仅能减少引水量,引起沿线地下水位升高,导致土壤盐渍化、黄土湿陷、沼泽化等,甚至还可能引起渠道边坡的失稳,造成山坡滑动,直接危及渠道的安全运行。

渠道的渗漏可分为地基渗漏和渠道渗漏。前者是地质条件引起的,后者则是未采取防渗措施或施工效果欠佳引起的。

山区傍山渠道多通过基岩地区,由于绝大多数岩石的渗透性很弱,因此一般渗漏不严重。但要注意渠线是否穿越强透水层或透水带,如岩溶发育的灰岩地层、岩石强烈风化

(层)带或未胶结的断层破碎带、节理密集带等,这些地段可产生大量渗漏。渠道的渗漏加强了渠道下面边坡的地下水活动,对边坡稳定不利。

平原线及谷底线的渠道,多通过第四系的松散沉积层,渠道渗漏主要取决于其透水性的强弱。当渠道通过碎石、砂砾石或砂层等透水性较强的松散堆积物地区时,将产生强烈的渗漏。若渠道在颗粒较细的亚砂土和亚黏性地区通过,渗漏量一般不大,而黏性土层则可视为防渗层。松散堆积物的透水性与其岩性特征和地貌类型有密切的关系,渠道在这类地区通过时,应对当地的地貌和第四纪地质进行深入的调查。当渠道在斜坡上通过松散堆积物时,要特别注意由于渗漏浸润土体而使坡积层沿下伏基岩面连同渠道一起滑动的问题。

防渗措施:结合实际情况,就地取材,推行诸如干砌卵石灌浆、块石、夯实黏土、塑料薄膜、混凝土板、草皮、沿渠植柳等多种措施。

7.3.3.2 输水隧洞的工程地质问题

输水隧洞的工程地质问题与其他地下工程的工程地质问题基本相同。但应注意输水隧洞和其他地下工程的不同之处,如水只能从高处向低处流,且坡度不能太陡或太缓,否则易造成冲刷或淤积。

小 结

本章主要介绍了工程建设中因工程地质条件的缺陷所带来的地质问题。常见的有:

(1)工业及民用建筑的工程地质问题:包括地基稳定、基础的施工条件和地下水的侵蚀等问题。

(2)道路(路基)的工程地质问题:包括路基基底稳定、路基边坡稳定、道路冻害及天然建筑材料等问题。

(3)桥梁的工程地质问题:包括桥址选择和桥墩台地基稳定与冲刷等问题。

(4)地下工程的工程地质问题:包括硐室位置的选择和围岩稳定等问题。

(5)水利工程的工程地质问题:包括:①坝的工程地质问题,坝基的沉降稳定、坝基的抗滑稳定、坝区渗漏及坝基渗透稳定等;②库区的工程地质问题,水库的渗漏、浸没、塌岸和淤积等;③输(泄)水建筑物的工程地质问题,渠道的选线、渗漏,以及隧洞的围岩稳定等。

针对上述问题,分析了其形成原因,并提出相应的预防和处理措施。

复习思考题

一、单选题

1. 工业与民用建筑的工程地质问题包括(　　)

A. 地基稳定　　B. 建筑材料　　C. 围岩稳定　　D. 地下水的冲刷

2. 水中的 SO_4^{2-} 与混凝土中水泥作用,使混凝土遭到破坏,这种破坏称为(　　)

A. 分解破坏　　B. 氧化破坏　　C. 水化破坏　　D. 结晶破坏

3. 在其他地质条件相同的情况下，硐室应选在(　　)

A. 背斜核部　　B. 向斜核部　　C. 褶皱翼部　　D. 裂隙发育部位

4. 地下硐室围岩的范围大约为洞径的(　　)倍

A. 1　　B. 3　　C. 5　　D. 7

5. 对水库蓄水有利的构造是(　　)

A. 背斜　　B. 向斜　　C. 节理　　D. 断层

二、多选题

1. 下卧层是指(　　)

A. 地面之下的地层　　B. 基础埋置范围内的地层

C. 基础之下的地层　　D. 持力层之下的地层

2. 路基的主要工程地质问题有(　　)

A. 基底稳定性问题　　B. 边坡稳定性问题

C. 道路冻害问题　　D. 天然建筑材料问题

3. 地下水对围岩产生的作用主要是(　　)

A. 静水压力　　B. 动水压力　　C. 冻胀作用　　D. 软化作用

4. 渗透变形的主要形式有(　　)

A. 冲刷　　B. 流土　　C. 管涌　　D. 沉积

5. 水库的工程地质问题主要包括(　　)

A. 渗漏　　B. 塌岸　　C. 淤积　　D. 浸没

三、简答题

1. 常见的地基处理方法有哪些？

2. 基坑排水的方法有哪些？各自的适用范围是什么？

3. 地下硐室位置应如何选择？

4. 按水利部门围岩分类方法，如何对围岩进行分类？

5. 水利工程的地质问题有哪些？

第8章　工程地质勘察

【学习目标】 能熟练阅读并深刻领会勘察报告,解读地质图件,根据工程地质条件和提出的合理化建议,分析工程地质问题,指导工程设计和施工。

【重点】 常见工程地质勘探方法。

【难点】 主要勘探成果项目的分析。

8.1　概　述

8.1.1　工程地质勘察的目的及任务

8.1.1.1　工程地质勘察的目的

工程地质勘察是为研究、评价建设场地的工程地质条件所进行的地质测绘、勘探、室内试验、原位测试等工作的统称,为工程建设的规划、设计、施工提供必要的依据及参数。水利水电工程地质勘察的目的是查明水库和水工建筑物地区的工程地质条件,分析预测可能出现的工程地质问题,充分利用有利的地质条件,避开或改造不利的地质因素,为工程的规划、设计、施工和运用提供可靠的地质依据。

8.1.1.2　工程地质勘察的任务

工程方案的选择、建筑物的配置、设计参数的确定等,都必须以工程地质勘察资料为依据,这就是工程地质勘察的基本任务。其具体任务归纳如下:

(1)阐述建筑场地的工程地质条件,指出场地内不良地质现象的发育情况及其对工程建设的影响,对场地稳定性作出评价。

(2)查明工程范围内岩土体的分布、性状和地下水的活动条件,提供设计、施工和整治所需要的地质资料与岩土技术参数。

(3)分析、研究有关的工程地质问题,并作出评价结论。

(4)对场地内建筑总平面布置、各类岩土工程设计、岩土体加固处理、不良地质现象整治等具体方案作出论证和建议。

(5)预测工程施工和工程运行对地质环境与周围建筑物的影响,并提出保护措施的建议。

为了完成工程地质勘察任务,并取得完整的勘察成果,工程地质勘察的知识体系除勘察相关的理论和技术要求外,还必须有一套行之有效的勘察方法和技术手段,这些勘察方法和技术手段包括工程地质测绘、工程地质勘探(包括物探、钻探和坑探)和取样、工程地质试验、工程地质长期观测、勘察成果的整理等。

8.1.2 确定工程地质勘察等级

工程地质勘察等级应根据工程重要性等级、场地复杂程度等级、地基复杂程度等级综合分析确定。

8.1.2.1 工程重要性等级

工程重要性等级应根据工程破坏后的严重性按表 8-1 划分为 3 个等级。

表 8-1 工程重要性等级划分

工程重要性等级	破坏后果	工程类型
一级	很严重	重要工程
二级	严重	一般工程
三级	不严重	次要工程

8.1.2.2 场地等级

建筑场地等级应根据场地的复杂程度分为三级。

1. 一级场地(复杂场地)

符合下列条件之一者为一级场地:

(1)对建筑物抗震危险的地段。

(2)不良地质作用强烈发育。

(3)地质环境已经或可能受到强烈破坏。

(4)地形地貌复杂。

(5)有影响工程的多层地下水、岩溶裂隙水或其他水文地质条件复杂,需专门研究的场地。

2. 二级场地(中等复杂场地)

符合下列条件之一者为二级场地:

(1)对建筑物抗震不利的地段。

(2)不良地质作用一般发育。

(3)地质环境已经或可能受到一般破坏。

(4)地形地貌较复杂。

(5)基础位于地下水位以下的场地。

3. 三级场地(简单场地)

符合下列条件之一者为三级场地:

(1)地震设防烈度等于或小于 6 度,或者对建筑抗震有利地段。

(2)不良地质作用不发育。

(3)地质环境基本未受到破坏。

(4)地形地貌简单。

(5)地下水对工程无影响。

8.1.2.3 地基等级

地基等级应根据地基复杂程度按照表 8-2 分为三级。

表 8-2　工程重要性等级划分

地基等级	岩土种类	岩土介质性质	特殊性岩土
一级地基	多	变化大	严重湿陷、膨胀、盐渍、污染的特殊性岩土及其他需专门处理的岩土
二级地基	较多	变化较大	除"一级"规定外的特殊性岩土
三级地基	单一	变化不大	无

8.1.2.4　工程地质勘察等级

工程地质勘察等级应根据工程重要性等级、场地复杂程度等级和地基复杂程度等级按表 8-3 分级。

表 8-3　工程地质勘察等级划分

勘察等级	勘察等级的划分
甲级	在工程重要性、场地复杂程度和地基复杂程度等级中，有一项或多项为一级
乙级	除勘察等级为甲级或丙级的勘察项目
丙级	工程重要性、场地复杂程度和地基复杂程度等级均为三级

8.2　工程地质测绘

工程地质测绘是工程地质勘察中一项最重要、最基本的勘察方法，也是诸勘察工作中走在前面的一项勘察工作。它是运用地质、工程地质理论对与工程建设有关的各种地质现象进行详细观察和描述，以查明拟定建筑区内工程地质条件的空间分布和各要素之间的内在联系，并按照精度要求将它们如实地反映在一定比例尺的地形设计图上。

8.2.1　工程地质测绘和调查的任务及内容

工程地质测绘和调查的任务是在综合分析测区内已有的地形地质、工程地质、水文地质等地质资料的基础上，编制测区的工程地质测绘工作底图，再利用工作底图填绘出测区内的地表工程地质图，为工程地质勘探、取样、试验、监测等的规划、设计和实施提供基础资料。

在地形地貌和地质条件比较复杂的场地，必须进行工程地质测绘；但对于地形平坦、地质条件简单且较狭小的场地，则可采用调查代替工程地质测绘。测绘成果不但可以直接用于工程设计，而且为其他类型的勘察工作奠定了基础。高精度的地质测绘，可有效查明测绘工作建筑区场地的工程地质条件，并大大缩短工期，节约投资，提高勘察工作的效率。

工程地质测绘和调查，宜包括下列内容：

(1) 查明地形、地貌特征及其与地层、构造、不良地质作用的关系，划分地貌单元。

(2)查明岩土的年代、成因、性质、厚度和分布；对岩层应鉴定其风化程度，对土层应区分新近沉积土、各种特殊性土。

(3)查明岩体结构类型，各类结构面(尤其是软弱结构面)的产状和性质，岩、土接触面和软弱夹层的特性等，新构造活动的形迹及其与地震活动的关系。

(4)查明地下水的类型、补给来源、排泄条件，井泉位置，含水层的岩性特征、埋藏深度、水位变化、污染情况及其与地表水体的关系。

(5)收集气象、水文、植被、土的标准冻结深度等资料；调查最高洪水位及其发生时间、淹没范围。

(6)查明岩溶、土洞、滑坡、崩塌、泥石流、冲沟、地面沉降、断裂、地震震害、地裂缝、岸边冲刷等不良地质作用的形成、分布、形态、规模、发育程度及其对工程建设的影响。

(7)调查人类活动对场地稳定性的影响，包括人工洞穴、地下采空、大挖大填、抽水排水和水库诱发地震等。

(8)建筑物的变形和工程经验。

8.2.2 工程地质测绘和调查的精度

8.2.2.1 工程地质测绘比例尺

工程地质测绘比例尺主要取决于勘察阶段，建筑物类型、规模和工程地质复杂程度。

建筑物规划和设计的初级阶段一般是属于选址性质的，往往有若干个比较场地，测绘范围较大，对地质条件的研究详细程度并不高，所以采用比例尺比较小，随着设计阶段的提高，设计方案越来越具体，需要更加充分详细的地质资料，所以采用的比例尺就逐渐加大。当进入到设计后期阶段时，为了解决与施工有关的专门问题，所选用的比例尺可以很大。工程地质测绘一般采用如下比例尺：

(1)踏勘及路线测绘。比例尺1:500 000~1:200 000，这种比例尺工程地质测绘主要用来了解区域工程地质条件，以便能初步估计建筑物对区域地质条件的适宜性。

(2)小比例尺测绘。比例尺1:100 000~1:50 000，多用于公路、铁路、水利水电工程等可行性研究阶段的工程地质勘察，而在工业与民用建筑、地下建筑工程中此阶段多采用比例尺为1:5 000~1:50 000，主要查明规划地区的工程地质条件。

(3)中比例尺测绘。比例尺1:25 000~1:10 000，多用于公路、铁路、水利水电工程等初步设计阶段工程地质勘察，而在工业与民用建筑、地下建筑工程中此阶段多采用比例尺为1:2 000~1:5 000，其目的是查明工程建筑场地工程地质条件，初步分析区域稳定性等工程地质问题，为建筑区的选择提供地质依据。

(4)大比例尺测绘。比例尺大于1:10 000，多用于公路、铁路、水利水电工程等施工图设计阶段的工程地质勘察，而在工业与民用建筑、地下建筑工程中此阶段多采用比例尺为1:100~1:1 000，主要用来详细查明建筑场地的工程地质条件，为选定建筑形式或解决专门工程地质问题提供地质依据。

8.2.2.2 工程地质测绘精度

工程地质测绘的精度包含两层意思，即对野外各种地质现象观察描述的详细程度，以及各种地质现象在工程地质图上表示的详细程度和准确程度，主要取决于单位面积上观察点的数量，在地质复杂地区，观察点分布多一些，在简单地区，观察点分布则少一些，观察点应布置在反映工程地质条件各因素的关键位置上。通常应反映在图上大于 2 mm 的一切地质现象，对工程有重要影响的地质现象，在图上不足 2 mm 时，应扩大比例尺表示，并注明真实数据。为了确保工程地质测绘的质量，这个精度要求必须与测绘比例尺相适应。

地质观测点的布置、密度和定位必须满足下列要求：

(1)在地质构造线、地层接触线、岩性分界线标准层位和每个地质单元体应有地质观测点。

(2)地质观测点的密度应根据场地的地貌、地质条件、成图比例尺和工程要求等确定，并应具有代表性。

(3)地质观测点应充分利用天然和已有的人工露头，当露头少时，应根据具体情况布置一定数量的探坑或探槽。

(4)地质观测点的定位应根据精度要求选用适当方法；地质构造线、岩性界线、软弱夹层、地下水露头和不良地质作用等特殊地质观测点，宜用仪器定位。

8.3 工程地质勘探

8.3.1 工程地质勘探方法

通过工程地质测绘对地面基本地质情况有了初步了解以后，为了进一步探明地下的地层地质情况，需要进行工程地质勘探。目前，常用的工程地质勘探手段主要有坑探、钻探和物探三类。

工程地质勘探的主要任务是：

(1)探明地下有关的地质情况，如地层岩性、断裂构造、地下水位、滑动面位置等。

(2)为深部取样及现场试验提供条件。通过勘探工程，采取岩土样及水样供室内试验、分析，同时勘探形成的坑孔可以为现场原位试验提供场所。

(3)利用勘探坑孔可以进行某些项目的长期观测以及不良地质现象的处理等工作。

8.3.1.1 坑探

坑探工程也叫掘进工程、井巷工程，是由地表向深部挖掘坑槽或坑洞，以便工程地质人员直接深入地下了解有关地质现象或进行试验等。与一般的钻探工程相比较，其特点是：

(1)观察人员能直接观察到地质结构，准确可靠而且便于素描。

(2)可不受限制地从中采取原状岩土样和用作大型原位测试。

(3)尤其对研究断层破碎带、软弱泥化夹层和滑动面(带)等的空间分布特点及其工程性质等具有重要意义。

坑探工程的缺点是：使用时往往受到自然地质条件的限制，耗费资金多，而且勘探周期长；尤其是重型坑探工程不可轻易采用。

常用的坑探方法有浅坑、槽探、井探和硐探，如图 8-1 所示。

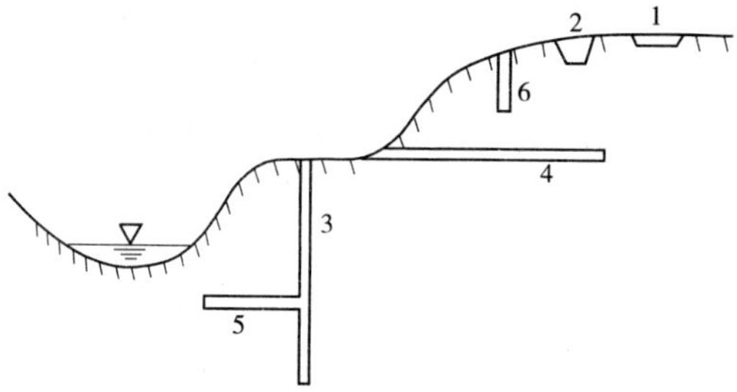

1—探槽；2—试坑；3—竖井；4—平硐；5—石门；6—浅井

图 8-1　工程地质常用的坑探类型示意图

1. 浅坑

浅坑又叫试坑或者探坑，深度 1 ~ 2 m，有方形或圆形，半径 1 m 左右，用于剥除覆土，揭露基岩。

2. 槽探

槽探是在地表挖掘成长条形的沟槽进行地质观察和描述的勘探方法。在地质勘探工作中，为了揭露被覆盖的岩层，在地表挖掘的沟槽叫探槽。探槽一般采用与岩层或矿层走向近似垂直的方向，长度可根据用途和地质情况决定。断面形状一般呈倒梯形，槽底宽 0.6 m，通常要求槽底应深入基岩约 0.3 m，探槽最大深度一般不超过 3 m。槽口宽度 B 取决于槽底宽度 b、槽深 h 和槽壁倾角 θ。其计算公式为：$B = b + 2h\cot\theta$。在浮土层中，探槽大多采用手工挖掘。在山坡和较硬的岩层中，采用松动爆破或抛掷爆破方法掘进，再用手工清理。探槽施工简便，成本低，应用较广。

3. 井探

井探是用于局部勘探地质现象较深的一种勘探方法。凡揭露挖掘空间的深度远大于长度和宽度时称为探井。探井深度一般为 3 ~ 15 m，断面有圆有方，有时要采取支护措施。

4. 硐探

硐探是指多以水平硐室开挖的方式来重点勘探比井探更深一点的勘探方法。所开挖的地下硐室称为探硐。硐探适用于地形较陡、岩石较硬的地段，深度达十几米到上百米。

8.3.1.2　钻探

1. 钻探的目的

钻探是指用一定的设备、工具（即钻机）来破碎地壳岩石或土层，从而在地壳中形成一个直径较小、深度较大的钻孔的过程。钻探是工程地质勘探的主要手段，其成果是进行工程地质评价和工程设计、施工的基础资料。工程地质钻探的目的是为解决与建（构）筑物有关的岩土体稳定问题、变形问题、渗漏问题提供资料。由于钻探费用较高，因此钻探工作应在工程地质测绘及物探的基础上进行。按勘察阶段、工程规模、地质条件的复杂程度合理布置钻探线、网。一般按照先远后近、先浅后深、先疏后密的原则进行。

2. 钻探的基本程序和方法

1）钻探的基本程序

（1）破碎岩土：使小部分岩土脱离整体而形成粉末、岩土块或岩土芯的现象，叫作破碎岩土。岩土借助冲击力、剪切力、研磨和压力来实现破碎。

（2）采取岩土：用冲洗液（或压缩空气）将孔底破碎的碎屑冲到孔外，或者用钻具靠人力或机械将孔底的碎屑或样芯取出地面。

（3）保全孔壁：为了顺利地进行钻探工作，必须保护好孔壁，不使孔壁坍塌，一般采用套管或者泥浆护壁。

2）钻探的方法

（1）冲击钻进：此法采用底部圆环状的钻头。钻进时将钻具提升到一定的高度，利用钻具自重迅猛放落，钻具在下落时产生冲击动能，冲击孔底岩土层，达到使岩土破碎的目的而加深钻孔。

（2）回转钻进：此法采用底部嵌焊有硬质合金的圆环状钻头进行钻进。钻进中施加钻压，使钻头在回转中切入岩土层。

（3）综合式钻进：此法是一种冲击回转综合式的钻进，它综合了前两种钻进方法在地层中钻进的优点，以达到提高钻进效率的目的。

（4）振动钻进：此法采用机械动力所产生的振动力，通过连接杆和钻具传到圆形钻头周围土中。由于振动器高速振动的结果，圆筒钻头主要适用于粉土、砂土、较小粒径的碎石层以及黏性不大的黏性土层。

以上各种钻探方法的适用范围见表 8-4。

表 8-4　钻探方法的适用范围

钻探方法		钻进地层					勘察要求	
		黏性土	粉土	砂土	碎石土	岩石	直接鉴别，采取不扰动土样	直接鉴别，采取扰动土样
回转钻进	螺旋钻进	+ +	+	+	—	—	+ +	+ +
	无岩芯钻进	+ +	+ +	+ +	+	+ +	—	—
	岩芯钻进	+ +	+ +	+ +	+	+ +	+ +	+ +
冲击钻进	冲击钻进	—	+	+ +	+ +	+	—	—
	锤击钻进	+	+	+	+	—	+ +	+ +
振动钻进		+ +	+ +	+ +	+	—	+	+ +

注：+ +代表适用，+代表一般适用，—代表不适用。

3. 钻孔口径及规格

钻孔口径应根据钻探目的和钻进工艺确定，应当满足取样、原位测试的要求。对要采取原状土样的钻孔，口径不得小于 91 mm；对仅需鉴别地层岩性的钻孔，口径不宜小于 36 mm；而在湿陷性黄土中的钻孔，钻孔口径不宜小于 150 mm。一般情况下，采用机械加转钻进，常规口径为：开孔 168 mm，终孔 91 mm。除常规钻探方法外，还采用大口径钻进和小口径钻进方法。如水电部使用回转式大口径钻探的最大孔可达 1 500 mm，孔深可达 30 ~ 60 m，地质人员可以直接进入孔内进行观察。小口径钻进采用金刚石钻头，最小口径仅为 36 mm，这种钻探方法对于提高硬质岩的钻进速度，提高岩芯采取率和成孔质量，常常是行之有效的。

8.3.1.3 物探

物探的全称为地球物理勘探，它是基于不同的地层岩性、不同的地质单元具有不同的物理学性质的特点，以地球物理的方法来探测地层的分界线、面和地质构造线面以及异常点（区域）的探察方法。物探主要通过岩土介质的电性差异、磁场差异、重力场差异、放射性辐射差异以及弹性波传播速度差异等，来解决地质学问题。物探的具体方法有多种，主要可分为以下几大类：电法勘探、磁法勘探、重力勘探、地震勘探、放射性勘探、井中地球物理测量（也叫地球物理测井）以及地球物理遥感测量等。

物探兼有勘探与试验两种功能，和钻探相比具有设备轻便、成本低、效率高、工作空间广等优点。但由于不能取样，不能直接观察，故多与钻探配合使用。物探宜运用于下列场合：

（1）作为钻探的先行手段，了解隐蔽的地质界线、界面或异常点。

（2）作为钻探的辅助手段，在钻孔之间增加地球物理勘察点，为钻探成果的内插、外推提供准备。

（3）作为原位测试手段，测定岩土体的波速、动弹性模量、特征周期、土对金属的腐蚀等参数。

工程上采用物探方法解决了许多工程地质问题，但在物探地质方法上，采用最多、最普遍的物探方法，首推电法勘探。它常在初期的工程地质勘察中使用，以初步了解勘察区的地下地质情况，配合工程地质测绘使用。此外，物探常用于古河道、暗浜、洞穴、地下管线等勘测的具体查明。

8.3.2 工程地质勘察各阶段的内容与要求

工程地质勘察一般可划分为可行性研究勘察、初步勘察和详细勘察三个阶段。若是对工程地质条件复杂或者有特殊施工要求的重要工程，还需进行施工勘察；对一些规模不大且工程地质条件简单的场地，或有建筑经验的地区，可以简化勘察阶段。各勘察阶段的工作应循序渐进，逐步深入，并与各设计阶段相适应。

8.3.2.1 可行性研究勘察（选址勘察）

根据工程建设项目规划阶段应对几个建筑场址作比较的要求，进行可行性研究勘察。本阶段的勘察方法，主要是在收集、分析已有资料的基础上进行现场踏勘，了解场地的工程地质条件。如果场地工程地质条件比较复杂，已有资料不足以说明问题，应进行工程地质测绘和必要的勘探工作。

1. 目的

取得几个场址方案的主要工程地质资料，并对拟选场地的稳定性和适宜性作出工程地质评价。

2. 主要任务

（1）收集区域地质、地形地貌、地震、矿产和附近地区的工程地质岩土工程资料及当地的建筑经验。

（2）在分析已有资料的基础上，通过现场踏勘，了解场地的地层分布、构造、成因与年代和岩土性质、不良地质作用及地下水的水位、水质情况。

（3）对各方面条件较好且倾向于选取的场地，如已有资料不充分，应进行必要的工程地质测绘及勘探工作。

(4)当有两个或者两个以上拟选场地时,应进行比选分析。

选择场地的原则之一是避开下列工程地质条件恶劣的地区:

①不良地质现象发育且对建筑物构成直接危害或潜在威胁的场地。

②对建筑物抗震危险的地段。

③受洪水或地下水不利影响的场地。

④在可开采的地下矿床或矿区的未稳定的采空区上的场地。

8.3.2.2 初步勘察

在场址选定批准后进行初步勘察,勘察的内容应符合初步设计的要求。本阶段的勘察方法,在分析已有资料的基础上,根据需要进行工程地质测绘,并以勘探、物探和原位测试为主。

1. 目的

对场地内各建筑地段的稳定性作出局部评价,从而为工程建筑提供地质资料,同时还对不良地质现象的防治方案提供资料和建议。

2. 主要任务

(1)收集与分析可行性研究阶段岩土工程勘察报告。

(2)通过现场勘探与测试,初步查明地层及构造、岩石和土的物理力学性质、地下水埋藏条件及冻结深度,可以粗略些,但不能有误。

(3)通过工程地质测绘和调查,查明场地不良地质现象的成因、分布范围、对场地稳定性的影响及其发展趋势。

(4)初步制定水和土对建筑材料的腐蚀性。

(5)对地震设防烈度大于或者等于6度的场地,应判定场地的地震效应。

8.3.2.3 详细勘察

根据技术设计或施工图设计阶段的要求进行详细勘察。本阶段的勘察方法以勘探和原位测试为主。

1. 目的

对建筑地基作出工程地质评价,为地基基础设计、地基处理和加固以及不良地质现象的防治提供工程地质资料,并对基础设计方案、地基处理、基坑支护、工程降水以及不良地质作用的方针等作出论证和建议。

2. 主要任务

详细勘察阶段的主要任务就是针对具体建筑地基或具体地质问题,为进行施工图设计和施工提供依据。详细勘察阶段必须:

(1)查明建筑物范围内地层结构、岩石和土的物理力学性质。

(2)对地基的稳定性、承载力作出评价。

(3)查明有关地下水的埋藏条件、侵蚀性、地层、透水性和水位变化。

(4)查明地基土及地下水在建筑物施工和使用中可能产生的变化与影响。

(5)查明基坑发生涌水和流砂的可能性,并提供防治建议。

8.3.3 工程地质勘探的布置

8.3.3.1 勘探布置的一般原则

勘探工作的布置，涉及手段的选择，时间先后的安排，孔位的位置、深度、间距大小等一系列问题。合理布置勘探工作将会以较少的工作量取得较多的地质资料，达到事半功倍的效果。为此，进行勘探设计时，必须熟悉勘探区已取得的地质资料，并明确勘探的目的和任务。将每一个勘探工程都布置在关键地点，并发挥其综合效益。布置勘探工作时应遵循以下几项原则：

(1)在地质测绘和物探的基础上布置勘探工作。通过工程地质测绘，对地下地质情况有一定的判断后，才能明确通过勘探工作需要进一步解决的地质问题，以取得好的勘探效果。否则，由于不明确的勘探目的，将有一定的盲目性。

(2)勘探工程的布置(数量、勘探深度、精度)与勘察阶段(即设计阶段)相适应。一般地，由初步勘察到详细勘察阶段，勘探的总体布置由勘探点、勘探线过渡到勘探网，勘探范围由大到小，勘探点、线由稀到密。勘探布置考虑以地质复杂程度为主，过渡到以建筑轮廓为主。初期以物探配以少量钻探或轻型坑探，而后期勘察阶段则往往以钻探和重型坑探为主。

(3)勘探布置因建筑类型、规模而异。道路、隧洞、渠道等多沿线路轴线，间隔一定距离布置横向勘探剖面。工业与民用建筑勘探按基础范围布置成矩形、工字形或丁字形。建筑物等级越高、规模越大，地质条件越复杂，勘探工作量越多。

(4)勘探布置应考虑地质、地貌、水文地质条件等，沿变化大的方向布置勘探线时，相关坑和孔应布置在控制的部位上。

8.3.3.2 勘探坑、孔深度的确定

应根据建筑类型、勘察阶段、地质条件复杂程度综合考虑布孔深度。一般按工程地质勘察规范规定，但也应考虑到设计要求、工程地质评价需要。不同的工程地质问题，所要求的勘探深度是不一样的。如对滑坡的稳定分析需穿过可能的滑动面；对坝基渗漏则应达到相对隔水层；对工业与民用建筑的地基沉降计算应达到地层压缩层之下(2 倍或 3 倍基底宽度)或可能的桩基深度之下；对地下硐室应达其底板高程以下 10 m 左右。有时根据地质测绘和物探资料初步确定坑孔深度，按实际情况再作调整。坑孔的深度应达到设计目的，如了解岩石风化层厚度，需达到确是新鲜岩石为止；研究断层带的宽度和性质的坑孔，应穿过断层直达下盘完整基岩。

8.3.3.3 勘探工程施工顺序

合理的勘探程序可以提高效率，节省工作量并取得满意的成果。其顺序是：调查，资料收集→测绘→物探→坑探或钻探→室内、现场试验→长期观测。

8.4 工程地质试验

工程地质试验是为评价工程地质条件和问题以及为工程设计、施工提供参数而进行的试验总称，是为了解岩土体的物理力学特性和建筑荷载引起的力学效应，对岩土物理性

质、水理性质、力学性质、变形特性等进行的试验工作。在工程地质勘察中,通过工程地质试验可对岩土体进行分类,探讨岩土体在外部荷载与内部应力重分布条件下的变形过程和破坏机制,论证地基、边坡和地下工程围岩等的稳定性,并为设计提供计算参数。这些成果既影响工程布置、工程安全和工程量,又关系到建设造价、工期和最优方案的选择。鉴于岩土体具有各向异性的特点,工程地质试验通常采用室内试验与现场试验、原位测试与模型试验、静力法与动力法等相互验证,还必须与现场地质研究相结合,力求真实反映岩土体的工程地质特性。本节介绍几种主要的原位测试和室内试验。

8.4.1 原位测试

原位测试是在岩土层原来所处的位置,基本保持天然结构、天然含水率以及天然应力状态下,测定岩土的工程力学性质指标。由于原位测试是在原来所处的位置进行的,因此所测得的数据比较准确可靠,与室内试验结果相比,更加符合岩土体的实际情况,更具代表性。尤其对灵敏度较高的结构性软土和难以取得原状土样的饱和砂质粉土和砂土,原位测试具有不可替代的作用。

原位测试的适用条件如下:

(1)当原位测试比较简单,而室内试验条件与工程实际相差较大时。

(2)当基础的受力状态比较复杂,计算不准确而又无成熟经验,或整体基础的试验比较简单。

(3)重要工程必须进行必要的原位试验。

原位测试的方法有很多种,选择现场原位测试试验方法应根据建筑类型、岩土条件、设计要求、地区经验和测试方法的适用性等因素综合选用。本节主要介绍下列几种方法:载荷试验、十字板剪切试验、静力触探试验、圆锥动力触探试验、标准贯入试验、旁压试验、波速测试,并侧重介绍其基本原理及成果应用。

8.4.1.1 **载荷试验**

静力载荷试验指在拟建场地上,在挖至设计的基础埋置深度的平整坑底放置一定规格的方形或圆形承压板,在其上逐级加荷载,测定相应荷载作用下地基土的稳定沉降量,分析研究地基土的强度与变形特性,求得地基土容许承载力与变形模量等力学数据。静力载荷试验分为平板载荷试验、螺旋板载荷试验、深层平板载荷试验等。本节以浅层平板载荷试验为例进行论述。

1. *试验原理*

浅层平板载荷试验实际上是模拟建筑物地基基础在受荷条件下工程性能的一种现场模拟试验。在现场挖一试坑,在试坑底部放置一个刚性承压板,在承压板上逐级施加垂直荷载 p,直到预估的地基极限荷载或满足其他终止试验条件,同时测量各级荷载下地基随时间而发展的沉降量 s。绘制出 $p \sim s$ 关系曲线,如图 8-2 所示,可分三个阶段。

(1)直线变形阶段:当施加的压力小于比例极限压力 p_0 时,$p \sim s$ 呈直线关系。在这一阶段土的变形主要是由土的压实、孔隙体积减小引起的。此时土中各点的剪应力均小于土的抗剪强度,土体处于弹性平衡状态。因此,这一阶段也称为压密阶段。我们把土中即将出现剪切破坏(塑性变形)点时的压力称为比例极限压力(或临塑压力)。

(2)剪切变形阶段：当压力大于 p_0 而小于极限压力 p_u 时，$p \sim s$ 关系由直线变为曲线关系。这一阶段，随着压力的增加，地基除进一步压密外，在局部还出现了剪切破坏区，这一阶段变形也称为塑性变形阶段。

(3)破坏阶段：当压力大于极限压力 p_u 时，沉降急剧增大，这时塑性区扩大，形成连续滑动面，土从载荷板下挤出，在地面隆起，这时候地基已完全失稳。

不是所有地基土的 $p \sim s$ 曲线都按以上三个阶段变化，不同软硬程度的岩土 $p \sim s$ 曲线不同，如图 8-3 所示：

1 曲线表示的是土质坚实土的 $p \sim s$ 变化曲线，也就是典型的 $p \sim s$ 变化曲线。

2 曲线表示的是较为软弱的土的 $p \sim s$ 变化曲线，曲线开始就是非线性的，没有明显的骤降段。

3 曲线表示的软弱土的 $p \sim s$ 变化曲线，荷载板几乎是垂直下切的，沉降随压力的增加变化十分明显。

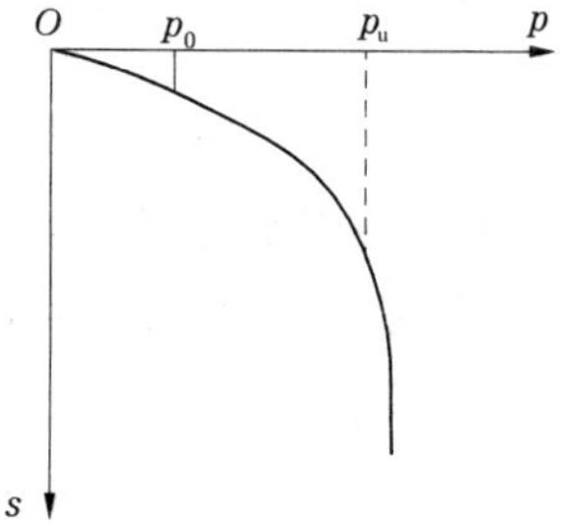

图 8-2　平板载荷试验 $p \sim s$ 曲线

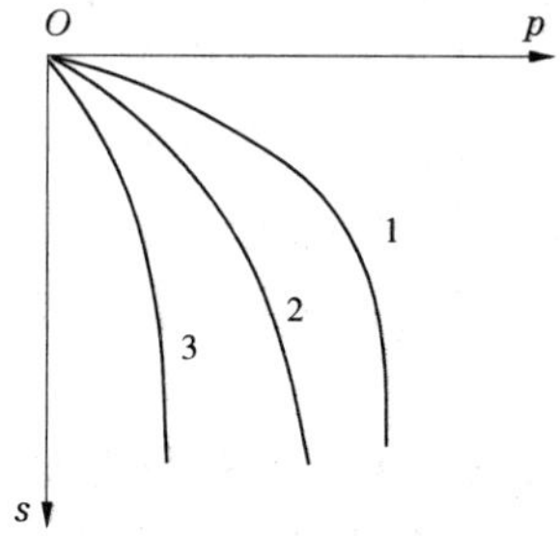

图 8-3　不同软硬程度的岩土 $p \sim s$ 曲线

2. 试验目的

试验成功经过整理后，可用于下列目的：

(1)确定地基土的比例界限压力、破坏压力，评定地基土的承载力。

(2)确定地基土的变形模量。

(3)估算地基土的不排水抗剪强度。

(4)确定地基土的基床反力系数。

3. 仪器设备

浅层平板载荷试验的试验设备由承压板、加荷系统和沉降量测系统等组成。

(1)承压板，一般为圆形或方形预制厚钢板(或硬木板)，须有足够的刚度，在加荷过程中承压板本身的变形要小，且其中心和边缘不能产生弯曲或翘起；对密实黏性土和砂土，承压板面积一般为 1 000 ~ 5 000 cm^2。对一般土，多采用 2 500 ~ 5 000 cm^2。

(2)加荷系统，加荷方式有两种，即重物加荷和千斤顶反力加荷。重物加荷法，即在载荷台上放置重物，如图 8-4 中(a)、(e)和(f)所示。该方法的优点是荷载稳定，在大型工地常用。千斤顶反力加荷法用地锚提供反力，如图 8-4 中(b)、(c)和(d)所示。该法加荷方便，劳动强度相对较小，已被广泛采用。

(3)沉降量测系统，沉降观测仪表有百分表、沉降传感器或水准仪等，用于承压板的沉降量观测。

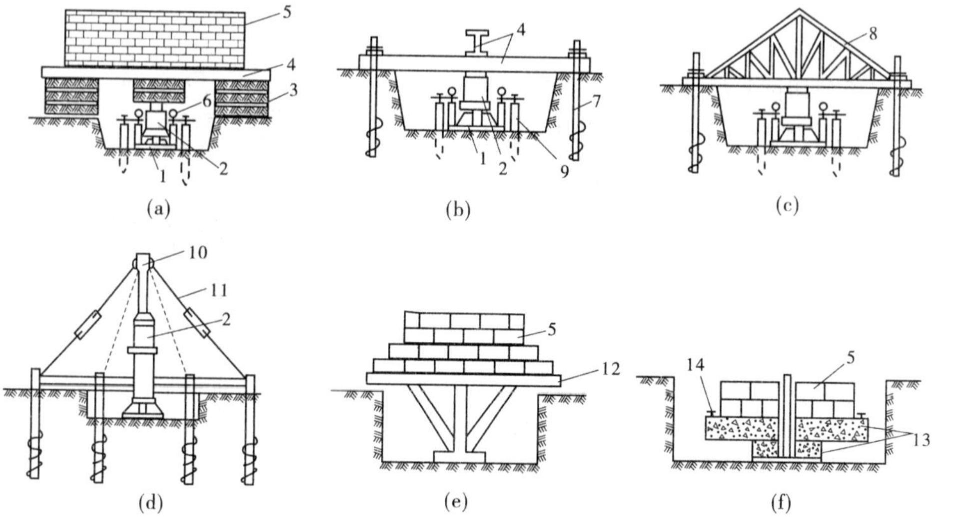

1 —承压板；2 —千斤顶；3 —支墩；4 —钢梁；5 —钢锭；6 —百分表；7 —地锚；8 —桁架；9 —立柱；
10 —分力帽；11 —拉杆；12 —载荷台；13 —混凝土板；14 —测点

图 8-4　常见的载荷试验反力与加载布置方式

8.4.1.2　十字板剪切试验

十字板剪切试验适用于原位测定饱水软黏土的不排水抗剪强度（见图 8-5）。所测得的抗剪强度值，相当于试验深度处天然土层在原位压力下固结的不排水抗剪强度。

1. 试验原理

十字板剪切试验是将具有一定高径比的十字板插入待测试土层中，通过钻杆对十字板头施加扭矩使其匀速旋转，根据施加的扭矩既可以得到土层的抵抗扭矩，进一步可换算成土的抗剪强度。

试验时，先钻孔至需要试验的土层深度以上 750 mm 处，然后将装有十字板的钻杆放入钻孔底部，并插入土中 750 mm，施加扭矩使钻杆旋转直至土体剪切破坏。土体剪切面为十字板旋转所形成的圆柱面。土的抗剪强度可按照下式计算

$$\tau_f = K_c(P_c - f_c) \tag{8-1}$$

式中　P_c——土发生剪切破坏时的总作用力，由弹簧秤读数得，N；

f_c——轴杆及设备的机械阻力，在空载时由弹簧秤事先测得，N；

K_c——十字板常数，通常按式(8-2)计算

$$K_c = \frac{2R}{\pi D^2 h\left(1 + \dfrac{D}{3h}\right)} \tag{8-2}$$

式中　h、D——十字板的高度和直径，mm；

R——转盘的半径，mm。

2. 试验目的

十字板剪切试验的目的主要有以下几个方面：

（1）测定原位应力条件下软黏土的不排水抗剪强度；

(2)估算软黏土的灵敏度。

3. 试验设备

十字板剪切试验的试验设备简单,如图 8-5 所示,主要由十字板头、传力系统、加力装置和力的量测装置等四个部分组成。

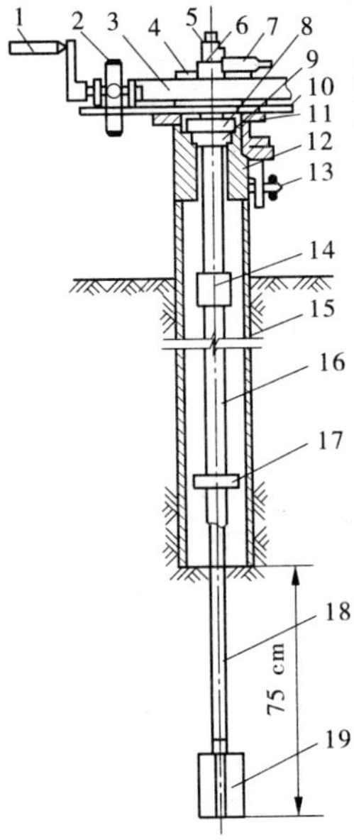

1—手摇柄;2—齿轮;3—涡轮;4—开口钢环;5—固定夹;6—导杆;7—百分表;8—转盘;9—底板;10—固定套;11—弹子盘;12—底座;13—制紧轴;14—接头;15—套管;16—钻杆;17—导轮;18—轴杆;19—十字板头

图 8-5 十字板剪切试验装置

8.4.1.3 静力触探试验

静力触探试验指通过一定的机械装置,将某种规格的金属探头用静力压入土层中,同时用传感器或直接量测仪表测试土层对触探头的贯入阻力,以此来判断、分析、确定地基土的物理力学性质。静力触探主要适用于黏性土、粉土和中等密实度以下的砂土等,对于含较多碎石、砾石的土和很密实的砂土一般不适合采用。

1. 试验原理

静力触探试验的基本原理是通过一定的机械装置,用准静力将标准规格的金属探头垂直均匀地压入土层中,同时利用传感器或机械量测仪表测试土层对触探头的贯入阻力,并根据测得的阻力情况来分析判断土层的物理力学性质。由于静力触探的贯入机制是个复杂的问题,目前虽有很多近似理论对其进行模拟分析,但尚没有一种理论能够圆满解释静力触探的机制。目前工程中主要采用经验公式将贯入阻力与土的物理力学参数联系起来,或根据贯入阻力的相对大小作定性分析。根据试验结果绘制比贯入阻力—深度关系曲线、锥尖阻力—深度关系曲线、侧壁摩阻力—深度关系曲线和摩阻比—深度关系曲线。

2. 试验目的

静力触探试验目的主要有以下几个方面:

(1)根据贯入阻力曲线的形态特征或数值变化幅度划分土层。

(2)评价地基土的承载力。

(3)估算地基土层的物理力学参数。

(4)选择桩基持力层、估算单桩承载力,判定沉桩的可能性。

(5)判定场地土层的液化势。

3. 试验设备

静力触探试验主要设备为静力触探仪,其由贯入装置(包括反力装置)、传动系统和量测系统三部分组成。常用的静力触探探头分为单桥探头(见图 8-6)和双桥探头(见图 8-7)。

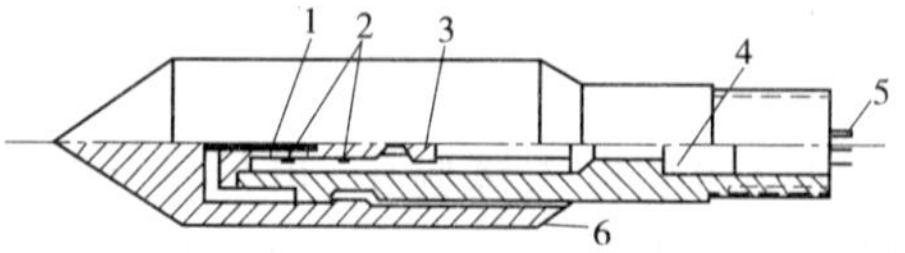

1—顶柱;2—电阻应变片;3—传感器;4—密封垫圈套;5—四芯电缆;6—外套筒

图 8-6 单桥探头结构

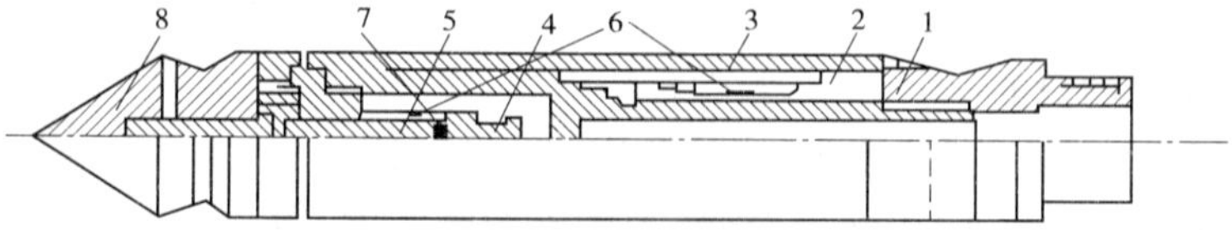

1—传力杆;2—摩擦传感器;3—摩擦筒;4—锥尖传感器;5—顶柱;6—电阻应变片;7—钢珠;8—锥尖头

图 8-7 双桥探头结构

8.4.1.4 圆锥动力触探试验

圆锥动力触探指利用锤击动能,将一定规格的圆锥探头打入土中,根据打入的难易程度来评价土的物理力学性质的一种原位测试方法。圆锥动力触探以落锤冲击力提供贯入能量,不像静力触探那样需要专门的反力设备,因此设备比较简单,操作也很方便,应用范围广,对于静力触探难以贯入的碎石土层及密实砂层甚至较软的岩石也可应用。

1. 试验原理

圆锥动力触探试验中,一般以打入土中一定距离(贯入度)所需落锤次数(锤击数)来表示探头在土层中贯入的难易程度。同样贯入度条件下,锤击数越多,表明土层阻力越大,土的力学性质越好;反之,锤击数越少,表明土层阻力越小,土的力学性质越差。通过锤击数的大小就很容易定性土的力学性质。再结合大量的对比试验,进行统计分析,就可以对土体的物理力学性质作出定量化的评估。

2. 试验目的

静力触探试验的目的:

(1)定性评价:评定场地土层的均匀性;查明土洞、滑动面和软硬土层界面;确定软弱土层或坚硬土层的分布;检验评估地基土加固与改良的效果。

(2)定量评价:确定砂土的孔隙比、相对密实度、粉土和黏性土的状态、土的强度和变形参数、评定地基土的承载力或单桩承载力。

3. 试验设备

圆锥动力触探设备较为简单,主要由三部分组成:一是探头部分,二是穿心落锤,三是穿心锤导向的触探杆。根据设备尺寸、规格及锤击能量的不同,圆锥动力触探又分为轻型(N_{10})、重型($N_{63.5}$)及超重型(N_{120}),图 8-8 表示的是重型和超重型圆锥动力触探仪简图。

8.4.1.5 标准贯入试验

标准贯入试验是动力触探类型之一,其利用规定质量(63.5 kg)的穿心锤,从恒定高度(76 cm)上自由落下,将一定规格的探头打入土中,根据打入的难易程度判别土的性质。标准贯入试验具有圆锥动力触探试验的所有优点,另外它还可以通过贯入器采取扰动的土样,可以对土层的颗粒组成情况进行直接的鉴别,因而对土层的分层及定名更为准确可靠。标准贯入试验一般都结合钻探进行。

1. 试验原理

与圆锥动力触探试验类似，标准贯入试验中，也是采用标准贯入器打入土中一定距离（30 cm）所需落锤次数（标贯击数）来表示土阻力大小的，并根据大量的对比试验资料分析，进一步得到土的物理力学性质指标。

2. 试验目的

标准贯入试验的目的：

（1）取扰动样，鉴别和描述土类，按颗粒分析结果定名。

（2）据标准贯入击数 N，用地区经验，为砂土的密实度、粉土和黏性土的状态、土的强度参数、变形模量、地基承载力等作出评价。

（3）验算单桩极限承载力和判定沉桩可能性。判定饱和粉砂、砂质粉土的地震液化可能性及液化等级。

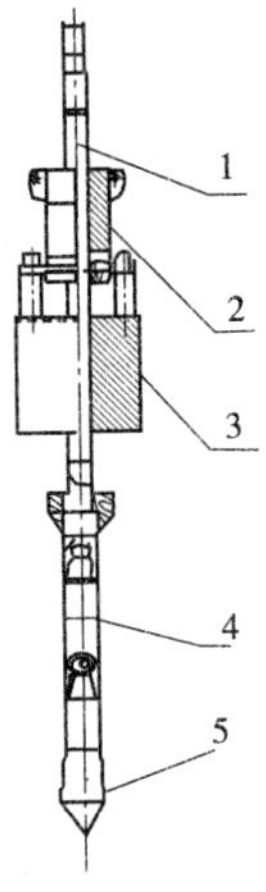

1—打杆；2—落锤器；3—重锤；4—触探杆；5—探头

图 8-8 重型和超重型圆锥动力触探仪简图

3. 试验设备

标准贯入试验设备也主要由三部分组成：一是贯入器部分，二是穿心落锤，三为穿心锤导向的触探杆。在设备规格上与重型圆锥动力触探试验设备具有很多相同之处，仅仅是将原来的圆锥形探头换成了由两个半圆筒形成的对开式管状贯入器。

8.4.1.6 旁压试验

旁压试验（PMT）是将圆柱形旁压器竖直地放入土中，通过旁压器在竖直的孔内加压，使旁压膜膨胀，并由旁压膜（或护套）将压力传给周围土体（或岩层），使土体或岩层产生变形直至破坏，通过量测施加的压力和土变形之间的关系，可得到地基土在水平方向上的应力—应变关系，然后根据这种关系对孔周所测岩土体的承载力、变形性质等进行评价。旁压试验适用于黏性土、粉土、砂土、碎石土、极软岩和软岩等。旁压试验的优点是和静力载荷试验比较而显现出来的。它可在不同深度上进行测试，特别是可用于地下水位以下的土层，所求地基承载力和平板载荷试验所求的相近，精度高。预钻式设备轻便，测试时间短。其缺点是对成孔质量影响大，在软土中测试精度不高。

1. 试验原理

旁压试验的过程中，通过量测每级横向压力下旁压仪量测腔的体积变化，可以得到扩张体积和压力关系曲线（$p \sim V$ 曲线）。典型的 $p \sim V$ 曲线（见图 8-9）可分为三段：

Ⅰ段（曲线 AB）：初步阶段，反应孔壁受扰动土的压缩；

Ⅱ段（直线 BC）：似弹性阶段，压力与体积变化量大致呈直线关系；

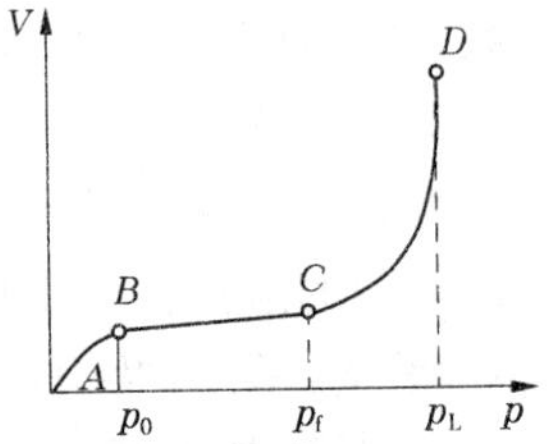

图 8-9 旁压试验 $p \sim V$ 曲线

Ⅲ（曲线 CD）：塑性阶段，随着压力的增大，体积变化量逐渐增加，最后急剧增大，达到破坏。

Ⅰ—Ⅱ段的界线压力相当于初始水平压力 p_0，Ⅱ—Ⅲ段的界线压力相当于临塑压力

p_f，Ⅲ段末尾渐近线的压力为极限压力 p_L。依据旁压曲线似弹性阶段（BC 段）的斜率，由圆柱扩张轴对称平面应变的弹性理论解，可得旁压模量 E_M 和旁压剪切模量 G_M。

2. 试验目的

旁压试验的目的：

（1）测定土的旁压模量和应力—应变关系。

（2）估算黏性土、粉土、砂土、软质岩石和风化岩石的承载力。

3. 试验设备

旁压试验设备主要由旁压器、加压稳压装置、变形量测装置等几部分组成，如图 8-10 所示。单孔法布置设备及布置示意如图 8-11 所示。

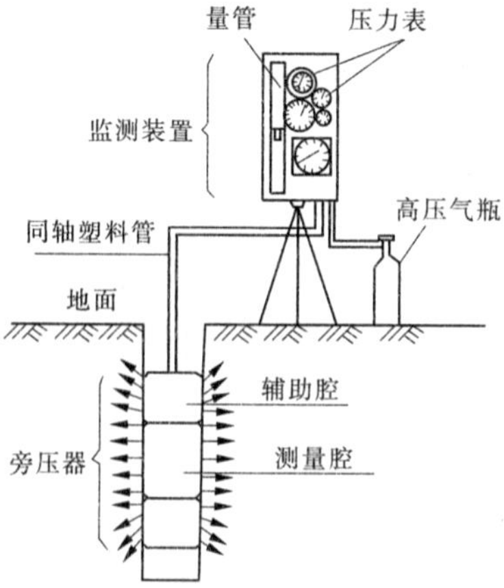

图 8-10　旁压试验设备示意图

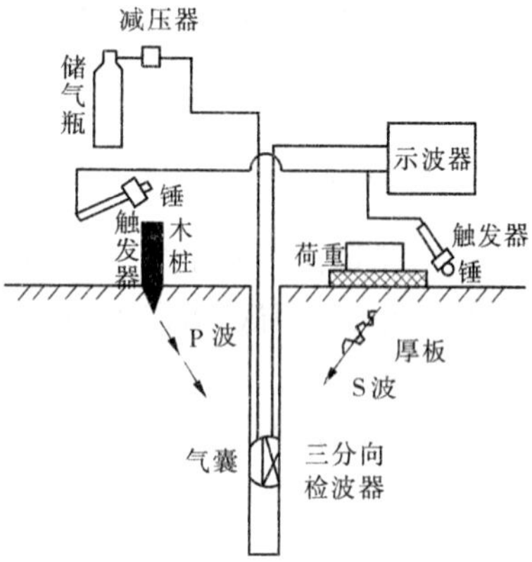

图 8-11　单孔法布置设备及布置示意图

8.4.1.7　波速测试

波速测试就是测定土层的波速，依据弹性波在岩土体内的传播速度间接测定岩土体在小应变条件下（$10^{-4} \sim 10^{-6}$）的动弹性模量和泊松比。

不同类型的波在岩土中传播的速度也是不同的，通常波速测试是指测试纵波、横波和瑞利波三种弹性波的传播速度。而根据不同的测试要求，可分别采用钻孔波速法（单孔法和跨孔法）和面波法等测试方法。本节主要介绍钻孔波速法。

1. 试验原理

钻孔波速法是通过测量波由振源传播到振动接收点的直达波的时间以及距离，根据下式来确定岩土层的波速（剪切波速、压缩波速）

$$v = \frac{\Delta H}{\Delta T} \tag{8-3}$$

式中　v——岩土层的压缩波速或剪切波速；

ΔH——振动波所在岩土层中传播的距离；

ΔT——振动波所在岩土层中传播的时间。

改变振动点的深度，便可以得到不同深度岩土层的波速。通过波速可以进一步估算岩土体的其他动力性质参数（如动剪切模量、动压缩模量、动泊松比）。

2. 试验目的

(1)划分场地类型,计算场地的基本周期。

(2)提供地震反应分析所需的地基土动力参数。

(3)判断地基土液化的可能性。

(4)可以用来评价岩土的类别和检测地基土的加固效果。

3. 试验设备

波速测试一般采用工程地震仪进行测试,而激发装置随测试方法的不同而有所不同。地震仪一般由传感器(也称检波器)、放大镜和记录器三部分组成。如图8-11所示为单孔法布置设备,单孔法通常采用的是剪切波振源,具体做法是,先选定适当长度的板,在板上加一定重量的重物,激振时,用锤子在水平方向敲击板的顶面,从而在岩土中产生剪切波。纵波振源则只要在孔口附近放置一块木质或橡胶垫子(或一木桩),然后用锤子在垂直方向敲击即可。

8.4.2 室内试验

室内试验适用于测定岩土体的物质成分、物理性质以及各向同性的岩土力学性质,又因试样尺寸小,费用低,可以大量进行。中小型水利工程或大型工程的规划、可行性研究阶段普遍进行室内试验。

室内试验方法有很多种,根据大类可以分为如下几种:

(1)土的物理性质试验,如颗粒级配试验、比重试验、含水率试验、密度试验、液塑限试验等。

(2)土的压缩、固结试验。

(3)土的抗剪强度试验,如直剪试验、各种常规三轴试验、无侧限抗压强度试验等。

(4)土的渗透试验。

(5)土的动力性质试验,如动三轴试验、共振柱试验、动剪切试验等。

(6)岩石试验,如矿物鉴定、块体密度试验、吸水率及饱和吸水率试验、耐崩解试验、膨胀试验等。

8.5 工程地质勘察报告

工程地质勘察报告是工程地质勘察的总结性文件,一般由文字报告和所附图表组成。此项工作是在工程地质勘察过程中所形成的各种原始资料编录的基础上进行的。为了保证勘察报告的质量,原始资料必须真实、系统、完整。因此,对岩土工程分析所依据的一切原始资料,均应及时整编和检查,为规划、设计、施工部门提供应用和参考,是最重要的基础资料。

8.5.1 工程地质报告书

工程地质勘察报告应对岩土利用、整治和改造的方案进行分析论证,提出建议;对工程施工和使用期间可能发生的岩土工程问题进行预测,提出监控和预防措施的建议。

勘察报告书的内容应根据任务要求、勘察阶段、地质条件、工程特点等情况确定。原则上要求简明扼要，切合主题，结构严密，分析得体。重点阐明地质条件，并对工程地质问题作出中肯评价。鉴于勘察的类型、规模各不相同，目的要求、工程特点和自然地质条件等差别很大，因此只能提出报告的基本内容，一般包括下列内容：

(1)序言。简述工程位置、工程主要指标、主要建筑物的布置方案、完成的工作项目及工作量等。

(2)地形地貌。勘察区域的地形地貌特征、地貌单元的类型及其分布特征，重点对与工程有关的微地貌单元进行说明。

(3)地层。地层的分布、产状、性质、地质年代、成因类型、成层特征等。

(4)地质构造。工作区的地质构造稳定性和与工程有关的地质构造的位置、规模、产状、性质、现象、相互关系，并分析其对工程的影响。对影响工程稳定性的地质构造还应提出灾害防治措施的建议。

(5)不良地质现象。分析不良地质现象的性质、分布与发育程度、形成原因，并提出灾害防治措施的建议。

(6)地下水。地下水的类型，赋存条件，水位和补、径、排等特征，含水层的渗透系数，地下水活动对不良地质现象的发育和基础施工的影响，地下水对工程材料的侵蚀性，水利工程的渗漏条件分析评价等。

(7)天然建筑材料。天然建筑材料的种类、分布、质量、储量、开采和运输条件等。

(8)结论。在专论的基础上，对拟建工程地段的工程地质条件进行评价，论述工程修建后应注意的工程地质问题和某些建设性意见。

需要指出的是，勘察报告的内容可以根据工程地质勘察等级酌情简化或加强。例如，对丙级工程地质勘察的成果报告内容可以适当简化，采用以图表为主，辅以必要的文字说明；对甲级工程地质勘察的成果报告除应符合以上规定外，尚可对专门的岩土工程问题提交专门的试验报告、研究报告或监测报告。

8.5.2 工程地质图

工程地质报告书除文字外还有一整套图件，如平面图、剖面图、柱状图等。

另外，工程地质报告书还有各种附图，如分析图、专门图、综合图等。

8.5.2.1 综合地质剖面图

综合地质剖面图简称工程地质图，图中表示与设计和兴建工程有关的各种工程地质条件，如地形地貌、地层岩性、地质构造、水文地质、物理地质现象等，并对工程建筑场区进行综合评价。这种图在实际工程中编制较多。

8.5.2.2 勘探点平面位置图

当地形起伏时，该图应绘制在地形图上。在图上除标明各勘探点(包括浅井、探槽、钻孔等)的平面位置、各现场原位测试点的平面位置和勘探剖面线的位置外，还应绘出工程建筑物的轮廓位置，并附场地位置示意图、各类勘探点、原位测试点的坐标及高程数据表。

8.5.2.3 工程地质剖面图

工程地质剖面图以地质剖面图为基础，反映地质构造、岩性、分层、地下水埋藏条件、各分层岩土的物理力学性质指标等。工程地质剖面图的绘制依据是各勘探点的成果和土工试验成果。工程地质剖面图用来反映若干条勘探线上工程地质条件的变化情况。由于勘探线的布置与主要地貌单元的走向垂直,或与主要地质构造轴线垂直,或与建筑物的轴线相一致,故工程地质剖面图能最有效地揭示场地的工程地质条件。

8.5.2.4 **地层综合柱状图(或分区地层综合柱状图)**

地层综合柱状图(或分区地层综合柱状图)反映场地(或分区)的地层变化情况,并对各地层的工程地质特征等作简要的描述,有时还附有各岩土层的物理力学性质指标。

8.5.2.5 **土工试验图表**

土工试验图表主要是土的抗剪强度 $\tau \sim \sigma$ 曲线,以及土的压缩曲线 $e \sim p$ 曲线,一般由土工实验室提供。

8.5.2.6 **现场原位测试图件**

现场原位测试图件如载荷试验、标准贯入试验、十字板剪切试验、静力荷载试验等成果图件。

8.5.2.7 **其他专门图件**

对于特殊土、特殊地质条件及专门性工程,根据各自的特殊需要,绘制相应的专门图件,如各种分析图。

8.5.3 工程地质勘察报告实例

为了进一步理解对工程地质勘察报告的编制,现摘录某工程项目的地质勘察报告的文字部分。

8.5.3.1 **概述**

1. 拟建工程概况

拟建室内综合训练场包括室内训练场和游泳馆两项。

其中室内训练场:地上3层,高度18.80 m,框架结构,柱下独立基础,地下1层,基础埋深 -6.5 m,基础底面处平均压力(标准组合)180 kPa。

游泳馆:地上1层,高度9.50 m,框架结构,柱下独立基础,地下1层,基础埋深 -6.5 m,基础底面处平均压力(标准组合)180 kPa;游泳池25 m×50 m,基础埋深 -6.5 m,基础底面处平均压力(标准组合)120 kPa。

按《湿陷性黄土地区建筑规范》(GB 50025—2004)划分,游泳池属乙类建筑,其余属丙类建筑。

按《建筑地基基础设计规范》(GB 50007—2011)划分,建筑物地基基础设计等级为丙级。

按《岩土工程勘察规范》(GB 50021—2001)划分,岩土工程勘察等级为乙级。

2. 勘察技术要求

(1)查明拟建场地内及附近有无不良地质作用。

(2)详细查明场地地层种类、结构及埋藏条件,提供各层地基土的物理力学性质指标及承载力特征值。

(3)查明黄土的湿陷性质,确定场地湿陷类型及地基湿陷等级。

(4)查明场地地下水类型、埋藏条件，评价地下水、土对建材的腐蚀性。

(5)提供场地季节性冻土标准冻深。

(6)对场地进行地震效应分析，提供抗震设计所需参数。

(7)根据场地岩土工程条件，提出适宜的地基处理方案建议。

(8)提供基坑开挖和支护方案建议。

3. 执行的主要技术标准

(1)《岩土工程勘察规范》(GB 50021—2001)。

(2)《湿陷性黄土地区建筑规范》(GB 50025—2004)。

(3)《建筑地基基础设计规范》(GB 50007—2011)。

(4)《建筑桩基技术规范》(JGJ 94—2008)。

(5)《建筑地基处理技术规范》(JGJ 79—2012)。

(6)《建筑抗震设计规范》(GB 50011—2001)。

(7)《标准贯入试验规程》(YS 50123—2000)。

(8)《圆锥动力触探试验规程》(YS 5219—2000)。

(9)《土工试验方法标准》(GB/T 50123—1999)。

4. 勘察方法及完成工作量

勘察工作采用工程地质测绘、钻探、原位测试(标准贯入试验、圆锥动力触探试验和波速测试等)及室内土工试验相结合的方法综合进行。

依据业主提供的建筑物平面图，沿建筑物周边及中心线布置勘探点 33 个。勘探点间距为 15.3 ~ 35.5 m，深度为 12.0 ~ 20.0 m。

1)钻探与取样

钻探施工机具采用 XY-100 型油压钻机和 DDP-100 型汽车钻机，采用低压回转泥浆护壁钻进工艺。ϕ 150 mm 岩芯钻具开孔，ϕ 110 mm 岩芯钻具终孔。

地下水位以上不扰动土样采用ϕ 120 mm 黄土薄壁取土器静压法取样，水位以下不扰动土样采用ϕ 110 mm 自由式活塞薄壁取土器静压法取样，土试样质量等级为 I 级。扰动土样在岩芯管中采取。

2)原位测试

标准贯入试验：

为评价砂土的密实度及承载力，判定饱和砂土地震液化可能性，分别在 7 个钻孔不同深度进行了标准贯入试验。

试验锤重 63.5 kg、落距 76.0 cm，贯入器长 75 cm，外径 51 mm，内径 35 mm，钻杆直径 42 mm。

动力触探(重型)试验：

为获得评价碎石类土的密实度及承载力，分别在 22 个钻孔不同深度进行重型动力触探试验。试验锤重 63.5 kg，落距 76.0 cm，探头直径 74 mm，锥度 60°，钻杆直径 42 mm，试验严格按《岩土工程勘察规范》(GB 50021—2001)执行。

波速测试：

为获得抗震设计有关参数，在勘探点 49、59 号孔内以人工激振单孔检层法进行波速测试，检测点间距为 1.00 m，测试深度 20.00 m。试验仪器主要有 DZQ6A 型工程动测仪、RSM-JQ 井下三分量检波器及 SJ-2 型地震检波器等。

3）室内试验

除进行了常规土工试验项目外，还进行了黄土湿陷性试验、直剪（固结快剪）试验，砂土、碎石类土颗粒分析，土的易溶盐含量分析和水分析试验等。试验采用仪器主要有 KTG-98 全自动型固结仪、DSJ-4 型电动四联直剪仪，液限测试采用 76 g 圆锥仪。

完成的勘察工作量汇总于表 8-5 中。

表 8-5　完成的勘察工作量汇总

序号	工作内容		单位	工作量
1	勘探点测放		个	33
2	钻探（泥浆护壁）		m/孔	480.0/33
3	原位测试	标准贯入试验	次/孔	8/7
		圆锥动力触探试验	m/次	28.8/96
		波速测试	m/孔	40.0/2
4	取土试样	不扰动	件	39
		扰动		50
5	取水试样		件	2
6	土工试验	常规项目（不扰动）	件	39
		湿陷性试验		26
		固结快剪		15
		颗分试验		50
7	土易溶盐含量分析		件	3
8	水质分析		件	2

5. 有关说明

（1）勘探点位置是根据业主提供的拟建建筑物与已有建筑物和地物的相对位置，采用德国蔡司 3602DR 全站仪实地测放的。

（2）勘探点高程是依据业主指定的中心校内 5 号测量控制点（$H = 399.915$ m）引测的。高程为 1985 国家高程基准。

8.5.3.2　场地工程地质条件

1. 位置、地形及地貌

拟建场地位于××大学校区校内，西邻××村，东距××路约 600 m，南距××路约 460 m。场地已经初步整平，地形平坦。地面标高介于 398.42～400.53 m。地貌单元属××河左岸Ⅰ级阶地。

2. 地层

根据勘探揭露，场地地层岩性构成主要有第四系全新统的人工填土（Q_4^{ml}）、冲积

(Q_4^{al})黄土状土、粉质黏土、砂类土、碎石类土等。

各层土的野外特征分述如表 8-6 所示。

表 8-6 地层表

地层编号	地质年代及成因	岩性描述	层厚(m)	层底深度(m)	层底标高(m)
①	Q_4^{ml}	杂填土:主要由建筑垃圾、生活垃圾及黏性土组成,成分杂乱,土质不均,松散	0.60~4.30	0.60~4.30	395.83~398.00
②	Q_4^{al}	黄土状土:黄褐色,可见虫孔,含炭黑及砂粒,土质不均,局部地段层底为粉土层,可塑	0.70~3.10	1.90~5.60	394.03~396.56
③		粗砂:绿黄色,石英—长石质,混粒结构,含少量圆砾及黏性土,湿,中密,该层仅在局部地段分布	0.40~1.30	2.30~5.50	394.18~396.16
④		卵石:主要由花岗岩碎块组成,亚圆形,一般粒径 30~70 mm,大者 100 mm,充填砂类土 30%~35% 和少量黏性土,中密—密实。由于河流冲积作用,在该层中赋存圆砾、砾砂、粉质黏土薄层或透镜体	最大揭露厚度 15.10 m		
④-1		圆砾:主要由花岗岩碎块组成,亚圆形,混粒结构,中密。该层主要出露在场地中部④层顶面,其他地段主要以透镜体存在	0.60~1.40		
④-2		砾砂:灰黄色,石英—长石质,混粒结构,该层以透镜体赋存于④层中。中密—密实	0.40~2.30		
④-3		粉质黏土:褐黄—深灰色,含少量氧化铁条纹及砂粒,局部地段富含有机质,可塑。该层以薄层及透镜体形式赋存于④层中	0.20~1.90		

3. 地下水

勘察期间,场地各勘探点均遇到地下水,地下水稳定水位埋深介于 7.00~9.40 m,相应标高为 390.86~391.60 m。地下水为赋存于④层卵石中的潜水。根据区域地质资料,地下水年平均变化幅度 1.0~2.0 m。

8.5.3.3 地基土工程性能评价

1. 地基土的物理力学性质指标

据室内土工试验成果和标准贯入试验、圆锥动力触探试验结果，经数理统计，将各层地基土的主要物理力学性质指标代表值列于表 8-7 ~ 表 8-9 中。

表 8-7 剪切试验成果统计(固结快剪)

统计值地层		统计值					修正系数及标准值		建议值
							GB 50021—2001		
		n	f_m 范围值	f_m	σ_f	δ	γ_s	标准值	
②层	C(kPa)	15	31 ~ 61	44	9.280	0.214	0.901	40	30
	φ(°)	15	21.1 ~ 26.6	24.2	1.667	0.069	0.968	24.3	22.0

表 8-8 标准贯入试验锤击数统计

地层	实测锤击数 N(击)				
	n	f_m 范围值	f_m	σ_f	δ
③层粗砂	3	17 ~ 28	21	—	—
④-2 层砾砂	5	27 ~ 50	40	—	—

表 8-9 动力触探试验锤击数统计

地层	实测锤击数 $N_{63.5}$(击)					杆长修正后锤击数 $N_{63.5}$(击)				
	n	f_m 范围值	f_m	σ_f	δ	n	f_m 范围值	f_m	σ_f	δ
④层卵石	273	9 ~ 50	32	9.972	0.316	273	8 ~ 36	19	4.885	0.275
④-1 层圆砾	12	9 ~ 27	18	6.515	0.360	12	8 ~ 17	13	2.811	0.216

2. 地基土工程性能评价

由上述地基土物理力学性质指标、原位测试试验统计结果及野外特征可知：

②层黄土状土：$a_{1-2}=0.36\ \text{MPa}^{-1}$，属中等压缩性，$I_L=0.44$，可塑状态。该层土具有湿陷性。

③层粗砂：标准贯入试验实测锤击数 $N=17\sim28$ 击，中密状态。

④层卵石：动力触探试验修正锤击数 $N_{63.5}=7\sim36$ 击，平均 $N_{63.5}=19$ 击，中密—密实状态。

④-1 层圆砾：动力触探试验修正锤击数 $N_{63.5}=8\sim17$ 击，平均 $N_{63.5}=13$ 击，中密状态。

④-2 层砾砂：标准贯入试验实测锤击数 $N=27\sim50$ 击，中密—密实状态。

④-3 层粉质黏土：$a_{1-2}=0.29\ \text{MPa}^{-1}$，属中等压缩性，$I_L=0.48$，可塑状态。

3. 场地水、土对建材腐蚀性评价

按 GB 50021—2001 规范附录 G 划分，场地环境类别为Ⅲ类。

根据水质分析试验结果，按 GB 50021—2001 规范表 12.2.1 ~ 表 12.2.5 判定，场地地下水对混凝土结构无腐蚀性；对钢筋混凝土结构中的钢筋在干湿交替条件下具弱腐蚀性。

根据土易溶盐分析试验结果，按 GB 50021—2001 规范表 12.2.1 ~ 表 12.2.5 判定，场地土对混凝土结构及钢筋混凝土结构中的钢筋均无腐蚀性。

4. 地基土承载力特征值

据室内土工试验及原位测试成果，结合该地区建筑经验，综合确定的各层地基土承载力特征值列于表 8-10 中。

表 8-10　地基土承载力特征值 f_{ak}　　(单位:kPa)

地层	②层黄土状土	③层粗砂	④层卵石	④-1 层圆砾	④-2 层砾砂	④-3 层粉质土
承载力特征值 f_{ak}(kPa)	140	200	350	250	220	180

8.5.3.4　场地地震效应

1. 抗震地段划分

根据场地土岩性和地形地貌，按 GB 50011—2001 规范表 4.1.1 划分，场地属建筑抗震有利地段。

2. 场地类别划分

根据勘探点 49、59 号的波速测试报告，20 m 内土层等效剪切波速 v_{se} 分别为 253.7 m/s、254.8 m/s，场地覆盖层厚度大于 5 m，按 GB 50011—2001 规范表 4.1.6 划分，建筑场地类别为Ⅱ类。

3. 场地地震动参数

按 GB 50011—2001 抗震规范，× × 市抗震设防烈度为 8 度，设计基本地震加速度值为 0.20g。场地类别为Ⅱ类，设计地震分组为第一组时，特征周期值为 0.35 s。

4. 地震液化

根据场地工程地质条件，地下水位按现有水位抬高 2.0 m，在 15.0 m 深度范围内，可能液化的地层为④-2 层砾砂。④-2 层砾砂的标准贯入实测锤击数 $N = 27 \sim 50$ 击，中密—密实状态，按 GB 50011—2001 规范第 4.3.4 条计算的最大标准贯入临界锤击数 N_{cr} 为 19 击，标准贯入实测锤击数均大于临界锤击数，拟建场地可不考虑地震液化问题。

8.5.3.5　地基处理方案建议

按"岩土工程勘察技术委托书"，室内训练场和游泳馆(包括游泳池)的基础埋深均为 -6.50 m，假设 +0.00 标高为 400.00 m，基础底面标高为 393.50 m，基础底面主要置于④层卵石上，场地西侧(8—8 剖面)基础底面下为④-3 层粉质黏土。当采用天然地基时，虽然④层卵石和④-3 层粉质黏土承载力(经深宽修正)均满足设计要求，但由于地基的不均匀性，当柱下独立基础分别位于④层和④-3 层时，会引起建筑物差异沉降。因此，须将④层全部挖除(0.5 ~ 2.0 m)，用碎石压实至基底标高。

当采用天然地基时，基坑开挖至基础底面标高后，应在基础外放 5.0 m 范围内进行钎探。如基础底面下 3.0 m 范围内探明有④-3 层粉质黏土夹层，应将其挖除或进行注浆加固处理。

对于单柱荷载较大、跨度较大的独立基础，建议采用桩基础或墩基础。若采用桩基础，建议有效桩长不小于 10.0 m，并保证桩端置于④层卵石层中。各层地基土的极限侧阻力标准值 q_{sik} 和极限端阻力标准值 q_{pk} 按下列数据选用：

④层卵石：q_{sik} = 130 kPa，q_{pk} = 2 500 kPa

④-1 层圆砾：q_{sik} = 120 kPa

④-2 层砾砂：q_{sik} = 110 kPa

④-3 层粉质黏土：q_{sik} = 50 kPa

8.5.3.6　**基坑开挖**

按现有地表，基坑开挖深度 5 ~ 7 m，基坑坑壁主要由①层杂填土、②层黄土状土和③层粗砂组成，建议采用 1∶1 坡度放坡开挖。基坑开挖过程中，应尽量避免对地基土的扰动。

8.5.3.7　**结论及建议**

(1)各层地基土的岩土设计参数及承载力特征值详见正文。

(2)拟建场地地下水稳定水位埋深介于 7.00 ~ 9.40 m，相应标高为 390.86 ~ 391.60 m，属潜水类型。

(3)地下水对混凝土结构无腐蚀性，对钢筋混凝土结构中的钢筋具弱腐蚀性；场地土对混凝土结构和钢筋混凝土结构中的钢筋均无腐蚀性。

(4)拟建场地为抗震有利地段；本市抗震设防烈度为 8 度，设计基本地震加速度值为 0.20*g*；场地类别为Ⅱ类，设计地震分组为第一组时，特征周期值为 0.35 s；本场地可不考虑地震液化问题。

(5)基坑开挖建议采用 1∶1坡比放坡开挖。

(6)基坑开挖后应进行施工验槽工作。

小　结

在建筑、交通、水利等基本建设工程开始之前，通常都要先进行工程勘察工作，以获取工程建筑场地工程地质条件的原始资料，制订技术正确、经济合理和社会效益显著的设计与施工方案，避免因工程的兴建而恶化地质环境，甚至引起地质灾害，从而达到合理利用、保护自然的目的。

复习思考题

一、单选题

1. 在建筑场地进行详细勘察阶段时应采用以下哪种比例最为合理？(　　)

A. 1∶10 万　　B. 1∶5万　　C. 1∶1万　　D. 1∶2 000

2. 以下哪种土体可以用十字板剪切试验来测定其抗剪强度指标？(　)

A. 饱和软土　　B. 残积土类　　C. 中砂　　D. 砾砂

二、多选题

1. 以下哪些试验可以用来测定地基土体的承载力？（　）

A. 载荷试验　　B. 十字板剪切试验　　C. 标准贯入试验　　D. 钻孔旁压试验

2. 工程地质勘察的手段包括哪些？（　）

A. 钻探　　B. 物探　　C. 工程地质测绘　　D. 物探

三、简答题

1. 岩土工程勘察等级如何划分？
2. 动力触探和静力触探有何不同？说明两类方法的优缺点与适用条件。
3. 标准贯入试验与重型圆锥动力触探有何不同？
4. 怎么判别土的级配是否良好？
5. 典型 $p\sim s$ 曲线分为哪几个阶段？
6. 工程地质勘察报告分为哪几部分？对建筑地基的评价包括哪些内容？

参考文献

[1] 王启亮,盛海洋.工程地质[M].郑州:黄河水利出版社,2007.

[2] 李中林,李子生.工程地质学[M].广州:华南理工大学出版社,2006.

[3] 王奎华.岩土工程勘察[M].北京:中国建筑工业出版社,2005.

[4] 王启亮,刘亚军.工程地质与土力学[M].北京:中国水利水电出版社,2007.

[5] 陈希哲.土力学与地基基础[M].4版.北京:清华大学出版社,2003.

[6] 袁聚云.土工试验与原位测试[M].上海:同济大学出版社,2004.

[7] 唐辉明.工程地质学基础[M].北京:化学工业出版社,2011.

[8] 崔冠英.水利工程地质[M].北京:天津大学出版社,2008.

[9] 吴绍宽.工程地质与水文地质[M].北京:中国水利水电出版社,1984.

[10] 胡广涛.工程地质学[M].北京:地质出版社,1983.

[11] 杜恒俭.地貌学及第四纪地质学[M].北京:地质出版社,1980.

[12]《工程地质手册》编委会.工程地质手册[M].4版.北京:中国建筑工业出版社,2007.

[13] 中华人民共和国住房和城乡建设部.GB 50007—2011 建筑地基基础设计规范[S].北京:中国建筑工业出版社,2011.

[14] 中华人民共和国建设部.GB 50021—2001 岩土工程勘察规范(2009年版)[S].北京:中国建筑工业出版社,2009.

[15] 中华人民共和国水利部.GB 50487—2008 水利水电工程地质勘察规范[S].北京:中国计划出版社,2008.

[16] 中华人民共和国交通运输部.JTG C20—2011 公路工程地质勘察规范[S].北京:中国建筑工业出版社,2011.

[17] 中华人民共和国铁道部.TB 10012—2007 铁路工程地质勘察规范[S].北京:中国铁道出版社,2007.

[18] 中华人民共和国交通部.JTGD 63—2007 公路桥涵地基与基础设计规范[S].北京:人民交通出版社,2007.

[19] 中华人民共和国建设部.TB 10003—2005 铁路隧道设计规范[S].北京:中国铁道出版社,2005.

[20] 中华人民共和国水利部.GB/T 50123—1999 土工试验方法标准[S].北京:中国计划出版社,1999.